十四个集中连片特困区
中药材精准扶贫技术丛书

秦巴山区
中药材生产加工适宜技术

总主编　黄璐琦

主　编　白吉庆　唐志书

中国健康传媒集团
中国医药科技出版社

内容提要

本书为《十四个集中连片特困区中药材精准扶贫技术丛书》之一。本书分总论和各论两部分：总论介绍秦巴山区中药资源概况、自然环境特点、肥料使用要求、病虫害防治方法、相关中药材产业发展政策等内容；各论选取秦巴山区优势和常种的 26 个中药材种植品种，每个品种重点阐述植物特征、资源分布、生长习性、栽培技术、采收加工、质量标准、仓储运输、药材规格等级、药用和食用价值等内容。

本书供中药材研究、生产、种植人员及片区农户使用。

图书在版编目（CIP）数据

秦巴山区中药材生产加工适宜技术 / 白吉庆，唐志书主编 . — 北京：中国医药科技出版社，2021.9

（十四个集中连片特困区中药材精准扶贫技术丛书 / 黄璐琦总主编）

ISBN 978-7-5214-2488-1

Ⅰ . ①秦… Ⅱ . ①白… ②唐… Ⅲ . ①药用植物—栽培技术 ②中药加工 Ⅳ . ① S567 ② R282.4

中国版本图书馆 CIP 数据核字（2021）第 098267 号

审图号：GS（2021）2518 号

美术编辑 陈君杞
版式设计 锋尚设计

出版　**中国健康传媒集团** │ **中国医药科技出版社**
地址　北京市海淀区文慧园北路甲 22 号
邮编　100082
电话　发行：010-62227427　邮购：010-62236938
网址　www.cmstp.com
规格　710×1000mm　$^1/_{16}$
印张　$20^3/_8$
彩插　1
字数　397 千字
版次　2021 年 9 月第 1 版
印次　2021 年 9 月第 1 次印刷
印刷　北京盛通印刷股份有限公司
经销　全国各地新华书店
书号　ISBN 978-7-5214-2488-1
定价　88.00 元

获取新书信息、投稿、为图书纠错，请扫码联系我们。

编 委 会

序

"消除贫困、改善民生、实现共同富裕，是社会主义制度的本质要求。"改革开放以来，我国大力推进扶贫开发，特别是随着《国家八七扶贫攻坚计划（1994—2000年）》和《中国农村扶贫开发纲要（2001—2010年）》的实施，扶贫事业取得了巨大成就。2013年11月，习近平总书记到湖南湘西考察时首次作出"实事求是、因地制宜、分类指导、精准扶贫"的重要指示，并强调发展产业是实现脱贫的根本之策，要把培育产业作为稳定脱贫攻坚的根本出路。

全国十四个集中连片特困地区基本覆盖了我国绝大部分贫困地区和深度贫困群体，一般的经济增长无法有效带动这些地区的发展，常规的扶贫手段难以奏效，扶贫开发工作任务异常艰巨。中药材广植于我国贫困地区，中药材种植是我国农村贫困人口收入的重要来源之一。国家中医药管理局开展的中药材产业扶贫情况基线调查显示，国家级贫困县和十四个集中连片特困区涉及的县中有63%以上地区具有发展中药材产业的基础，因地制宜指导和规划中药材生产实践，有助于这些地区增收脱贫的实现。

为落实《中药材产业扶贫行动计划（2017—2020年）》，通过发展大宗、道地药材种植、生产，带动农业转型升级，建立相对完善的中药材产业精准扶贫新模式。我和我的团队以第四次全国中药资源普查试点工作为抓手，对十四个集中连片特困区的中药材栽培、县域有发展潜力的野生中药材、民间传统特色习用中药材等的现状开展深入调研，摸清各区中药材产业扶贫行动的条件和家底。同时从药用资源分布、栽培技术、特色适宜技术、药材质量等方面系统收集、整理了适宜贫困地区种植的中药材品种百余种，并以《中国农村扶贫开发纲要（2011—2020年）》明确指出的六盘山区、秦巴山区、武陵山区、乌蒙山区、滇桂黔石漠化区、滇西边境山区、大兴安岭南麓山区、燕山－太行山区、吕梁山区、大别山区、罗霄山区等连片特困地区和已明确实施特殊政策的西藏、四省藏区（除西藏自治区以外的四川、青海、甘肃和云南四省藏族与其他民族共同聚住的民族自治地方）、新疆南疆三地州十四个集中连片特困区为单位整理成册，形成《十四个集中连片特困区中药材精准扶贫技术丛书》（以下简称《丛书》）。《丛书》有幸被列为2019年度国家出版基金资助项目。

《丛书》按地区分册，共14本，每本书的内容分为总论和各论两个部分，总论系统介绍各片区的自然环境、中药资源现状、中药材种植品种的筛选、相关法律政策等内容。各论介绍各个中药材品种的生产加工适宜技术。这些品种的适宜技术来源于基层，经过实践验证、简单实用，有助于经济欠发达的偏远地区和生态脆弱地区开展精准扶贫和巩固脱贫攻坚成果。书稿完成后，我们又邀请农学专家、具有中药材栽培实践经验的专家组成审稿专家组，对书中涉及的中药材病虫害防治方法、农药化肥使用方法等内容进行审定。

"更喜岷山千里雪，三军过后尽开颜。"希望本书的出版对十四个集中连片特困区的农户在种植中药材的实践中有一些切实的参考价值，对我国巩固脱贫攻坚成果，推进乡村振兴贡献一份力量。

2021年6月

前　言

　　《秦巴山区中药材生产加工适宜技术》是《十四个集中连片特困区中药材精准扶贫技术丛书》之一。本书编者从中药材生产与该地区经济发展融合的视角，聚焦秦巴山区中药材生产中的问题，结合当地科技发展水平和编者参与中药材生产的实践经验，精选了适宜秦巴山区自然环境栽培的中药材品种，并将其生产加工技术汇集成书。希望有助于巩固脱贫攻坚成果，推进乡村振兴战略的实施。

　　本书分为总论和各论两部分。总论部分介绍了秦巴山区自然环境特点与中药资源分布等基本情况，提出了该地区中药产业振兴乡村经济的对策，并就中药材生产的环境要求、生产特点、品种选择依据和政策法规等基础知识进行了简要介绍。各论部分精选了适宜秦巴山区生长、栽培技术相对成熟、市场前景较好的大黄、山茱萸、川牛膝、天麻、木瓜、木耳、丹参等26种中药材，简要介绍了每种中药材的植物特征、资源分布、生长习性、质量标准、仓储运输、药材规格等级和药用食用价值等内容；重点介绍了每种中药材生产种植材料、选地与整地、播种和田间管理等栽培技术操作要点以及病虫害防治和采收加工方法。

　　《秦巴山区中药材生产加工适宜技术》立足秦巴山区生态环境特点和科技文化水平，区域特色明显，实用性强，文字简练，通俗易懂。适合秦巴山区中药材生产者、农业技术员、生产管理经营者及全国其他地区相关从业人员参考使用。

编　者

2021年7月

目 录

总 论

各 论

总论

一、概述

秦巴山区，秦指秦岭，巴指大巴山一带，汉水上游。基于大山、盆地、河谷、湿地、自然保护区、交通不便等因素，秦巴山区保存了大量动植物物种，且以珍稀濒危物种为多。该区域是我国南北气候的分界线，且大多数地区的湿润空气北上受秦岭阻挡，致使降水丰富，属北亚热带气候与暖温带气候过渡带，物种繁衍更替多样，拥有药用植物4000余种，被誉为"植物基因库"。在诸多植物中，天麻、黄连、杜仲、柴胡、大黄、党参、独活、厚朴、黄柏、黄精、绞股蓝、连翘、山茱萸、猪苓、白及、川牛膝等一批我国重点药用植物分布集中、产量大、品质优、药用历史悠久，其入药部位被加工成驰名中外的道地药材，素有"秦药""陇药""川药"等称谓。

依托该地区丰富、独特、良好的自然环境资源，中药材产业无疑是能将生态效益、经济效益完美结合的最佳选择。

二、秦巴山区基本情况

秦巴山区跨甘肃、陕西、四川、重庆、河南、湖北六省（市），集革命老区、大型水库库区和自然灾害易发多发区于一体，内部差异大、发展受限因素复杂。本规划区域范围包括75个县（市、区），基本情况如下。

秦巴山区-甘肃在行政区划上与陇南市一致，包括武都区、康县、文县、成县、徽县、两当县、西和县、礼县、宕昌县共1区8县、195个乡镇，总面积2.78万平方公里。截至2015年底，常住人口259.09万人，其中城镇人口72.96万人，乡村人口186.13万人，包括汉族、回族、藏族、蒙古族等29个民族。

秦巴山区-陕西包括商洛市、安康市全市，汉中市南郑县、城固县、洋县、西乡县、勉县、宁强县、略阳县、镇巴县、留坝县、佛坪县，宝鸡市太白县，西安市周至县。人口以汉族为主，还有回族、苗族、羌族、蒙古族、壮族、土家族、朝鲜族、白族、彝族、侗族、藏族、畲族、土族、哈萨克族、傣族、高山族、锡伯族等。

秦巴山区-四川涉及15个县（市、区），绵阳市的北川羌族自治县、平武县；广元市的元坝区、朝天区、旺苍县、青川县、剑阁县、苍溪县；南充市的仪陇县；达州市的宣汉县以及万源市；巴中市的巴州区、通江县、南江县、平昌县。

秦巴山区-重庆涉及5个县，城口县、云阳县、奉节县、巫山县、巫溪县。

秦巴山区-河南涉及10个县，分别为洛阳市的嵩县、汝阳县、洛宁县、栾川县；平顶山市的鲁山县；三门峡市的卢氏县；南阳市的南召县、内乡县、镇平县、淅川县。

秦巴山区-湖北包括十堰市的郧县、郧西县、竹山县、竹溪县、房县及丹江口市；襄阳市的保康县。总人口377万人，其中城镇人口103万人，乡村人口274万人。

秦巴山区人口密度小，居住分散，以乡村人口为多，青壮年劳动力多外出务工，留守老人、妇女、儿童多，缺乏技术人才、产业带头人。

三、秦巴山区自然环境特点与中药资源分布

秦巴山区西起青藏高原东缘，东至华北平原西南部，跨秦岭、大巴山，地貌类型以山地丘陵为主，间有汉中、安康、商丹和徽成盆地等。气候类型多样，垂直变化显著，有北亚热带海洋性气候、亚热带-暖温带过渡性季风气候和暖温带大陆性季风气候，年均降水量450～1300毫米。地跨长江、黄河、淮河三大流域，是淮河、汉江、丹江、洛河等河流的发源地，水系发达，径流资源丰富，森林覆盖率达53%，是国家重要的生物多样性保护与水源涵养生态功能区。片区承担着南水北调中线工程水源保护、生物多样性保护、水源涵养、水土保持和三峡库区生态环境建设等重大任务，有85处禁止开发区域，片区内有55个县属于国家限制开发的重点生态功能区。

1. 陇南山区（秦巴山区-甘肃）

该片区位于秦巴山区西北部、甘肃南部，东邻陕西，南接四川，地处中国大陆二级阶梯向三级阶梯的过渡地带，是秦巴山区、青藏高原、黄土高原三大地形交汇区域，西向青藏高原边缘过渡，北向陇中黄土高原过渡，南向四川盆地过渡，东部与西秦岭和汉中盆地连接。整个地形西北高、东南低，西秦岭和岷山两大山系分别从东西两侧伸入全境，形成了高山峻岭与峡谷盆地相间的复杂地形。气候属北亚热带向暖温带过渡型，垂直分布明显，年平均气温10～15℃，年降雨量400～1000毫米之间，无霜期120～260天，海拔550～4187米。片区内气候宜人、雨量充沛、光照充足，森林覆盖率高，生物、矿产、水力、旅游等自然资源丰富，素有"陇上江南"之美称，具有"天然药库"的优势，可建设陇南山地亚热带暖温带中药材种植区，培育和发展现代中药产业。该区域道地药材有黄芪、红芪、党参、当归、大黄、半夏、木瓜、柴胡等。

2. 陕南地区（秦巴山区-陕西）

陕南地貌特征为"两山夹一川"，包括北部的秦岭山脉、南部的大巴山区及中部的汉

水谷地、丹江平原。气候潮湿多雨，常年温热。陕南位于"南山"秦岭山脉以南，总面积74 017平方公里。陕南地区秦岭是秦岭山脉的骨干，山坡北陡南缓，一般海拔1500～3500米。主脉分布在山地北部，有许多海拔3000米以上的高峰，构成秦岭山地的高山、中山地形。秦岭以太白山为主峰，由西分为三支，由北而南山势渐低，至汉中盆地边缘已成低山丘陵。太白山以东山势逐渐递减，在商洛地区山势结构如掌状向东分开，间以红色断陷盆地和河谷平地。太白山仍存留有第四纪冰川，而古冰川作用留下的冰蚀冰碛地形保存完好。北陡南缓的山势导致北坡溪流短急，南坡诸水源远流长，断切东西走向山岭，形成许多峡谷，水力资源丰富。大巴山走向西北-东南，一般海拔1500～2000米，高出汉江谷地1000～1500余米，东西长300余公里，通常把任河以西称米仓山，以东称大预山。大巴山北侧诸水注入汉江，上游系峡谷深涧，中、下游迂回开阔，形成许多山间小"坝子"。坝子中有两级河流阶地，农田、村镇较为集中。汉江谷地以西属嘉陵江上游低山、丘陵区，地势起伏较和缓，谷地较开阔，是陕、川间主要的水陆通道。陕南的浅山河谷为全省最暖地区，多在14～16℃。由于受季风的影响，冬冷夏热、四季分明。最冷月1月平均气温0～3℃，最热月7月平均气温24～27.5℃。年降水量700～900毫米，米仓山、大巴山和秦岭山地中、西部高山地区，年降水量多达900～1250毫米。

多样的自然生态环境使陕南地区孕育了丰富的药用植物，约3000余种，还有珙桐、独叶草、延龄草等一批濒临灭绝的物种，为植物的"基因库"。该区域占陕西中药材种类的85%，该区域内知名道地药材有杜仲、天麻、猪苓、秦皮、连翘、山茱萸、苍术、柴胡、附子、香橼、绞股蓝、桔梗、黄芩、丹参、华细辛、太白贝母、葛根、五倍子、大黄等。实施规模化种植的还有延胡索、厚朴、木瓜、百合等。

3. 川北地区（秦巴山区-四川）

该区域属于亚热带湿润季风气候，冬季不结冰，地形以山地和丘陵为主（北部为秦岭和大巴山，其他地区多为丘陵）。年降雨量800～1000毫米，日照数1300～1400小时，年平均气温17℃左右。区域内野生植物2900多种，包括珍贵野生木本植物832种，其中珙桐、水青树、连香树、剑阁柏等国家级重点保护植物34种。列入联合国《濒危野生动植物国际贸易公约》红皮书的野生动植物就有40余种，素有"秦巴山区天然药库""川东药库"之称，川药更有"无川不成方"的美誉。区域内共有药材资源2300余种，常用药材资源300余种。该区域知名道地药材有杜仲、金银花、银杏、川明参、柴胡、乌梅、瓜蒌、栀子、厚朴、黄柏、山茱萸等。通江银耳、达州乌梅、苍溪川明参、青川天麻、旺苍杜仲获得地理标志产品认证。

4. 秦巴山区-重庆

秦巴山区-重庆属长江三峡库区，生态环境丰富多样，药用植物种类繁多。属中亚热带湿润季风气候，垂直气候明显，极端最高气温为39.8℃，极端最低气温为−9.2℃，无霜期年均287天，年平均降水量1132毫米，常年日照时数为1639小时。珍稀物种有水杉、银杏、领春木、连香树等；种植药材有党参、牛膝、贝母、云木香、大黄、黄柏、杜仲、木瓜、金银花、山药、前胡等。城口县位于大巴山南麓，区域内最高点光头山，海拔2685.7米，最低点沿河乡岔溪口海拔481.5米，全县地势东南偏高，西北偏低，属四川盆地北亚热带山地气候，系亚热带季风气候区。由于山高谷深，落差大，具有山区立体气候的特征，常年平均气温13.8℃。年均最高气温14.5℃，最低气温为13.0℃。平均无霜期234天，年均降雨日166天，常年平均日照时数为1534小时；年均降水量1261.4毫米。生产生漆、厚朴、黄连、天麻、党参等。云阳县位于长江三峡库区核心地带，全县森林覆盖率52%，地处亚热带季风气候区。橘官堂柑橘、渝峰乌天麻、三峡阳菊、三峡白蜜获得国家生态原产地保护产品称号。巫山县地处三峡库区腹心，跨长江巫峡两岸，最低海拔仅73.1米，最高海拔2680米。生物资源丰富，有野生大豆、金橘、桑、辛夷、香樟、重阳木、银杏、红豆、珙桐、三尖杉、杜仲等。巫溪县为全国绿化模范县，获得过"绿色中药出口基地"的称号，地形以山地为主，属于典型的中深切割中山地形，境内山大坡陡，立体地貌明显，最低海拔139.4米，最高海拔2796.8米，属亚热带暖湿季风气候区。有国家重点保护植物53种，一级有红豆杉、南方红豆杉、珙桐、光叶珙桐、银杏、水杉（栽培种）6种；二级有杜仲、鹅掌楸、香樟、楠木等47种。县境内地形及气候特别适宜药材生产，有大宁党参、独活、味牛膝、黄连、厚朴、天麻、川贝母、木香、款冬花等。

5. 伏牛山区（秦巴山区-河南）

伏牛山区位于秦巴山脉东部、河南省西部，总面积近40 000平方公里，占秦巴山区总面积的13%，占河南省总面积的24%。秦巴山脉河南片区北部、东部和南部分属黄河流域、淮河流域和长江流域。自北向南分布有小秦岭、崤山、熊耳山、外方山和伏牛山等山脉，统称为伏牛山，习惯称为豫西山地丘陵区。以伏牛山山脊和淮河干流为界，南坡属亚热带，北坡属暖温带，南北地区流域类型、气候指标、产业结构均有较大差异。区域内分布着国家级自然保护区6处、国家级森林公园10处、国家地质公园3处，森林覆盖率为51%。秦巴山区-河南丘陵面积占总面积的60%以上，是典型的山地农业区。区域内孕育有丰富的药用植物资源，道地药材有金银花、连翘、丹参、杜仲、山茱萸等。

6. 鄂西北地区（秦巴山区-湖北）

鄂西北地区属于北亚热带大陆性季风气候，光热资源较丰富。受海拔高度、坡向等地形地貌因素影响，气候复杂多样。本区境内有秦岭东段、武当山、荆山和神农架等山脉，山地面积占总面积的80%以上，平均海拔为1000～2000米，神农架的神农顶，其海拔高度达3105.4米，为华中第一峰。本区域内地形复杂，生物资源南北兼有，共有动植物3000多种，是我国生物资源较为丰富的地区之一。神农架林区素来就是闻名遐迩的中药宝库，武当山也有"天然药库"之称。包括中药材资源1360多种，是全国重点中药材产区之一，出产的药材有五倍子、重楼、射干、白术、白及、独活、黄连、沙参、柴胡、山茱萸、天麻、灵芝、连翘、桔梗、杜仲、木瓜、苍术、金银花、玉竹、夏枯草、丹参、玄参、何首乌、决明子、半夏、黄精、娑罗子、红豆杉、白芍、葛根、前胡、白果、鱼腥草、益母草、虎杖、淫羊藿、白蔹、白芷、防风、栀子、百部等。

四、秦巴山区产业发展存在的问题

1. 区域零碎开发，未能形成市场优势

秦巴山区地理位置相对闭塞，经济发展模式多为封闭、分散、陈旧的小农经济、作坊经济、农贸经济，对现代商业理念的认知程度有限，难以自动融入相对开放的市场经济体系。长期以来各区域零碎开发，没有形成品牌，农户分散经营，产品交易市场封闭，没有形成大宗品牌收益。上述开发方式的资源利用率较低，严重束缚了资源的经济价值释放，对解决人民就业、改善生活质量作用不明显。

2. 人口老龄化严重，缺乏经济发展带头人

本区域文化教育条件相较于平原地区偏低，人力资本、科技力量与信息数据集成性不足，进一步制约了经济发展。该区域生产运输成本偏高，外来资本投入有限，使产业发展长期受制于交通条件，导致经济落后，人均收入偏低，大量本地人力资源流失，升学毕业人员回乡工作者稀少。为提高收入，农村多数年轻人外出务工，从而造成区域内企事业单位人才资源缺乏，社会经济发展缓慢，不具备吸引外来人才和留住本地人才的客观条件。

3. 各地发展策略缺乏联动，整体优势未能凸显

近年来，针对秦巴山区绿色发展的战略、规划、政策持续出台。但调研发现，秦巴山区各市、县普遍存在注重当地发展、缺乏与周边联动的问题。例如各县、区丰富的旅游资源合理开发可成为地方财政的重要收入，但在实际发展过程中，旅游产业存在多"点"、少"线"、缺"面"的问题，与其他旅游产业发展较好的地区相比，该区域旅游资源的潜力尚未得到释放。现有产业发展战略、规划、政策的集成性与适宜性有待提升。

4. 产业发展特色不够显著，投入不足

秦巴山区产业发展原以采矿、采石、伐木、狩猎等传统经济模式为主，因环境被破坏、森林面积大幅减少，再也不能持续进行，国家严令禁止后，转变为护林、修路、发展种植业、养殖业等，其主要产业为种植与加工、养殖与加工，其中以种植与加工为主要产业形式。但目前在种植产业中未能做到因地制宜、遵循生态规律发展，如种植厚朴，密林发展万亩连片，致使资源单一，附加值低；发展食用菌香菇种植，需要大量木材，生产结束后，木材未能分解回田，致使环境污染；秦巴山区为天麻主要优质产区，但在天麻生产中存在缺乏优质种源、优质萌发菌和营养菌等问题，研究机构和产业技术人员缺乏，天麻产地加工企业和产地药品生产企业科研资金不足，致使产业发展水平不够、产业链不显著、产业特色和优势不显著。

5. 基础设施互联不足，交通阻力较大

一直以来，由于秦巴山区内有大山、河流阻隔，各行政区域之间各自为政，致使道路断头，桥梁稀少，更有路段被人为阻断，加之历史欠账等问题难以在短时间内得到解决，导致秦巴山区的基础设施整体状况仍较差。以交通为例，区内路网密度低，交通较为闭塞。近年来，国家不断加大对秦巴山区内基础设施的投入力度，使区域内居民生活条件得到改善，但仍需进一步加强。

6. 生态建设任务重，开发与保护矛盾突出

秦巴山区承担着南水北调中线工程水源保护、生物多样性保护、水源涵养、水土保持和三峡库区生态建设等重大任务，片区内有85处禁止开发区域，有55个县属于国家限制开发的重点生态功能区。生态建设地域广、要求高、难度大，资源开发与环境保护矛盾突出。

五、秦巴山区重点中药材市场变化分析

秦巴山区有药用动植物5000种以上，被誉为动植物的"基因库"，其区域内太白山、神农架被誉为我国药山，结合生产及适宜性，选择川牛膝、山茱萸、天麻、木耳、丹参、白及、杜仲、连翘、皂角刺、辛夷、附子、虎杖、南五味子、大黄、厚朴、独活、绞股蓝、柴胡、党参、木瓜、黄芩、黄连、黄柏、黄精、猪苓、葛根共26种中药材及其相应的药用植物品种为秦巴山区优先发展生产品种。其中几个重要品种的市场变化分析如下。

1. 杜仲

杜仲*Eucommia ulmoides* Oliv.为杜仲科杜仲属多年生落叶乔木，是我国特有树种，为国家二级珍贵保护树种，有"植物黄金"之称。我国中医以杜仲树皮入药，近年来杜仲的叶、花、果均得到了开发利用，如杜仲叶茶、杜仲籽油、杜仲雄花茶、杜仲饲料、杜仲橡胶等，杜仲的应用已经从单一药用扩展到日化、食品、饲料、材料等领域，其综合开发利用取得一系列重要突破，进入新的历史阶段。杜仲产业已经成为工农业复合型循环经济特色产业，目前市场价格杜仲皮9元/千克、杜仲叶2.5元/千克、杜仲籽8元/千克。截至2020年，我国杜仲种植面积约650万亩，80%资源集中在秦巴山区，其中略阳县杜仲达1.29亿株，是全国杜仲种植规模最大的县，占全国杜仲量的12.6%，2000年被国家林业局首批命名为"中国名特优经济杜仲之乡"。2016年12月，国家林业局发布《全国杜仲产业发展规划（2016—2030年）》，计划到2030年在全国27个省（自治区、直辖市）中的377个县（区、市）建成5000万亩杜仲良种高效栽培产业基地，该规划的发布标志着我国杜仲产业进入国家整体统筹战略层面，杜仲产业兼具产业扶贫、乡村振兴与一二三产业融合的多重社会价值，综合效益逐步显现。深入开发杜仲产业，延长产业链，提高经济附加值，对振兴秦巴山区经济具有重大意义。

2. 天麻

本品为兰科植物天麻*Gastrodia elata* Bl.的干燥块茎。始载于《神农本草经》，在我国已有2000多年的应用历史。1965年徐锦堂教授首创了利用蜜环菌侵染过的野生树根做菌种培养菌材的方法，获得成功，结束了我国天麻不能人工栽培的历史；1972年其在陕西汉中实施"天麻无性繁殖–固定菌床栽培法"取得成功，并筛选出Am-234号等蜜环菌优良菌株，取得高产稳产经验，随后在陕西省汉中、商洛、安康等地区推广，获得大面积丰收；1980年，其发明的"天麻有性繁殖–树叶菌床法"获得了国家技术发明奖二等奖，

1980～1988年，从理论上阐明了天麻种子发芽与真菌的营养关系，同时应用于生产，使天麻种子的发芽率提高到30%左右，并鉴定出紫萁小菇为天麻种子最佳萌发菌。20世纪70年代天麻种植技术日趋成熟，发展为"蜜环菌、萌发菌与天麻硕果拌播技术"，即"两菌一果（种子）"技术，进行大规模的有性繁殖。到20世纪80年代初，鲜天麻总产量达50万千克，陕南秦巴山区天麻产量占全国总产量的60%，产品供应全国，并大量出口；2012年全国天麻产量达17 320吨，仅汉中市就达7967吨，成为全国最大天麻产地。随着对天麻药理作用研究的不断深入，以其为原料的药品、健康产品、食品等不断丰富，促使天麻成为了大宗常用药材。因天麻种植必须依赖壳斗科落叶阔叶林，因此位于南北气候交界区的秦巴山区成为了天麻最大优质产区，近年来天麻价格稳定在100元/千克，其价格趋于稳中有升，加之我国老龄化社会的到来，给天麻产品提供了巨大的应用市场，进一步巩固和提高秦巴山区天麻优质产区的地位，对振兴秦巴山区产业经济具有重要价值。

3. 黄连

秦巴山区栽培的黄连品种为黄连*Coptis chinensis* Franch.的干燥根茎，习称"味连""鸡爪连"。该品种主产于湖北、湖南、重庆、四川、贵州及陕西南部，集中产于重庆的石柱、南川、巫溪、城口和陕西南部的镇坪、平利、岚皋、宁强、洋县、南郑等地，质量好、产量高。据顾学裘1939年在《西康药材调查》中记载，中国从唐朝就开始人工种植黄连。1942年《中国土产综览》记载，平利、镇坪两县年产黄连6200余千克。黄连种植近年来技术趋于成熟，产地趋于稳定，行情保持平稳，现市场鸡爪黄连根据质量不等，售价在每千克130～145元之间。秦巴山区应加大黄连产业管控，提高科技含量，优选品种，提高黄连商品药材等级，实现高水平可持续发展。

4. 党参

党参为桔梗科植物党参*Codonopsis pilosula*（Franch.）Nannf.、素花党参*Codonopsis pilosula* Nannf. var. *modesta*（Nannf.）L. T. Shen或川党参*Codonopsis tangshen* Oliv.的干燥根。党参3种基原植物的道地性均较强，适宜栽培区集中分布在甘肃、四川、陕西和山西4省。其中，党参最适合种植于陕西大部分地区以及甘肃东南部和山西南部；川党参适合种植于四川、重庆与山西交界处；素花党参适合种植于甘肃东南部和陕西南部地区。党参为药食两用的重要药材，其种植以秦巴山区为主，甘肃、四川、陕西为主要种植区。近年来党参种植品，小条货价格在每千克29～30元，中条货报价在35～40元，整体上呈现出平稳发展的态势。党参应用广泛，易于形成种植、加工产业链条。在秦巴山区适宜作为长期种植发展品种，开展林下、林缘种植、种植抚育具有广阔前景。

秦巴山区是我国中药材的重要产地，特别是在药食两用类中药材种植加工上具有重要地位，在长期发展中该区域形成了四川新荷花中药材专业市场、甘肃定西中药材专业交易市场、重庆解放路中药材专业市场、西安万寿路中药材专业市场、汉中市中药材专业市场等，为秦巴山区中药材实现市场贸易发挥了重要作用。

六、中药材相关法律法规政策节选

（一）《中华人民共和国中医药法》节选（由中华人民共和国第十二届全国人民代表大会常务委员会第二十五次会议于2016年12月25日通过，自2017年7月1日起施行）

第三章　中药保护与发展

第二十一条　国家制定中药材种植养殖、采集、贮存和初加工的技术规范、标准，加强对中药材生产流通全过程的质量监督管理，保障中药材质量安全。

第二十二条　国家鼓励发展中药材规范化种植养殖，严格管理农药、肥料等农业投入品的使用，禁止在中药材种植过程中使用剧毒、高毒农药，支持中药材良种繁育，提高中药材质量。

第二十三条　国家建立道地中药材评价体系，支持道地中药材品种选育，扶持道地中药材生产基地建设，加强道地中药材生产基地生态环境保护，鼓励采取地理标志产品保护等措施保护道地中药材。

前款所称道地中药材，是指经过中医临床长期应用优选出来的，产在特定地域，与其他地区所产同种中药材相比，品质和疗效更好，且质量稳定，具有较高知名度的中药材。

第二十四条　国务院药品监督管理部门应当组织并加强对中药材质量的监测，定期向社会公布监测结果。国务院有关部门应当协助做好中药材质量监测有关工作。采集、贮存中药材以及对中药材进行初加工，应当符合国家有关技术规范、标准和管理规定。国家鼓励发展中药材现代流通体系，提高中药材包装、仓储等技术水平，建立中药材流通追溯体系。药品生产企业购进中药材应当建立进货查验记录制度。中药材经营者应当建立进货查验和购销记录制度，并标明中药材产地。

第二十五条　国家保护药用野生动植物资源，对药用野生动植物资源实行动态监测和定期普查，建立药用野生动植物资源种质基因库，鼓励发展人工种植养殖，支持依法开展珍贵、濒危药用野生动植物的保护、繁育及其相关研究。

第二十六条　在村医疗机构执业的中医医师、具备中药材知识和识别能力的乡村医生，按照国家有关规定可以自种、自采地产中药材并在其执业活动中使用。

第二十七条　国家保护中药饮片传统炮制技术和工艺，支持应用传统工艺炮制中药饮片，鼓励运用现代科学技术开展中药饮片炮制技术研究。

第二十八条　对市场上没有供应的中药饮片，医疗机构可以根据本医疗机构医师处方的需要，在本医疗机构内炮制、使用。医疗机构应当遵守中药饮片炮制的有关规定，对其炮制的中药饮片的质量负责，保证药品安全。医疗机构炮制中药饮片，应当向所在地设区的市级人民政府药品监督管理部门备案。根据临床用药需要，医疗机构可以凭本医疗机构医师的处方对中药饮片进行再加工。

第二十九条　国家鼓励和支持中药新药的研制和生产。国家保护传统中药加工技术和工艺，支持传统剂型中成药的生产，鼓励运用现代科学技术研究开发传统中成药。

第三十条　生产符合国家规定条件的来源于古代经典名方的中药复方制剂，在申请药品批准文号时，可以仅提供非临床安全性研究资料。具体管理办法由国务院药品监督管理部门会同中医药主管部门制定。前款所称古代经典名方，是指至今仍广泛应用、疗效确切、具有明显特色与优势的古代中医典籍所记载的方剂。具体目录由国务院中医药主管部门会同药品监督管理部门制定。

第三十一条　国家鼓励医疗机构根据本医疗机构临床用药需要配制和使用中药制剂，支持应用传统工艺配制中药制剂，支持以中药制剂为基础研制中药新药。医疗机构配制中药制剂，应当依照《中华人民共和国药品管理法》的规定取得医疗机构制剂许可证，或者委托取得药品生产许可证的药品生产企业、取得医疗机构制剂许可证的其他医疗机构配制中药制剂。委托配制中药制剂，应当向委托方所在地省、自治区、直辖市人民政府药品监督管理部门备案。医疗机构对其配制的中药制剂的质量负责；委托配制中药制剂的，委托方和受托方对所配制的中药制剂的质量分别承担相应责任。

第三十二条　医疗机构配制的中药制剂品种，应当依法取得制剂批准文号。但是，仅应用传统工艺配制的中药制剂品种，向医疗机构所在地省、自治区、直辖市人民政府药品监督管理部门备案后即可配制，不需要取得制剂批准文号。

医疗机构应当加强对备案的中药制剂品种的不良反应监测，并按照国家有关规定进行报告。药品监督管理部门应当加强对备案的中药制剂品种配制、使用的监督检查。

（二）《陕西省中医药条例》节选（2020年1月9日陕西省第十三届人民代表大会常务委员会第十五次会议通过，自2020年4月1日起施行）

第三章　中药保护与发展

第二十七条　县级以上人民政府应当根据本地中医药事业发展实际，制定中药保护利用和产业发展规划，发挥区域中药材资源优势，推进生态种植，发展循环经济，建设功能完备的中药产业园，提高中药材资源综合利用水平。

第二十八条　省人民政府应当建立中药材资源、野生中药材物种分级保护制度，设立本省濒危野生药用动植物保护区，加强秦岭特有药用动植物和珍稀濒危野生药用动植物品种保护、繁育和研究，鼓励发展人工种植养殖，建立省级药用动植物种质资源库，加强中药材资源动态监测信息与技术服务体系建设。鼓励社会力量投资举办中药材科技园、博物馆和药用动植物园等保育基地。

第二十九条　县级以上人民政府应当支持中药材种植养殖基地规范化、规模化建设，推广中药材种植养殖技术，培育经营主体，推动农企联结，引导股份合作，提升中药材种植养殖产业化水平。县级以上人民政府有关部门应当按照国家规定，规范农药、化肥、植物生长调节剂等的使用管理。禁止在中药材种植养殖中使用剧毒、高毒及高残留农药或者超过标准使用农药、化肥等农业投入品。县级以上人民政府农业农村、科技、林业等主管部门应当做好中药材规范化种植养殖科学引导和技术指导，为中药材产业发展提供保障。

第三十条　省中医药主管部门应当会同药品监督管理、农业农村等有关主管部门制定本省道地中药材目录和标准质量评价体系，支持发展本省道地中药材优势品种。县级以上农业农村主管部门应当会同其他有关部门采取有效措施，对本省道地中药材进行品种选育和产地保护，鼓励道地中药材品种申报国家地理标志保护，培育和保护区域中药材知名品牌。

第三十一条　中药材的采集、贮存、初加工和中药饮片炮制等应当符合有关技术规范、标准和管理规定。县级以上承担药品监督管理职责的部门应当加强中药材质量监督管理，健全中药材质量保障制度。中药材经营者应当建立进货查验和购销记录制度，并标明中药材产地；药品生产企业应当建立中药材、中药饮片进货查验记录制度；医疗机构应当严格执行中药材、中药饮片质量验收制度，加强中药材加工、炮制和中药制剂配制的管理，保证中药饮片和中药制剂的质量，保障患者用药安全、有效。医疗机构炮制中药饮片，应当向所在地设区的市承担药品监督管理职责的部门备案。根据临床用药需要，医疗机构可以凭本医疗机构医师的处方对中药饮片进行再加工。

第三十二条　县级以上人民政府应当支持中药材专业市场建设，发展中药材现代商贸服务，完善仓储物流、电子商务、期货交易等配套建设；建立中药生产企业诚信评价体系和药材种植养殖、加工、流通、使用等全过程质量管理、质量追溯体系，规范中药材种植养殖种源及过程管理。

第三十三条　支持本省中药生产企业开发具有自主知识产权的中药新药，支持中药生产企业运用现代技术和工艺研究开发传统中成药，鼓励进行二次开发研究，提升产品质量和疗效。鼓励企业研发药食同源的产品。鼓励和支持医疗机构应用传统工艺配制中药制剂，研制符合国家规定条件的中药复方制剂和以中药制剂为基础的中药新药。

第三十四条　医疗机构配制中药制剂，应当依法取得医疗机构制剂许可证，或者委托取得药品生产许可证的药品生产企业、取得医疗机构制剂许可证的其他医疗机构配制中药制剂。省内医疗机构委托配制中药制剂，应当向省药品监督管理部门备案。医疗机构配制的中药制剂品种，应当依法取得制剂批准文号。仅应用传统工艺配制的中药制剂品种，向省药品监督管理部门备案后即可配制，不需要取得制剂批准文号。医疗机构配制的中药制剂经省药品监督管理部门批准，可以在指定或者协议的医疗机构之间调剂使用。医疗机构应当加强对备案的中药制剂品种的不良反应监测，并按照国家有关规定进行报告。药品监督管理部门应当加强对备案的中药制剂品种配制、使用的监督检查。

第三十五条　以下情形不作为医疗机构中药制剂管理：（一）中药加工成细粉，临用时由医疗机构医务人员加水、酒、醋、蜜、麻油等中药传统基质调配使用；（二）鲜药榨汁；（三）受患者委托，按照医师为该患者开具的处方应用中药传统工艺加工而成的制品；（四）法律法规规定的其他情形。

（三）《甘肃省中医药条例》节选（由甘肃省第十三届人民代表大会常务委员会第二十二次会议于2021年3月31日通过，自2021年7月1日起施行）

第三章　中药保护

第十九条　省人民政府应当加强野生中药材资源保护，完善中药材资源分级保护、野生中药材物种分级保护制度，建立濒危野生药用动植物资源保护区。支持依法开展珍稀濒危野生药用动植物资源的保护、繁育、人工种植养殖以及替代品的研究与开发。

第二十条　省人民政府中医药主管部门和农业农村、林业草原部门应当制定甘肃道地药材目录，建立甘肃道地药材种质资源库、种质资源保护地。省人民政府中医药主管部门和农业农村、市场监管、药品监管部门应当建立、完善道地药材标准体系。县级以上人民政府农业农村部门采取有效措施，对本行政区域道地、特色中药资源进行品种选育和产地保护，提高中药材品质。县级以上人民政府应当支持道地、特色中药材品种申报地理标志产品，培育甘肃道地药材名优品牌。

第二十一条　省人民政府农业农村主管部门应当编制道地药材种植养殖区域规划，加强中药材种植养殖基地建设，促进规范化和规模化生产。中药材种植养殖过程中禁止使用剧毒、高毒、高残留农药（含除草剂、生长调节剂等），不得超范围、超剂量使用农药、化肥等农业投入品。

第二十二条　中药材的种植养殖、采集、储藏、初加工、包装、仓储、运输和中药饮片加工炮制等应当符合有关技术规范、标准和管理规定。医疗机构应当规范药材采购（含中药饮片）渠道，规范中药饮片炮制和中药制剂的配制行为，保证中药饮片和中药制剂的质量。禁止生产、经营掺杂使假、以假充真、以次充好、霉烂变质的中药材、中药饮片；禁止滥用硫黄熏蒸、染色等违规方式加工中药材。

第二十三条　保护中药饮片传统炮制技术和工艺，支持应用传统工艺炮制中药饮片。鼓励和支持医疗机构研制和推广应用特色中药制剂。医疗机构配制中药制剂，应当依法取得医疗机构制剂许可证，或者委托取得药品生产许可证的药品生产企业、取得医疗机构制剂许可证的其他医疗机构配制中药制剂。医疗机构委托配制中药制剂，应当向省药品监督管理部门备案。医疗机构配制的中药制剂品种，应当依法取得制剂批准文号。仅应用传统工艺配制的中药制剂品种，向省药品监督管理部门备案后即可配制，不需要取得制剂批准文号。医疗机构应当加强对备案的中药制剂品种的不良反应监测，并按照国家有关规定进行报告。鼓励和支持符合规定的中药制剂在全省范围内调剂使用。可调剂中药制剂目录由省人民政府中医药主管部门与药品监督管理部门共同确定。

第四章　中医药产业发展

第二十四条　省人民政府应当推动中医药产业高质量发展，坚持中医药产业发展与生态保护相协调，统筹行业规划，打造陇药名优品牌，协同推进中医药全产业链发展。省人民政府应当持续推进甘肃省国家中医药产业发展综合试验区建设，鼓励有条件的县（市、区）人民政府依法在中医药产业发展、经营模式、管理体制机制等方面进行改革创新。

第二十五条　县级以上人民政府应当推行中药材标准化种植，创建国家、省级中药材特优区，推动规模化经营，规范中药材生产基地建设。

第二十六条　县级以上人民政府应当推动中药产业集聚发展，打造中药产业集群，培育中药龙头企业，提升综合实力和核心竞争力。

第二十七条　县级以上人民政府有关部门应当建立中药材收储制度，提升中药材仓储能力，支持建设标准化、规模化中药材仓储物流基地，完善中药材现代商贸相关的检验检测、电子商务、期货交易等配套服务。

第二十八条　鼓励企业运用现代技术工艺开展中药材精深加工，研发、推广中药保健品、药膳、化妆品、药浴等甘肃道地药材产品；支持企业开发中医特色诊疗设备、中医健身器械、中药兽药等新产品，推进中医药产业创新升级。

第二十九条　支持中医药养生旅游产业、大健康产业、文化产业等中医药相关产业发展，推动中医药与养生保健、养老、文化、旅游、互联网等产业的融合。

（四）《四川省中医药条例》节选（由四川省第十三届人民代表大会常务委员会第十四次会议于2019年11月28日修订通过，自2019年12月1日起施行）

第三章　中药保护与发展

第二十条　省人民政府应当组织开展中药材资源普查，建立中药材数据库、特有药材种质资源基因库等，完善中药材资源分级保护、野生中药材物种分级保护制度。县级以上地方人民政府应当掌握本行政区域中药材资源状况，加强野生中药材资源保护。

第二十一条　县级以上地方人民政府有关部门应当支持依法开展珍稀濒危野生药用动植物资源的保护、繁育以及研究、开发和利用，完善中药材良种繁育体系，推动规范化基地建设。开展珍稀濒危野生药用动植物资源采集、繁育、开发和利用，需要行政许可的，应当依法取得许可，并按照规定向社会公开。

第二十二条　省人民政府有关部门应当建立川产道地中药材保护体系和质量评价体系，制定并发布川产道地中药材目录和具有川产道地特色的省级中药材标准，支持川产道地中药材品种选育和产地保护，确定川产道地中药材适宜种植、养殖区域，建立川产道地中药材质量溯源体系。县级以上地方人民政府有关部门应当加强川产道地中药材产区环境保护，扶持川产道地中药材生产基地规范化、规模化建设，鼓励川产道地、特色中药材品种申报地理标志保护产品，培育和保护区域中药材知名品牌。

第二十三条　鼓励支持利用药食同源的川产道地中药材开展药膳、食疗的研究、开发。

第二十四条　县级以上地方人民政府有关部门应当加强中药质量管理，推动建立中药材、中药饮片、中成药生产流通使用全过程追溯体系，推动中药企业诚信体系建设。

第二十五条　中药材的种植养殖、采集、贮存、初加工、包装、仓储和运输应当符合相关技术规范和标准，保障中药材质量安全。

第二十六条　支持中药生产企业装备升级、技术集成和工艺创新，建设标准化和现代化的中药生产工艺、流程，运用现代质量控制技术，提高中药饮片、中成药质量。

第二十七条　县级以上地方人民政府承担药品监督管理职责的部门应当加强对医疗机构炮制中药饮片、配制中药制剂以及使用中药饮片、中药制剂的监督管理。医疗机构应当规范进药渠道，建立中药材、中药饮片质量验收制度和来源去向追溯制度，规范中药饮片的加工炮制和中药制剂的配制行为，保证中药饮片和中药制剂的质量。

第二十八条　医疗机构配制的中药制剂应当按照规定进行质量检验。经依法批准后，医疗机构配制的中药制剂可以在指定的医疗机构之间调剂使用。

（五）《湖北省中医药条例》节选（由湖北省第十三届人民代表大会常务委员会第十次会议于2019年7月26日通过，自2019年11月1日起施行）

第三章　中药保护与发展

第二十二条　省人民政府应当组织有关部门对本省中药资源进行定期普查和动态监测，建立中药数据库和特有中药材种质资源库、基因库。省人民政府应当加强野生中药材资源保护，完善中药材资源和野生中药材物种分级保护制度，建立濒危野生药用动植物保护区、珍稀药用动植物保护名录。鼓励和支持依法开展药用野生、珍稀濒危植物资源的保护、繁育、人工种植养殖的研究与开发。

第二十三条　省人民政府应当组织有关部门制定荆楚道地中药材目录，建立保护和评价体系，构建种植养殖、生产、流通、使用过程追溯、质量检验检测和品牌体系，加强对荆楚道地中药材的原产地、种原、种质和品牌保护。县级以上人民政府应当保护荆楚道地中药材生产基地的生态环境，鼓励采取申请地理标志产品等知识产权保护措施保护荆楚道地中药材，推动荆楚中药品牌建设。

第二十四条　省人民政府应当组织中医药、市场监督管理、农业农村、自然资源、商务等主管部门制定包含下列内容的本省中药材质量标准、技术规范：（一）种子、种苗质量标准；（二）种植养殖田间管理、投入品使用等规范；（三）采收、产地加工规范；（四）炮制规范；（五）农药或者兽药残留、重金属污染等有害物质控制标准；（六）等级标准；（七）包装及仓储规范；（八）其他中药材质量标准或者技术规范。鼓励中药生产企业制定严于国家和省标准的企业标准，在本企业适用。

第二十五条　县级以上人民政府应当结合实际制定本行政区域中药材种植养殖发展规划，支持市场主体建设中药材良种繁育基地、种植养殖基地和加工基地，鼓励中药生产企业向中药材产地延伸产业链，采用绿色、有机农产品标准种植养殖中药材，推进中药材种植养殖规范化、标准化。中药材种植养殖过程中禁止使用剧毒、高毒、高残留农药（含除草剂、生长调节剂）或者超过标准使用农药、化肥等农业投入品。

第二十六条　中药生产企业、医疗机构炮制中药材应当执行中药饮片炮制标准和技术规范，保证中药饮片的质量。加工和生产中药材、中药饮片、中成药、中药制剂，不得使用掺杂使假、染色增重、霉烂变质的中药材，不得违反规定采取硫熏等加工方式。

第二十七条　县级以上人民政府应当加强中药材流通体系建设，建立中药材流通追溯体系，规范中药材包装、运输、仓储、出入库等活动。

药品生产企业和中药材经营者应当建立中药材质量验收和来源去向追溯制度，中药材经营者应当如实标明中药材产地。

第二十八条　中药药品的研制、生产、销售和医疗机构配制中药制剂应当经依法审批或者备案。省人民政府药品监督管理部门应当会同中医药主管部门制定医疗机构中药制剂调剂使用办法；符合条件的中药制剂可以在规定的行政区域或者指定的医疗机构调剂使用。医疗机构应当规范进货渠道，建立中药饮片质量验收制度和来源去向追溯制度。

第五章　中医药产业促进

第四十条　县级以上人民政府及其有关部门应当制定中医药产业发展规划和扶持政策，发挥荆楚道地中药材资源优势，构建中医药产业发展集聚区，促进中医药产业发展。

第四十一条　县级以上人民政府应当采取措施支持中药生产企业运用传统工艺炮制中药饮片，鼓励运用现代科学技术开展中药饮片炮制技术研究，培育具有竞争力的中药饮片品种和品牌。支持中药生产企业自主研发或者基于古代经典名方、民间验方、秘方等研发中药新药，以及与医疗机构合作研发以中药制剂为基础的中药新药。

第四十二条　鼓励企业运用现代技术工艺开展中药材精深加工，研发中医特色诊疗设备、中医健身器械，发展中药保健食品等中药材料新产品。

第四十三条　县级以上人民政府应当充分利用本地中医药资源发展中医药健康服务产业，鼓励开展中医健康监测、咨询评估、养生调理等个性化、便捷化的中医药养生保健服务。

第四十四条　鼓励市场主体探索中医健康养生养老新模式，推动中医药与养老、旅游、文化、体育等健康产业融合发展，开发中医药健康服务项目，推广特色中医药养生健身活动。

第四十五条　县级以上人民政府发挥传统产业改造升级等专项资金的引导作用，以投资补助、贷款贴息等方式加大对中医药产业的支持，鼓励社会资金投向中医药产业；支持中医药企业技术改造、上市融资和兼并重组，提高市场竞争力。

第四十六条　省人民政府应当促进中医药国际贸易便利化，鼓励和支持发展中医药服务与贸易，支持参与国际中医药合作与竞争。鼓励中医医疗机构、企业开办海外中医医院、诊所和中医药养生保健机构。支持中医药高等院校开办海外学院，开展多层次的中医药国际教育交流合作，吸引海外留学生和中医药从业人员在省内接受中医药教育培训和临床实习。

中药产业发展中，陕西、甘肃、四川、湖北等省均出台了系列相关政策和规划，为中药材产业发展提供了法律保障和政策基础，中药材产业必然成为秦巴山区振兴乡村经济的重要优势产业。

参考文献

[1] 李敏莲，程建国. 秦巴山区中草药资源及其开发[J]. 陕西农业科学，2002，4（10）：19-23.

[2] 黄彩丽，任刚虎，梁宗锁，等. 陕南秦巴山区不同立地条件下药用植物多样性研究[J]. 北方园艺，2015，4（1）：151-156.

[3] 王强，付亮，黄娟，等. 四川秦巴山区中药材产业发展现状及对策[J]. 安徽农学通报，2015，21（16）：46+77.

[4] 吴江. 湖北秦巴山区贫困现状及致贫机理研究[J]. 农业部管理干部学院学报，2014，4（2）：61-64.

[5] 刘迪，吴和珍，王平，等. 湖北省中药材产业现状及战略发展思考[J]. 中国现代中药，2016，18（6）：696-702.

[6] 李耿，李振坤，李慧，等. 我国杜仲中药产业发展战略研究[J]. 中国现代中药，2021，23（4）：567-586.

[7] 张进强，周涛，江维克，等. 天麻种植生产的生态循环利用模式分析[J]. 中国中药杂志，2020，45（9）：2036-2041.

[8] 王凤. 以"两山论"推动秦巴山区绿色发展的实践路径研究[J]. 改革与开放，2021，4（1）：4-8.

[9] 姚琦馥，余波. 我国黄连价格指数波动分析[J]. 价格月刊，2016，4（11）：44-48.

[10] 牛昱婷，张娟，王惠珍，等. 党参种植适宜性研究[J]. 中国中医药信息杂志，2021，28（6）：13-16.

[11] 郑小华，屈振江，朱琳. 陕南秦巴山区中药材气候资源评价及区划[J]. 中国农学通报，2008，4（3）：390-394.

各论

本品为蓼科植物掌叶大黄*Rheum palmatum* L.、唐古特大黄*Rheum tanguticum* Maxim. ex Balf.或药用大黄*Rheum officinale* Baill.的干燥根和根茎。在秦巴山区，药用大黄*Rheum officinale* Baill.为主要分布品种，以下主要介绍药用大黄栽培的相关技术。

一、植物特征

多年生高大草本，高1.5～2米，根及根状茎粗壮，内部黄色。茎粗壮，基部直径2～4厘米，中空，具细沟棱，被白色短毛，上部及节部较密。基生叶大型，叶片近圆形，稀极宽卵圆形，直径30～50厘米，或长稍大于宽，顶端近急尖形，基部近心形，掌状浅裂，裂片大齿状三角形，基出脉5～7条，叶上面光滑无毛，偶在脉上有疏短毛，下面具淡棕色短毛；叶柄粗圆柱状，与叶片等长或稍短，具楞棱线，被短毛；茎生叶向上逐渐变小，上部叶腋具花序分枝；托叶鞘宽大，长可达15厘米，初时抱茎，后开裂，内面光滑无毛，外面密被短毛。大型圆锥花序，分枝开展，花4～10朵成簇互生，绿色到黄白色；花梗细长，长3～3.5毫米，关节在中下部；花被片6，内外轮近等大，椭圆形或稍窄椭圆形，长2～2.5毫米，宽1.2～1.5毫米，边缘稍不整齐；雄蕊9，不外露；花盘薄，瓣状；子房卵形或卵圆形，花柱反曲，柱头圆头状。果实长圆状椭圆形，具三条膜质化褐色至黑山翅，长8～10毫米，宽7～9毫米，顶端圆，中央微下凹，基部浅心形，翅宽约3毫米，纵脉靠近翅的边缘。种子宽卵形。花期5～6月，果期8～9月。（图1）

图1　药用大黄

药用大黄与掌叶大黄主要区别特征：药用大黄叶浅裂，浅裂片呈大齿形或宽三角形，花也较大，呈黄白色，花蕾椭圆形。果枝开展。

据地方志记载，药用大黄由野生变家种已有131年的栽培历史，家种后其生长周期相对缩短，根及根状茎变粗。

二、资源分布概况

药用大黄主要分布于我国陕西、四川、湖北、贵州、云南等省及河南西南部与湖北交界处。栽培药用大黄产区有陕西、四川、湖北、贵州、云南，其中陕西镇巴、四川通江为药用大黄种植的代表性产区。

据史料记载，陕西镇巴自1887年就在房前屋后、田边地坎种植，经过多年的推广种植，已经成为药用大黄药材的主产区。青水镇皮窝铺村、丁木坝村等成为药用大黄种源保护区，县境内青水镇皮窝铺村、丁木坝村、小洋镇鲁家坝村、兴隆镇竹园村、观音镇桃树湾村、巴庙镇寨湾村、永乐镇新时村、三元镇柳坝村等已成为药用大黄主产区。

三、生长习性

药用大黄喜冷凉气候，耐寒，忌高温。对土壤要求较严，一般以土层深厚，富含腐殖质，排水良好的壤土或砂质壤土最好，黏重酸性土和低洼积水地区不宜栽种。忌连作，需经4~5年后再种。在自然条件下，12月初地上植株枯萎，根茎停止生长，立春到来时根状茎开始萌动孕育芽头，逐渐露出小叶，随着气温回升，植株进入繁茂生长期，根及根状茎也进入快速生长期。

四、栽培技术

1. 种植材料

生产以有性繁殖为主，无性繁殖为辅。

有性繁殖选择种子时，选择生长3年以上的健壮植株上已成熟的种子，选取饱满、无残缺、无虫咬的种子，去除一切杂物，及时干燥储存在通风干燥处作育苗用。通过集中育

苗后，选取芽完整、无残缺、根茎最粗处直径≥2厘米、长度≥10厘米的壮苗作为种苗栽培。(图2、图3)

无性繁殖选择生长3年以上健壮、芽头完整、无虫害的完整大黄，切去根头部，按芽头再切成小块，每小块重量≥150克，每株切3～5块，作为无性繁殖栽培种苗。

2. 选地与整地

首先选择海拔在1100～1800米的地域栽培药用大黄，夏无酷暑、气候冷凉，可有效抑制害虫生长。

(1)选地 选择耕层深厚，腐殖质丰富的砂土地块。栽前半个月清除杂草

图2 大黄果穗

图3 大黄种苗

和小灌丛，深耕暴晒，有效抑制虫卵和病菌的滋生，熟化土壤。

（2）整地　栽前一周内起垄，垄面宽90厘米，垄深15厘米，垄间沟宽20厘米，呈中脊高两面略低的鱼背形状。施底肥，按行距90厘米，株距80厘米，沿垄面两侧挖30厘米的坑，每窝底施腐熟的农家肥2～3千克，并用细土覆盖5厘米，增加土壤肥力。（图4、图5）

图4　大黄栽培田整地

图5　大黄栽培田施底肥

3. 播种

（1）有性繁殖种子育苗 大黄种子具有休眠特性，7月下旬至8月中旬采收种子，采收时，选择生长3年以上的健壮植株上已成熟的种子，选取饱满、无残缺、无虫咬的种子，去除杂质，让种子在自然条件下越冬解除休眠；种子宜在3月下旬至4月下旬播种，将种子在40℃左右的温水中浸泡4～6小时后，沥干水分摊开于竹制凉席上待播种。每亩用种量为5～8千克，撒种量每平方米500～800粒。选择土壤肥沃、土层深厚、利于排水的地块作为育苗地，做成宽1.5米、高0.5米的畦，将选好的种子撒在备好的苗床上，上面覆盖0.5厘米厚的细土，然后草屑覆盖，喷洒适量水，及时除草，施人畜粪水，待种苗长到高2厘米左右即可定植。种苗选取芽完整、无残缺、根茎最粗处直径≥2厘米、长度≥10厘米的壮苗栽培。

（2）无性繁殖芽头栽培 10月下旬至小雪节令和翌年3月底栽培药用大黄芽头。芽头选择和切取时，选择生长三年以上健壮、芽头完整、无虫害的完整大黄，切去根头部，按芽头再切成小块，每小块重量≥150克，每株切3～5块，作为无性繁殖栽培种苗。栽培前用新鲜草木灰蘸抹切口。（图6）

图6 大黄芽头栽培

（3）移栽前准备 将有性繁殖和无性繁殖的种苗移栽到生产田，栽前一周内起垄，垄面宽90厘米，垄深15厘米，垄间沟宽20厘米，呈中脊高两面略低的鱼背形状。施底肥，按行距90厘米，株距80厘米，沿垄面两侧挖30厘米的坑，每窝底施腐熟的农家肥2～3千克，并用细土覆盖5厘米，增加土壤肥力。

4. 田间管理

（1）中耕除草 大黄苗齐苗全后进行浅中耕除草，5月上旬，大黄苗封行后，停止中耕，坚持除草。除草过程中，注意不要将种苗带出土面。

（2）定苗　5月中旬，大黄苗封行前拔除病株、弱株。

（3）追肥　结合中耕除草进行追肥，每亩栽后第2年4月份进行施肥，在植株根部约20厘米处挖一小坑，施入熟化农家肥约1千克。

（4）排灌水　定期检查沟和厢面，清除沟中积土，保持厢面平整，大雨后及时疏沟排水；叶片出现轻度萎蔫时，人工灌溉，以距地面10厘米左右的耕作层浇透为宜，早晚进行。

（5）掰侧芽　栽后第2年4月份人工掰掉部分大黄植株的侧芽，用细土覆盖疤痕，利于根状茎的生长。

（6）去花薹　栽后第3年4月份去顶芽，用镰刀沿顶芽根部斜割侧芽，用细土覆盖疤痕，降低植株高度，防止倒伏，利于根状茎的生长，增加产量。

（7）种子收集　7月下旬至8月中旬，种子变黑有零星脱落时，用镰刀割除带种子的茎秆，在室内架空阴干，促进种子后熟，保证种子的成熟度，提高发芽率和发芽势。在种子完全成熟后脱粒再晾干，装在透风的麻袋中保管。

大黄田间栽培如图7所示。

图7　大黄田间栽培

5. 病虫害防治

（1）根腐病　为大黄毁灭性病害。常在收获当年7～8月高温多湿季节时发病，连作地更为严重。发病初，根茎形成湿润性不规则的褐色斑点，后迅速扩大，侵入根茎内部，并向四周蔓延腐烂，最后使全根变黑。地上茎叶先从叶柄基部开始出现水渍状棕褐色长形或不规则病斑，后逐渐蔓延扩大，最后全株死亡。

防治方法　①实行轮作，宜与豆类、马铃薯、蔬菜等轮作4～5年后才能复种；②及时挖沟排水，降低田间湿度；③发现病株，及早拔除，烧毁深埋，然后用5%石灰乳浇灌病穴；④发病前喷1∶1∶100波尔多液，发病时喷65%代森锌500倍液，或灌根，每7天1次，连续3～4次；⑤清洁田园，将枯枝残叶和杂草集中烧毁，消灭越冬病原。

（2）轮纹病　从幼苗出土至收获前均能发生。发病重时常致叶片枯死。发病时，叶片上病斑红褐色，近圆形，具同心轮纹，病斑上密生小黑点。

防治方法　①冬季清除枯枝残茎并集中烧毁，减少越冬菌源；②增施有机肥，适时中耕除草，促进植株生长健壮；③出苗后2周开始喷1∶2∶300波尔多液防治或用井冈霉素50微克/毫升喷雾防治。

（3）炭疽病　大黄叶片受害后，病斑圆形或近圆形，直径2～4厘米，中心部淡褐色，边缘紫红色，以后生紫黑色小点，即病原菌的分生孢子盘，但肉眼不易看清。最后，病斑往往穿孔。

防治方法　炭疽病发生时间一般偏早，可参照轮纹病进行防治。

（4）霜霉病　叶上病斑呈多角形至不规则形，黄绿色，边缘不明显。发病严重时，叶片变黄渐次干枯。天气湿润时，在叶背的病斑处可见紫色的霜状霉层。发病规律：病菌以卵孢子在被害叶的病斑中越冬。第二年春季条件适合时，卵孢子萌发，释放出游动孢子，借风雨传播，从寄主气孔侵入危害。在低温高湿条件下容易发生。一般在4月中、下旬开始发病，5～6月发病严重。

防治方法　①实行轮作，保持土壤排水良好；②及时拔除病株并加以烧毁，病穴土壤用石灰消毒，清除田间枯枝落叶及杂草，消灭越冬菌源；③80%代森锰锌可湿性粉剂500～600倍液喷雾，或施用甲霜灵锰锌可湿性粉剂800倍液，7～10天一次，连续喷3～4次。

（5）灰霉病　初期叶尖褪绿发黄，向下扩展呈不规则形病斑，在病组织背面产生稀疏的灰褐色霉层。

防治方法　从4月初开始喷1∶1∶100的波尔多液，每隔10～14天喷1次，连续3～4次；发病时，用50%异菌脲或嘧霉胺800倍液喷施。

（6）金龟子　即蛴螬的成虫。夏季发生，危害叶片，严重时只留下叶脉。

防治方法　田间悬挂黑光灯，诱杀成虫；用90%敌百虫1000倍液喷杀；消灭地下蛴螬。

（7）斜纹夜蛾　多发于6～7月，啃食叶片。初龄幼虫啃食下表皮与叶肉，仅留上表皮和叶脉呈纱窗状。4龄以后咬食叶片仅留主脉。幼虫老熟后入土作土室化蛹。

防治方法　发生期及时消灭卵块及初孵幼虫；利用黑光灯诱杀成虫；发生期喷90%敌百虫800～1000倍液。

五、采收加工

1. 采收

生长3年以上即可收获。

（1）采收期　每年12月初地上部分枯萎时至翌年2月未发芽前进行采收。

（2）田间清理　采挖前将地上枯萎植株、杂草清除，集中运出种植地烧毁或深埋。

（3）采挖　从药用大黄植株地上枯萎部分判断地下块根位置，用挖锄农用工具距植株周沿30～40厘米处横切面往下挖，深度60～80厘米，小心翻挖出药用大黄根和根状茎，剥除泥土，收集后装入清洁竹筐内或透气编织袋中。

（4）分选及清洗　根和根状茎运回后及时在加工场地摊开分选，用竹刀切去根状茎上的根。清除感染病虫害或有损伤的部分；分选后用竹刀刮去外层栓皮。

2. 加工

加工时用竹刀切去外皮及芽头，根状茎横切成7～10厘米厚的块，侧根切成20～30厘米长的段，将切好的根状茎及侧根分别放在烘房内，保持45～50℃，烘干24小时后取出，堆放厚度80厘米高，用干净的麻袋或草帘覆盖5～7天，再送入烘房，保持45～50℃的温度连续烘烤至干燥，干燥后水分不得高于15.0%。（图8）

六、药典标准

1. 药材性状

本品呈类圆柱形、圆锥形、卵圆形或不规则块状，长3～17厘米，直径3～10厘米。除

图8 大黄加工

大黄片

马蹄大黄

条状大黄

图9 大黄药材

尽外皮者表面黄棕色至红棕色，有的可见类白色网状纹理及星点（异型维管束）散在，残留的外皮棕褐色，多具绳孔及粗皱纹。质坚实，有的中心稍松软，断面淡红棕色或黄棕色，显颗粒性；根茎髓部宽广，有星点环列或散在；根木部发达，具放射状纹理，形成层环明显，无星点。气清香，味苦而微涩，嚼之粘牙，有沙粒感。（图9）

2. 鉴别

（1）横切面　木栓层和栓内层大多已除去，韧皮部筛管群明显；薄壁组织发达。形成层成环，木质部射线较密，宽2～4列细胞，内含棕色物；导管非木质化，常1至数个相聚，稀疏排列。薄壁细胞含草酸钙簇晶，并含多数淀粉粒。

根茎髓部宽广，其中常见黏液腔，内有棕红色物；异型维管束散在，形成层成环，木质部位于形成层外方，韧皮部位于形成层内方，射线呈星状射出。

（2）粉末特征　粉末黄棕色。草酸钙簇

晶直径20～160微米，有的至190微米。具缘纹孔导管、网纹导管、螺纹导管及环纹导管非木化。淀粉粒甚多，单粒类球形或多角形，直径3～45微米，脐点星状；复粒由2～8分粒组成。

3. 检查

（1）水分　不得过15.0%。

（2）总灰分　不得过10.0%。

4. 浸出物

照水溶性浸出物测定法项下的热浸法测定，不得少于25.0%。

七、仓储运输

1. 仓储

药材仓储要求符合NY/T 1056—2006《绿色食品 贮藏运输准则》的规定。仓库应具有防虫、防鼠、防鸟的功能；要定期清理、消毒和通风换气，保持洁净卫生；不应与非绿色食品混放；不应和有毒、有害、有异味、易污染物品同库存放；在保管期间如果水分超过15.0%、包装袋打开、没有及时封口、包装物破碎等，导致药用大黄吸收空气中的水分，发生返潮、结块、褐变、生虫等现象，必须采取相应的措施。

2. 运输

运输车辆的卫生合格，温度在16～20℃，湿度不高于30%，具备防暑防晒、防雨、防潮、防火等设备，符合装卸要求；进行批量运输时不应与其他有毒、有害、易串味物质混装。

八、药材规格等级

一等：干货。横切成段，去净粗皮。表面黄褐色，体结实。断面黄色或黄绿色。气微香，味涩而苦。长7厘米以上，直径5厘米以上。无枯糠、糊黑、杂质、水根、虫蛀、霉变。

二等：干货。根茎横切成段，去净粗皮。表面黄褐色，体质轻松。断面黄色或黄绿色。气微香，味涩而苦。大小不分，间有水根。最小头直径不低于1.2厘米。无枯糠、糊黑、杂质、虫蛀、霉变。

九、药用价值

1. 性味与归经

味苦，性寒。归脾、胃、大肠、肝、心包经。

2. 功能与主治

泻热通便，凉血解毒，逐瘀通经。用于实热便秘，积滞腹痛，泻痢不爽，湿热黄疸，血热吐衄，目赤，咽喉痛，瘀血经闭，跌打损伤。

具有泻热通便功效，用于胃肠实热积滞、大便秘结、腹部胀满、疼痛拒按，甚至高热不退、神昏谵语，如大承气汤；或脾阳不足之冷积便秘，如温脾汤。解毒消痈功效，用于热毒疮疡、暴赤眼痛、口舌生疮、齿龈肿痛，如大黄牡丹皮汤。

行瘀通经功效，用于瘀血阻滞之月经闭止、产后瘀阻、癥瘕积聚，及跌打损伤、瘀血肿痛。清热除湿功效，用于湿热壅滞之黄疸、小便不利、大便干结；热淋、石淋，如八正散。亦可凉血止血，用于热伤血络之吐血、衄血、便血、崩漏、赤白带下。

3. 临床常用

现代临床可用于治疗流行性脑膜炎、大叶性肺炎、急性胆道感染、急性腮腺炎、急性阑尾炎、急性传染性黄疸型肝炎、急性肠炎、细菌性痢疾、消化道出血、咽喉炎、牙龈脓肿、皮炎、湿疹、淋病、带状疱疹等。

4. 使用注意

大黄峻烈、攻下破瘀力强，易伤正气，故表证未解、气血虚弱、脾胃虚寒、无实热瘀结者及孕妇胎前、产后均应慎用或忌服。

参考文献

[1] 谢宗万. 中药材品种论述（中册）[M]. 上海：上海科学技术出版社，1990：22–40.
[2] 叶华谷，易思荣，黄娅，等. 中国药用植物（十二）[M]. 北京：化学工业出版社，2016：310.

[3] 李世全，周大卫，王光陆，等. 秦巴山区天然药物志[M]. 西安：陕西科学技术出版社，1987：7-9.

[4] 杨俊莲，王昌华，刘翔，等. 药用大黄常见病虫害种类及防治技术研究[J]. 资源开发与市场，2009，25（9）：779-780.

[5] 杨成英. 大黄及其伪品的鉴别[J]. 时珍国医国药，2003，14（12）：747-748.

shan zhu yu

山茱萸

本品为山茱萸科植物山茱萸*Cornus officinalis* Sieb. et Zucc.的干燥成熟果肉。

一、植物特征

落叶乔木或灌木，高4～10米；树皮灰褐色；小枝细圆柱形，无毛或稀被贴生短柔毛，冬芽顶生及腋生，卵形至披针形，被黄褐色短柔毛。叶对生，纸质，卵状披针形或卵状椭圆形，长5.5～10厘米，宽2.5～4.5厘米，先端渐尖，基部宽楔形或近圆形，全缘，上面绿色，无毛，下面浅绿色，稀被白色贴生短柔毛，脉腋密生淡褐色丛毛，中脉在上面明显，下面凸起，近于无毛，侧脉6～7对，弓形内弯；叶柄细圆柱形，长0.6～1.2厘米，上面有浅沟，下面圆形，稍被贴生疏柔毛。

伞形花序生于枝侧，有总苞4，卵形，厚纸质至革质，长约8毫米，带紫色，两侧略被短柔毛，开花后脱落；总花梗粗壮，长约2毫米，微被灰色短柔毛；花小，两性，先叶开放；花萼裂4，阔三角形，与花盘等长或稍长，长约0.6毫米，无毛；花瓣4，舌状披针形，长3.3毫米，黄色，向外反卷；雄蕊4，与花瓣互生，长1.8毫米，花丝钻形，花药椭圆形，2室；花盘垫状，无毛；子房下位，花托倒卵形，长约1毫米，密被贴生疏柔毛，花柱圆柱形，长1.5毫米，柱头截形；花梗纤细，长0.5～1厘米，密被疏柔毛。

核果长椭圆形，长1.2～1.7厘米，直径5～7毫米，红色至紫红色；核骨质，狭椭圆形，长约12毫米，有几条不整齐的肋纹。花期3～4月；果期9～10月。（图1）

图1 山茱萸

A. 果期　B. 花期

二、资源分布概况

主要分布于陕西、河南、浙江、山西、安徽、湖北、四川等省，主要集中在长江以北，秦岭、伏牛山以南和浙江天目山区的广大低山丘陵地区。其中陕西的秦岭汉中、宝鸡，河南的伏牛二阳南阳、洛阳和浙江的天目二州杭州、徽州等地为山茱萸的主产区，占全国总量的90%以上。从浙江杭州到秦岭西段的甘肃，存在着一个山茱萸分布带。陕西的太白县、丹凤、宁陕、佛坪、洋县，四川的安县，浙江省的临安、淳安、昌化，安徽的霍山、歙县、石棣，湖北的十堰、竹溪、郧西、南漳、保康，河南的南阳、内乡、嵩县、南召、鲁山、西峡、济源、巩义，山西的阳城，甘肃的舟曲、康县等都有山茱萸的分布。

三、生长习性

山茱萸为暖温带阳性树种，生长适温为20～30℃，超过35℃则生长不良。抗寒性强，可耐短暂的－18℃低温，生长良好，山茱萸较耐阴但又喜充足的光照，通常在山坡中下部地段，阴坡、阳坡、谷地以及河两岸等地均生长良好，一般分布在海拔400～1800米的区域，其中600～1300米比较适宜。山茱萸宜栽于排水良好，富含有机质、肥沃的砂壤土中。黏土要混入适量河沙，增加排水及透气性能。

四、栽培技术

1. 种植材料

主要采用种子繁殖、压条繁殖、扦插繁殖和嫁接繁殖。

（1）种子繁殖 每年春分前后，选择树势健壮，冠形丰满，生长旺盛，抗病虫害能力强，丰产性能优良的品种（主要是山茱萸石磙枣、大红枣、秦丰、秦玉4个优良品种，已获陕西省林木委员会审定）中的中龄树作为采种母株。将果实晒3～4天，待果皮柔软后，剥去果皮作为种子使用。采种时应对采种母株进行标记和登记。对种子进行质量检验，合格后做发芽用。

①种子消毒：在处理种子前，要先对种子进行灭菌消毒处理，即用0.5%高锰酸钾溶液浸泡种子30分钟，再用清水洗净药液。

②腐蚀法处理：按每1千克种子用Na_2CO_3 10克、水2千克的比例，将Na_2CO_3用温水溶

化后放入种子，搅拌均匀，浸泡12小时后，搓去果核上的黏液，捞出装入透水容器内，每天早、晚用60℃温水各冲2次，共冲10天。

将种子与牛马粪按1∶1.5比例拌匀后下坑沤制。沤坑应选在背风向阳的地方，坑深40厘米。坑底先铺5厘米厚的沙，然后将拌好粪的种子倒入坑内，厚约20厘米，再铺盖5厘米厚的沙土，呈馒头状，最后用塑料薄膜覆盖，将四周压好。冬至前后，气温变低后，用牛马粪将坑盖平，用塑料薄膜继续盖好，立春后播种育苗。

③浸沤法处理：用60～70℃温水浸泡种子2天，取出后选背风向阳处，挖30～40厘米深的沤坑。将种子与粪灰（牛马粪80%、草木灰20%）按1∶1.5比例拌匀，放入坑内闷沤。待30%～40%的种子露白，即可播种。

（2）压条繁殖

①地面压条：秋季采果后或春季土壤解冻后幼芽萌发之前，将靠近地面二、三年生的枝条的阴面切割至木质部1/3深处或进行环状剥皮，弯曲至地面，埋入事先翻松的施有圈肥的土壤中，用竹或木钩将压入部分固定，上面用土压紧。

②空中压条：夏季将靠近地面二、三年生的枝条的阴面切割至木质部1/3深处或进行环状剥皮，剥皮宽2～3厘米，用塑料薄膜围绑，呈口袋状，填充湿润腐殖质土。

（3）扦插繁殖　4～5月，在优良母株上剪取枝条，将木质化的枝条剪成长15～20厘米的扦条，在沙床上按行株距20厘米×8厘米扦插，盖薄膜保温，上搭荫棚遮光，浇水保湿，除草施肥，翌年早春移植。

（4）嫁接繁殖

①时间：深秋，冬初或第二年早春。

②方法：将生根苗带土起出，在选好的地点挖坑定植。

③砧木的选择：选择亲和力强、适应性强、抗逆性强的品系作嫁接的接穗和砧木。

④砧木的种类：选用二、三年生，地径0.5～1.0厘米，高30厘米以上的实生苗。

⑤接穗的选择：选择接穗要从产量高、生长健壮、无病虫害的优质母树上取用。采集接穗时要从树冠外围采集发育充实、芽体饱满的一年生枝条。

2. 选地与整地

（1）选地　选择环境符合国家空气质量标准和水质标准的地段作为育苗基地。育苗地以背风向阳、排灌方便、肥力中等、较缓的砂质坡地为宜，土层厚度应在40厘米以上，以便于幼苗生长根系。

（2）整地　每亩施用经过充分腐熟的绿肥或厩肥1000千克，磷酸二铵20千克，深翻20

厘米以上，耙细整平，清除石块、杂草。做成宽1.2米的畦，畦间开挖宽30厘米，深25厘米的排水沟。

3. 播种

（1）种子繁殖　采用条播和撒播两种播种方法，播种量为80～100千克/亩。条播：行距25～30厘米，每畦可播3～4行，株距6～8厘米，沟深6～8厘米，灌足水，水渗透后，撒种，盖3厘米细圈粪，覆土2～3厘米，并稍加镇压，洒透水一次。撒播：平整苗床洒水后，播时再洒一次水，将种子均匀撒于畦面上，埋入土中3～4厘米。

（2）压条繁殖　将生根的压条苗去土，切断与母株连接部分，将分离的自根苗带土起出，在选好的地点挖坑定植。

（3）扦插繁殖　将生根苗带土起出，在选好的地点挖坑定植。扦插沟：行距20厘米，沟深12～15厘米，株距8～10厘米。覆土厚度：10～12厘米。苗床土质为1：1的腐殖质土和细砂，床宽1米。

（4）嫁接繁殖　采用芽接、枝接两种接芽方法。

①芽接：通常用"T"字形盾芽嵌接法。在接穗芽的上方约0.5厘米处横切一刀，深入木质部，然后在芽的下方约1厘米处向上削芽（稍带木质部），接在砧木的嫁接部位，选择光面，最好在背面，横切一刀，然后在切口往下纵切一刀，使成为"T"形，深至木质部，轻剥开树皮，将芽皮插入"T"形切口内，最后用薄膜自下而上包扎，露出芽眼，打活结，到第2年萌芽时立即解扎，以后加强管理，适时进行中耕除草追肥，促进苗木生长，待苗高30厘米可出圃移植。

②枝接：切接，在砧木离地面5～10厘米高处，选光滑挺直的一面向下纵切3～5厘米，再把接穗削成3厘米左右的斜面，下端的另一侧削成45°的马蹄形，随机插入砧木的切缝中，使接穗与砧木一侧的形成层对齐，用弹性好的塑料薄膜缚紧。腹接，在砧木5～10厘米高处，选择光滑挺直的一面，向下斜切2～3厘米，接穗切成大面和小面，小面下端削成45°斜面，剪留1～2个芽，将接穗插入砧木切缝，对齐形成层，用塑料薄膜缚紧，然后在接口上方1厘米处剪去砧木梢。以后加强管理，到第2年萌芽后即把缚扎的塑料薄膜解开，适时进行中耕除草追肥，促进苗木生长，待苗高30厘米时即可移植。

4. 田间管理

（1）园地建设的方法

①修造梯田：在坡度10°～25°的山坡和丘陵修建。梯田由梯壁、边埂、梯地台面和背

沟组成，梯壁倾斜度60°～80°，背沟深10～20厘米，宽30厘米，边埂宽20厘米，且高出梯面15厘米，梯地台面宽应大于5米。

②等高挖壕：15°以下的缓坡地按等高线挖横向沟，然后在沟的下沿堆土，形成壕状，把树种植在土壕的外侧。

③挖鱼鳞坑：在地形复杂，坡度较大的坡地挖坑，坑长、宽、深各1米，并在坡下筑一半圆形土坎。

④垒砌石坎：在坡陡石头多和已栽植的山茱萸园应用。坎宽50厘米，高1米，上部向里倾斜。

（2）移栽

①移栽的时间：春季移栽（解冻后和发芽前），秋季移栽（10月上中旬以前）。

②移栽的准备：整形修剪（适当修剪过于密集的枝叶），保湿防晒（挖出的苗木应沾泥浆，不能在阳光下曝晒）。

③移栽方法：等高栽植，适于山区、丘陵和梯田地挖壕采用；长方形栽植，行距大于株距，植株呈长方形排列；三角形栽植，行株距相等，错开呈等边三角形排列。

④栽植密度：既要充分利用有限土地，又要确保山茱萸正常生长，每亩宜栽植30～50株，如果间作其他作物，只能栽植20株左右。整体布局排列以正方形为好。条件好的栽培地宜稀一些，条件差的栽培地可以密一些。

（3）土壤管理　土壤管理操作规程包括对栽培园地土壤的适时监控，防止土壤的污染和提高土壤肥力，以确保山茱萸的稳产、丰产和有效成分含量的稳定。土壤管理应适时进行，但主要集中在幼树栽植后的每年秋冬季。深翻树冠外围土壤，逐步扩大树盘。河滩地和山坡地结合扩树盘，挖去砂石，换进沃土或有机质。结合病虫害防治，将当年生的病叶和枯枝采用焚烧或深埋的方法进行处理，防止来年病虫害的滋生蔓延。

（4）田间除草　栽植后的前3年，每年可视情况，中耕除草2～3次，全面整理的园地可以结合间种的农作物进行，操作时注意不要伤害幼树和根系。除去的杂草应堆放在幼树根部周围作肥、保水，但不能紧靠根颈处，以免堆草发热灼伤根颈。

（5）田间灌溉　现有的山茱萸大多生长在山坡或林缘、沟边。由于是多年生木本植物，一般不需灌溉，除极干旱的年份外，一般不会缺水。

山茱萸在定植初期为保证幼树成活，在有条件的地方应进行灌溉，促进幼树成活。在坡地栽植时，可采用垒鱼鳞坑，或修筑梯田的方法防止水土流失和抗旱保墒。

山茱萸主要种植于坡地上，一般不需专门的排水设施。但考虑到佛坪地区降水量较大，当遇到大暴雨时，应注意位于平缓地段山茱萸种植区域的排水。

（6）施肥　以有机肥为主，限量使用化肥（配方肥）；以多元复合肥为主，单元素肥料为辅。山茱萸施肥分为冬季施基肥和春、初夏季施追肥（2～3次即可）。

①基肥的施用：冬季结合土地深翻，可将沤制好的绿肥或厩肥、人粪尿等有机肥以放射状开沟的方法施用，浮土深埋。

②追肥的施用：追肥一般在春季、初夏前后进行，此时正值花芽分化期及果实的生长发育期，施用追肥效果较佳。

5. 病虫害防治

（1）病害

①山茱萸炭疽病：山茱萸炭疽病的防治以预防为主、综合防治。选育抗病品种，推广以抗病性较强的笨枣等为砧木，以石磙枣、八月红等丰产优品种为接穗的嫁接栽培技术。选避风处土层深厚、排水良好的砂质土壤建园，避免密植。冬季应割藤去杂，清除树上树下的僵果、枯枝、病虫枝、落叶，刮除病斑，树干涂白，减少侵染来源。加强水肥管理，增施有机肥，氮磷钾配合，以增强树势提高抗病能力。加强苗木检疫，栽前0.2%抗菌剂401或50%退菌特1000倍液浸24小时。秋季落叶后、春季萌芽前喷药保护，可用5波美度石硫合剂、70%索利巴尔100倍液，对消灭越冬病菌有良好效果。发病初期可用1∶1∶200波尔多液、77%可杀得800～1000倍液、30%绿得保400～600倍液、12%绿乳铜600～800倍液、23%灭病丰500～800倍液喷洒。防治叶炭疽病第1次施药应在4月下旬，防治果炭疽病第1次施药应在5月中旬，10～15天喷1次，共喷3～4次。

②山茱萸角斑病：选土层深厚、排水良好的砂质土壤，避免在高燥的阳坡坡顶和风口建园。套种豆科作物，可壮株减害。冬季应割藤去杂，清除树上树下的病僵果、枯枝、病虫枝、落叶，树干涂白，减少侵染来源。加强肥水管理，增施有机肥，氮磷钾配合，以增强树势提高抗病能力。合理密植，整形修剪，保持合理树体结构，以提高有效叶面积，改善通风透光条件。5月份树冠喷洒1∶2∶200波尔多液、50%退菌特400～600倍液、65%代森锰锌400～600倍液、70%甲基托布津800倍液，每隔10～15天喷1次，连续3次。

③灰色膏药病：加强养护管理，调整林木密度，密度过大的要进行去弱留壮，去小留大，以改善通风透光条件，降低发病率。对病老株合理修剪，去掉病老枝，更新枝组，保留内膛发出的生长枝，逐步替换病重枝干，减少病菌来源。发病初期喷1∶2∶100的波尔多液保护，每隔10～14天喷1次，连续多次。用刀刮去菌丝膜，在病部涂5波美度石硫合剂或石灰乳。

④白粉病：早春精修树体，剪除病枝叶，园外烧毁。合理密植，增加磷肥，控制氮肥。发病初期用40%硫悬浮剂600倍液，每7～10天喷一次，共3次。

⑤缩叶病：加强地面管理，注意施肥灌水。初夏前摘除病叶，冬季清除落叶，园外烧毁。花蕾开张前后（2月中旬），用1∶1∶200波尔多液各喷施1次。

（2）虫害

①绿尾大蚕蛾：在幼虫3龄前喷药防治，1、2代幼虫可用10%氯氰菊酯2000倍液、2.5%溴氰菊酯3000倍液、90%晶体敌百虫800倍液、45%马拉硫磷1000倍液或20%速灭杀丁5000倍液防治，可于傍晚时用药，采用淋洗喷雾法，使药液喷透树冠枝叶。

②大蓑蛾：在低龄幼虫盛期喷药，还可用鱼藤肥皂液1∶1∶200倍液，注意喷药时要喷湿虫囊，重点发生区要适当多喷。可选用青虫菌或BT乳剂（孢子量100亿/克以上）500倍液喷雾，效果亦好。

③咖啡豹囊蛾：卵孵化盛期，在小幼虫蛀入枝干前，喷洒50%杀螟松乳油倍液，能收到理想的效果。幼虫初蛀入韧皮部或外皮表层期间，可采用50%杀螟松柴油液（1∶9）涂蛀虫孔，杀虫率可达100%。

④山茱萸蛀果蛾：可在7月下旬或10月下旬结合垦覆树盘用2.5%敌百虫粉50～200克，按1∶400处理树干周围土壤，以杀死越冬幼虫。杀灭率85%左右。

⑤黄刺蛾：在幼虫3龄前可用90%晶体敌百虫800～1000倍液，或50%马拉硫磷乳油、50%杀螟松乳油1000倍液，或用50%辛硫磷乳油喷雾。

⑥木尺蠖：在7月幼虫发生初期及盛发期喷2.5%的鱼藤精400～600倍。成虫期用2.5%溴氰菊酯2500～5000倍液喷施，有快速杀菌作用，连续用效果更佳。

⑦绿腿腹露蝗：在早晨有露水时喷90%晶体敌百虫800倍液。

⑧大青叶蝉：可用20%杀灭菊酯3000倍液，50%杀螟松1000～1500倍液，40%乐果乳油1000倍液进行叶面喷雾。天霸800～1000倍液防治若虫、成虫，有效率可达到85%以上。

⑨小绿叶蝉：在若虫低龄阶段可用40%乐果乳剂1500倍液，50%辛硫磷乳油1500倍液喷药防治。

⑩斑衣蜡蝉：冬季刮除或用木槌击杀枝、干上的越冬卵块。

⑪中国绿刺蛾：幼虫期用苏脲1号2000～8000倍液，20%杀灭菊酯2500～5000倍液，40%氧化乐果2000倍液，在山茱萸树冠内均匀喷雾，可获得较好的防治效果。

⑫芳香木蠹蛾：低龄幼虫期，可在隧道外喷布白僵菌水剂。

五、采收加工

当山茱萸果实由青变黄，大部分（80%以上）为红色，树体稍经晃动果实就自然落下时，表明果实充分成熟，即可采收。有雨、有雾或露水未干前不宜进行，应选择晴好天气采收。果实采收后，以盛果箱、筐或采果袋存放、运输，每袋、箱、筐最多不超过25千克，做好记录并应及时运往初加工场所进行加工。从采摘到加工时间最长不超过12小时。山茱萸鲜果的果皮、果肉质地较硬，必须软化后才能去核。将软化好的果实倒入山茱萸脱粒机进行脱粒，操作人员应掌握脱粒机中果实的数量，不断加入果实，并使其均匀脱粒。

将剥下来的山茱萸果肉迅速晾干或烘干，切忌不可随意堆放。干燥方法主要有晒干法、烘干法两种，一般采用晒干法，如遇连续阴雨可采用烘干法。（图2）

图2　山茱萸晾晒

六、药典标准

1. 药材性状

本品呈不规则的片状或囊状，长1～1.5厘米，宽0.5～1厘米。表面紫红色至紫黑色，皱缩，有光泽。顶端有的有圆形宿萼痕，基部有果梗痕。质柔软。气微，味酸、涩、微苦。（图3）

1cm

图3　山茱萸药材

2. 鉴别

本品粉末红褐色。果皮表皮细胞橙黄色，表面观多角形或类长方形，直径16～30微米，垂周壁连珠状增厚，外平周壁颗粒状角质增厚，胞腔含淡橙黄色物。中果皮细胞橙棕色，多皱缩。草酸钙簇晶少数，直径12～32微米。石细胞类方形、卵圆形或长方形，纹孔明显，胞腔大。

3. 检查

（1）杂质（果核、果梗）　不得过3%。

（2）水分　不得过16.0%。

（3）总灰分　不得过6.0%。

（4）重金属及有害元素　照铅、镉、砷、汞、铜测定法测定，铅不得过5毫克/千克；镉不得过1毫克/千克；砷不得过2毫克/千克；汞不得过0.2毫克/千克；铜不得过20毫克/千克。

4. 浸出物

照水溶性浸出物测定法项下的冷浸法测定，不得少于50.0%。

七、仓储运输

1. 仓储

仓库应具备与生产规模相适应的仓储条件。库区需环境整洁、排水通畅、地面平整、无杂草、无污染源。库房内地面、墙壁和顶棚应平整、光洁，门窗结构严密。仓库应有防火、防潮、防虫鼠、通风、避光设施；具备符合要求的照明条件；有货架、隔板、干湿度计及必要的衡量器具等设施。包装好的药材须存放在货架上，实行单独储存。仓库堆垛应规范、整洁，垛与垛的间距不小于100厘米；垛与墙的间距不小于50厘米；库房水暖散热器、供暖管道与储存物品的距离不小于30厘米；垛与梁的间距不小于30厘米；垛与柱的间距不小于30厘米；地架的高度不低于10厘米；库房内主要通道宽度不小于200厘米；照明灯具的垂直下方与货垛的水平间距不小于50厘米。仓储管理人员对库存山茱萸春、秋季每周检查一次，高温季节3天检查一次，梅雨季节必须每天检查一次；检查库存山茱萸的储存条件是否符合质量要求，并根据不同情况，采取必要的保管措施。对库存山茱萸定期进行质量抽查，控制相对湿度在45%～75%之间，发现问题及时处理；并做好检查养护记录。若山茱萸发生霉变、生虫、返潮，必须采取相应措施。

2. 运输

药材批量运输时，不应与其他有毒、有害、易串味物质混装。运载容器应具有较好的通气性，以保持干燥，并应有防潮措施。应进行清洁或消毒，以防止药品的二次污染。近期装运过农药、化肥、水泥、煤炭、矿物、禽兽、有毒物品的运输工具，未经清洁消毒不得装运山茱萸。搬运过程中应注意轻拿轻放，严禁随意抛扔，应避免日晒雨淋，运输工具必须有防雨设施。山茱萸发货时，承运人必须当面查清数量，填写运货单，承运人、发货人均必须在送货单上签名。

八、药材规格等级

山茱萸商品不分等级，均为统货，要求干货，果肉呈不规则的片状或囊状。表面鲜红、紫红至暗红色，皱缩，有光泽。味酸涩。果核不超过3%，无杂质，无虫蛀，无霉变。

新货表面为紫红色，陈货则多为紫黑色，有光泽，基部有时可见果柄痕，顶端有一圆形宿萼痕迹。质柔润不易碎。无臭,味酸而涩苦。以无核、皮肉肥厚、色红油润者佳。

九、药用食用价值

1. 功能与主治

补益肝肾,涩精固脱。用于眩晕耳鸣,腰膝酸痛,阳痿遗精,遗尿尿频,崩漏带下,大汗虚脱,内热消渴。

2. 经典名方

（1）六味地黄丸

摘录:《小儿药证直诀》。

处方:熟地黄24克、山茱萸12克、山药12克、牡丹皮9克、茯苓9克、泽泻9克。

功能主治:具有滋补肝肾之功效。可治肝肾阴亏证。症见头晕耳鸣,腰膝酸软,骨蒸潮热,盗汗遗精,舌红少苔,脉细数。还可治小儿先天不足,发育迟缓等病症。

注意事项:脾虚泄泻者慎用。

（2）八味地黄丸

摘录:《辨证录》卷二。

处方:熟地黄30克,山茱萸15克,山药15克,茯苓9克,牡丹皮9克,泽泻9克,川芎30克,肉桂3克。

功能主治:补肾水,降虚火。主阴虚火旺。

用法用量:水煎服,每日1剂,日服2次。

（3）山茱萸散

摘录:《太平圣惠方》卷二十三方。

处方:山茱萸1两半,天雄1两半（炮裂,去皮脐）,麻黄1两（去根节）,川椒1两（去目及闭口者,微炒去汗）,萆薢1两（锉）,桂心1两,川乌头1两（炮裂,去皮脐）,防风1两（去芦头）,甘草1两（炙微赤,锉）,牛膝1两（去苗）,狗脊1两,莽草1两（微炙）,石南1两,踯躅花1两（酒拌,炒令干）。

制备方法:上为细散。

功能主治:中风偏枯不遂,筋脉拘急,肢节疼痛。

用法用量：每服1钱，以温酒调下，不拘时候。

（4）莲实丸

摘录：《圣济总录》卷九十二。

处方：莲实（去皮）2两，附子（炮裂，去皮脐）2两，巴戟天（去心）2两，补骨脂（炒）2两，山茱萸1两，覆盆子1两，龙骨（研）半两。

制备方法：上为末，煮米糊为丸，如梧桐子大。

功能主治：下元虚冷，小便白淫。

用法用量：每服20丸至30丸，空心盐汤送下。

（5）补喉汤

摘录：《辨证录》卷五。

处方：熟地黄2两，山茱萸1两，茯苓1两，肉桂1钱，牛膝2钱。

功能主治：阴证喉痹，六脉沉迟。

用法用量：水煎服。

3. 民间验方

治五种腰痛，下焦风冷，腰脚无力。牛膝1两（去苗），山茱萸1两，桂心3分，上药捣细罗为散，每于食前，以温酒调下二钱。（《圣惠方》）

益元阳，补元气，固元精，壮元神。山茱萸（酒浸）取肉1斤，补骨脂（酒浸1日，焙干）半斤，当归4两，麝香1钱。上为细末，炼蜜丸，梧桐子大。每服八十一丸，临卧酒盐汤下。（《扶寿精方》草还丹）

治脚气上入少腹不仁。地黄8两，山茱萸、薯蓣各4两，泽泻、茯苓、牡丹皮各3两，桂枝、附子（炮）各1两。上八味，末之，炼蜜丸如梧子大，酒下十五丸，日再服。（《金匮要略》崔氏八味丸）

治肾怯失音，囟开不合，神不足，目中白睛多，面色㿠白。熟地黄8钱，山茱萸、山药各4钱，泽泻、牡丹皮、白茯苓（去皮）各3钱。上为末，炼蜜丸如梧子大。空心服，温水化下三丸。（《小儿药证直诀》地黄丸）

治寒温外感诸症，大病瘥后不能自复，寒热往来，虚汗淋漓；或但热不寒，汗出而热解，须臾又热又汗，目睛上窜。势危欲脱，或喘逆，或怔忡，或气虚不足以息。山茱萸2两（去净核），生龙骨1两（捣细），生牡蛎1两（捣细），生杭芍6钱，野台参4钱，甘草3钱（蜜炙）。水煎服。（《医学衷中参西录》来复汤）

参考文献

[1] 汤秋雁. 观果花卉山茱萸栽培技术[J]. 中国果菜, 2013（9）: 26-27.

[2] 中国科学院中国植物志编委会. 中国植物志: 第38卷[M]. 北京: 科学出版社, 1986: 39.

[3] 姚彦睿. 山茱萸繁殖技术[J]. 现代农业科技, 2013（4）: 106-107.

[4] 吴国新, 姚方, 刘少华. 伏牛山区山茱萸主要病虫害及防治研究[J]. 中国园艺文摘, 2013, 29（2）: 185-186.

chuan niu xi

川牛膝

　　本品为苋科植物川牛膝*Cyathula officinalis* Kuan的干燥根。川牛膝属传统地道药材，早在明、清代即自发种植，形成种植优势。主产于四川、云南、贵州。清·汪昂《本草备要》曰："出西川及怀庆府，长大肥润者良。"1960年前后，随计划经济产生而出现大宗商品药材，其中以四川雅安的天全、宝兴、汉源和乐山的金口河区产量最大，但目前川牛膝整体品质有所下降，其资源尚待进一步开发利用，科学的栽培措施能提高药材的产量和质量。经研究，川牛膝的最佳播种期在4月，以清明、谷雨节之间最适。一般在播种后需生长三至四年才能收获。采收季节集中在10～12月。

一、植物特征

　　多年生草本，高50～100厘米；根圆柱形，鲜时表面近白色，干后灰褐色或棕黄色，根条圆柱状，扭曲，味甘而黏，后味略苦；茎直立，稍四棱形，多分枝，疏生长糙毛。叶片椭圆形或窄椭圆形，少数倒卵形，长3～12厘米，宽1.5～5.5厘米，顶端渐尖或尾尖，基部楔形或宽楔形，全缘，上面有贴生长糙毛，下面毛较密；叶柄长5～15毫米，密生长糙毛。花丛为3～6次二歧聚伞花序，密集成花球团，花球团直径1～1.5厘米，淡绿色，干时近白色，多数在花序轴上交互对生，在枝顶端成穗状排列，密集或相距2～3厘米；在花球

图1　川牛膝

团内，两性花在中央，不育花在两侧；苞片长4～5毫米，光亮，顶端刺芒状或钩状；不育花的花被片常为4，变成具钩的坚硬芒刺；两性花长3～5毫米，花被片披针形，顶端刺尖头，内侧3片较窄；雄蕊花丝基部密生节状束毛；退化雄蕊长方形，长0.3～0.4毫米，顶端齿状浅裂；子房圆筒形或倒卵形，长1.3～1.8毫米，花柱长约1.5毫米。胞果椭圆形或倒卵形，长2～3毫米，宽1～2毫米，淡黄色。种子椭圆形，透镜状，长1.5～2毫米，带红色，光亮。花期6～7月，果期8～9月。（图1）

二、资源分布概况

川牛膝主要分布于我国四川、云南、贵州等省区。药用川牛膝全为栽培品，以四川雅安地区产量较大，约2500吨。其中，宝兴县产量最大，约占整个雅安川牛膝总产量的70%以上。但栽培的川牛膝多为川牛膝与麻牛膝的杂交类群"红牛膝"，产量占整个川牛膝的80%左右；天全、荥经、名山、汉源等县目前种植面积大幅度减少，药材仍以红牛膝为主。

三、生长习性

川牛膝喜冷凉、湿润气候。一般生长在海拔1200～2400米的高寒山区。以海拔1500～1800米的山区最好。川牛膝耐旱能力差，宜生长在较湿润环境。产区常年多雨雾，一般年降水量在1500毫米以上，尤其在种子萌发期间，干旱易致脱窝少苗。以土层深厚，富含腐殖质，湿润而排水良好，略带黏性的重壤土至中壤土为好。

四、栽培技术

1. 生物学特性

川牛膝在4月播种，10天后出苗。第一年植株生长较快，11月苗枯前可达70厘米，但植株多不开花结果。第二、三年植株增高较少，主要是分蘖增多，根增长较快，植株能开花结果，且收获的种子发芽率高。根的寿命一般为3～4年，4年以上老根逐渐枯死。

2. 育种技术

川牛膝主要采用种子繁殖。种子发芽率与植株生长海拔高度、生长年龄、种子成熟度及贮藏时间等有关。因此，在留种时，以海拔高度在1500～1800米的植株为好。在播种后，第三年种子成熟后采收，采收时籽粒为黑色。种子寿命为一年，隔年种子发芽率降低。（图2）

1mm

图2　川牛膝种子

3. 栽培技术

（1）整地　选择向阳、土层深厚、肥沃、排水良好且略带黏性的壤土栽培。产区大多数采用开荒种植，砍去灌木杂草后，在下雪之前深翻30～40厘米，经冬季熟化后，次年清明前后再耕地一遍，拣去石块和未腐烂草根，耙细整平，作宽

120～130厘米的高畦，排水良好者也可作平畦。如为熟地，可在种植前翻地，施足基肥即可。

（2）播种　川牛膝在清明、谷雨之间（整地后约10天）进行播种。播种前要拌种，即按种子∶草木灰∶清粪水（1∶200∶50）的比例充分混合拌匀后播种。播种方法有穴播和条播。以穴播为好，穴播者植株疏密均匀，生长发育整齐，更有利于植株生长。穴播按株行距约20厘米×30厘米开穴，穴深3～5厘米，施入畜粪水后撒入拌好的种子一撮，含种子约10粒，不覆土。条播按行距25～30厘米，沟宽10厘米，沟深3～5厘米开横沟，均匀撒入拌好的种子，不覆土。

4. 田间管理

（1）间苗补苗　第一次间苗在苗高5～6厘米时进行，每窝留4～6株，条播者每隔4～5厘米留1株。在苗高约10厘米时进行定苗，每窝留3～4株，条播者每隔8～10厘米留1株。

（2）中耕除草　每年中耕除草3～4次。播种当年的5月中、下旬进行第一次中耕除草，此时苗较细小，宜浅锄或用手扯。此次除草很重要，宜早宜尽，否则杂草滋生，严重影响幼苗的生长。第二次在6月中、下旬，第三次在8月上、中旬。第二、三年也应中耕除草3～4次，时间与第一年相同。（图3）

（3）追肥培土　每次中耕除草都应结合追肥。每年第一次和第二次中耕后，每亩追施人畜粪水1500～2000千

图3　川牛膝田间管理

克，同时施入兑水1000～1500千克的腐熟饼肥50～100千克或尿素3～4千克。最后一次在8月中耕前施肥，施人畜粪和草木灰，施后培土。

（4）去杂　发现田间混杂有杂交牛膝、麻牛膝等植株时，要及时拔除，以免产生自然杂交影响川牛膝质量。

5. 病虫害防治

（1）白锈病 此病发生较普遍，为金口河、天全产区主要病害，一般1～2年生植株发病率高，可达60%以上，3年生植株发病较少。6～8月发病时，叶背面生白色疱状病斑、稍隆起，当病斑破裂会散出白色粉状物。

防治方法 发病初期喷1∶1∶120波尔多液或50%可湿性甲基托布津1000倍液进行防治。

（2）根结线虫病 多发生在低海拔山区，高海拔山区尚未发现此病发生。多于5月初发病，线虫侵入根部吸取汁液，形成许多根瘤，发病时植株发黄、萎蔫，甚至全株死亡。

防治方法 提高种植的海拔高度；整地时选用爱福丁、米乐尔等进行土壤消毒。

（3）大猿叶虫 5～6月发生，将叶咬成小孔。

防治方法 40%氧化乐果1000倍液或90%敌百虫1000倍液喷杀。

五、采收加工

1. 采收

在播种后3～4年采收。过早，根条小，产量低；过迟，纤维多，品质下降，且易烂根。采挖时间一般在10～11月苗枯之后进行。用长锄挖起，抖去泥土运回加工。

2. 加工

将鲜根砍去芦头，剪去须根，用小刀削下侧根，使主根、侧根均成单支。然后按根条大小分级，捆扎成小束，立于炕上用无烟煤微火烘炕或置日光下曝晒，半干时堆置数日，回润后再继续烘炕或晒干。炕时需用微火，否则易走油或炕焦，影响品质。干燥后打捆成件，草席包裹，置阴凉干燥处。

六、药典标准

1. 药材性状

本品呈近圆柱形，微扭曲，向下略细或有少数分枝，长30～60厘米，直径0.5～3厘米。表面黄棕色或灰褐色，具纵皱纹、支根痕和多数横长的皮孔样突起。质韧，不易折断，断面浅黄色或棕黄色，维管束点状，排列成数轮同心环。气微，味甜。（图4）

3cm

图4　川牛膝药材

2. 鉴别

（1）横切面　木栓细胞数列。栓内层窄。中柱大，三生维管束外韧型，断续排列成4～11轮，内侧维管束的束内形成层可见；木质部导管多单个，常径向排列，木化；木纤维较发达，有的切向延伸或断续连接成环。中央次生构造维管系统常分成2～9股，有的根中心可见导管稀疏分布。薄壁细胞含草酸钙砂晶、方晶。

（2）粉末特征　粉末棕色。草酸钙砂晶、方晶散在，或充塞于薄壁细胞中。具缘纹孔导管直径10～80微米，纹孔圆形或横向延长呈长圆形，互列，排列紧密，有的导管分子末端呈梭形。纤维长条形，弯曲，末端渐尖，直径8～25微米，壁厚3～5微米，纹孔呈单斜纹孔或人字形，也可见具缘纹孔，纹孔口交叉成十字形，孔沟明显，疏密不一。

3. 检查

（1）水分　不得过16.0%。

（2）总灰分　取本品切制成直径在3毫米以下的颗粒，依法检查，不得过8.0%。

4. 浸出物

取本品直径在3毫米以下的颗粒，照水溶性浸出物测定法项下的冷浸法测定，不得少于65.0%。

七、仓储运输

1. 仓储

药材仓储要求符合NY/T 1056—2006《绿色食品 贮藏运输准则》的规定。仓库应具有防虫、防鼠、防鸟的功能；要定期清理、消毒和通风换气，保持洁净卫生；不应与非绿色食品混放；不应和有毒、有害、有异味、易污染物品同库存放；在保管期间如果水分超过16%、包装袋打开、没有及时封口、包装物破碎等，导致川牛膝吸收空气中的水分，发生返潮、结块、褐变、生虫等现象，必须采取相应的措施。

2. 运输

运输车辆应卫生合格，温度在16～20℃，湿度不高于30%，具备防暑防晒、防雨、防潮、防火等设备，符合装卸要求；进行批量运输时不应与其他有毒、有害、易串味物质混装。

八、药材规格等级

按大小分成一、二、三等。其等级标准如下。

一等：干货。呈曲直不一的单一长圆柱形。表面灰黄色或灰褐色，质柔韧。断面棕色或黄白色，有筋脉点。上中部直径1.8厘米以上。无芦头、须毛、杂质、虫蛀、霉变。

二等：上中部直径1.0厘米以上，其余同一等。

三等：上中部直径1.0厘米以下，但不小于0.4厘米，长短不限。其余同一等。

九、药用价值

1. 临床常用

（1）血滞经闭，经行腹痛，产后腹痛及跌扑伤痛　本品性善下行，活血祛瘀力较强，其活血祛瘀作用有疏利降泄之特点，尤多用于妇科经产诸疾以及跌打伤痛。治血滞经闭、经行腹痛、产后腹痛，可与红花、桃仁、当归等同用；治跌打损伤、腰膝瘀痛，与续断、当归、乳香等活血疗伤止痛药同用，如《伤科补要》舒筋活血汤。

（2）腰膝酸痛，下肢痿软　本品能补益肝肾，强筋健骨，兼能祛除风湿，可用于肝肾亏虚之腰痛、腰膝酸软，可配伍杜仲、补骨脂、续断等，如《扶寿精方》续断丸；治湿热成痿，足膝痿软，可与苍术、黄柏同用，如《医学正传》三妙丸。

（3）淋证，水肿，小便不利　本品性善下行，既能利水通淋，又能活血祛瘀。治热淋、血淋、砂淋，常配冬葵子、瞿麦、车前子、滑石等利水通淋药，如《备急千金要方》牛膝汤。

（4）火热上炎，阴虚火旺之头痛眩晕，口舌生疮，吐血，衄血　本品味苦善泄降，能导热下泄，引血下行，以降上炎之火。治肝阳上亢之头痛眩晕，可与生牡蛎、代赭石、生龟甲等配伍，如《医学衷中参西录》镇肝息风汤；治胃火上炎之口舌生疮，可与石膏、知母、地黄等同用，如《景岳全书》玉女煎；治气火上逆，迫血妄行所致吐血、衄血，可与栀子、白茅根等同用。

2. 现代医学应用

（1）人工引产、流产　用川牛膝胶丸（相当于生药2克）4粒/次，行人工流产术前2小时口服一次；中期妊娠引产者，在行利凡诺尔羊膜腔内注药后开始口服川牛膝丸，3次/天，连服2天。行人工流产者39例，中期妊娠引产17例，行人流术者在术前2小时服药后行人流术，宫颈软化39例，在行术时不需扩张宫颈可直接吸刮流产物27例，只需用6～7号宫颈扩张棒扩张宫颈一次即可吸刮者10例，2例需常规扩宫行人流术。中期妊娠引产17例志愿服药者，用药2天，引产全部成功，引产成功时间平均提前12小时。引产患者全部胎盘胎膜剥离完全，不需清宫，产时产后总出血量平均为50～80毫升。

（2）高胆红素血症　用中药复方治疗肝炎后高胆红素血症30例。组成：川牛膝60克、丹参15克、郁金10克、柴胡10克、枳壳10克、白芍10克、茯苓10克、白术10克。每日1剂，水煎至200毫升，早晚分服，15日为1个疗程。结果：治愈23例，有效6例；总有效率96.6%。

参考文献

[1] 谢宗万. 中药材品种论述（中册）[M]. 上海：上海科学技术出版社，1990：1-22.

[2] 彭成，王永炎. 中华道地药材（上册）[M]. 北京：中国中医药出版社，2011：756-767.

[3] 张祎楠. 川牛膝种质资源评价研究[D]. 成都：成都中医药大学，2013.

[4] 叶品良，彭娟，刘娟. 川牛膝研究概况[J]. 中医药学报，2007，35（2）：51-53.

[5] 赵华杰，舒光明，周先健，等. 我国川牛膝资源分布及生产状况调查[J]. 资源开发与市场，2012，28（5）：414-415.

[6] 官宇. 川牛膝（*Cyathula officinalis* Kuan.）种质资源遗传多样性的初步研究[D]. 成都：四川农业大学，2009.

天麻

本品为兰科植物天麻*Gastrodia elata* Bl.的干燥块茎。

一、植物特征

天麻无绿色叶片，不能进行光合自养生活，必须依靠同化侵入其体内的一些真菌获得营养。天麻的种子很小，种子中只有一胚，无胚乳，也无贮藏营养，因此，必须借助外部营养（萌发菌）供给才能萌发；其生长期间也必须与蜜环菌建立营养关系，才能正常生长。它长年生活在地下，只有成熟抽薹开花时，才露出地面。成熟的植物体有块茎及花茎，叶退化为鳞片状叶鞘抱茎，没有根和叶。成熟的植物体花茎直立，单一，黄褐色、绿色或淡乌色。叶退化为膜质鳞片状。总状花序，穗状，顶生，有膜质苞片。花淡黄绿色、黄色或淡乌色，株高30～150厘米。蒴果呈长倒卵形，种子多数，细小如粉末状。块茎肉质，长圆形，外皮黄白色，有均匀的环节，节处具膜质鳞片。顶生似鹦哥嘴的混合芽的块茎称箭麻，较小的块茎称白麻，更小的则通称米麻。花期6～7月，果期7～8月。（图1）

图1　天麻

二、资源分布概况

主要分布于四川、云南、陕西南部、贵州、湖北、湖南、安徽、河南、甘肃、吉林、台湾及西藏。其中陕西汉中、云南昭通、湖北宜昌等地为天麻种植的代表性主产区。

陕西汉中是全国重要的商品天麻基地和种质保护区，据有关资料显示，2012年全国天麻产量达17 320吨，仅汉中地区就达7967吨，连续30年位居全国首位。汉中市略阳县天麻资源丰富，自20世纪70年代开始人工种植天麻，到1997年引进中国医学科学院药用植物研究所徐锦堂教授的天麻有性繁殖技术，率先全国采用"蜜环菌、萌发菌与天麻蒴果拌播技术"，即"两菌一果（种子）"技术进行大规模的有性繁殖。目前，该县天麻种植已达180万窝，成为全国重要的天麻生产基地和种子生产基地。2002年成功举办"国际天麻学术研讨会"；2004年"略阳天麻"在全国首家通过国家GAP现场认证；2012年，被中华民族医学会命名为"中国天麻基地县"，同时，取得了"略阳天麻"地理标志认证。近年来，由于蜜环菌出现退化，采用种子种植过于单一，影响了天麻的产量和品质。该县采用"杂交育种"与"平地育种子，坡地种天麻"等措施改进技术，促进了天麻品质和产量的提高。

三、生长习性

天麻喜欢生长在远离污染源、年均降雨量≥800毫米、海拔400～3200米的栎类、槭树类、桦木类、杨树类等乔木林隙或林边。适合天麻生长的一年之内整个生长季节总积温在3800℃左右，土壤水分在40%～60%，pH为5～6的砂壤土。黏土、石砾土都不宜种植。

天麻块茎在地温14℃左右开始萌发，14℃以下处于休眠，20～25℃生长最快，30℃以上停止生长，炎热的夏季，土层温度持续超过30℃，蜜环菌和天麻的生长受抑制，影响产量，因此在低海拔地区种植天麻，夏季高温季节应采取遮荫降温措施。天麻耐寒能力较强，地温在−3℃以下可正常越冬，但块茎暴露在空气中，天麻会遭受冻害。天麻生长不需要光线，但光照影响地温的高低，因而对天麻生长有一定的影响。若阳光直射，容易使地温升高，加快土壤水分蒸发，高温干旱不利于天麻生长，因此，大田种植天麻，夏季一定要遮荫，遮荫的多少，视地温而定。

四、栽培技术

1．种植材料

（1）选择种子　天麻繁殖采用有性繁殖和无性繁殖两种。有性繁殖，可以进行杂交，克服种子退化，进行大面积的蒴果播种。无性繁殖则以手指头粗细、重10克左右，前端1/3为白色、形体长圆、略成锥形，表面无蜜环菌缠绕侵染，无腐烂病斑、无虫害咬伤的0代或1代白麻作为无性繁殖材料。（图2、图3）

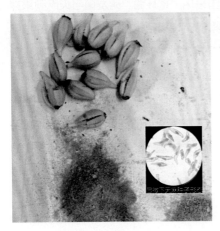

图2　天麻蒴果及种子

图3　白麻、米麻及营养茎

（2）材料准备　一般天麻单窝占地面积为0.77平方米，即平地每亩约850窝。所以种植时要按面积计算、准备材料。

①树棒：播前一月，砍伐直径为6～8厘米粗且不含油脂的栎类杂木树棒，截成50厘米长的短节，节的2～3面砍成鱼鳞口，每窝准备树棒10根。按"＃"形堆码晾晒备用。

②树枝：将1～2厘米粗的栎类树枝，斜砍成3～5厘米长的短节，树枝不能太粗，太粗不易传菌，每窝按2.5千克准备。

③树叶：栎类树干落叶，每窝约需0.5千克。

④菌种：天麻有性繁殖时，需要瓶（袋）装萌发菌和蜜环菌菌种。无性繁殖时只需要用瓶（袋）装蜜环菌培育的菌材。因此，有性繁殖需要按每窝准备萌发菌1瓶（袋）和蜜环菌1.5瓶（袋）。（图4、图5）

⑤种子：天麻一个蒴果中，有种子3万～5万粒，种子发芽率在30%～70%，但大量的

图4 萌发菌

图5 蜜环菌

发芽原球茎不能和蜜环菌建立共生关系，会因得不到营养而死亡，因此，有性繁殖每窝需要天麻蒴果10～15个；无性繁殖需要准备0代或1代的白麻0.25千克或0.5千克。

2. 选地与整地

（1）选地 天麻生长需凉爽环境，宜种植在海拔600～1800米的中高山区；土壤既要疏松透气，又能保持一定湿度，地形和地势对天麻生长影响也很大，高山区应选择阳山，低山区应选择阴山，中山区应选择半阴半阳山。在坡度为5°～10°缓坡地或沟谷地栽植最好。

（2）整地 栽植前，如在平地种植，则必须将土壤翻耕15～20厘米；然后翻出熟土，挖坑或做畦。

3. 种植

天麻从种子培育到商品天麻形成需1～2年，其生长过程可分为种子繁育、1代种生产、商品麻生产。

（1）有性繁殖

①播种时期：一般在5～6月上旬开始播种，如采取一定人工措施，能提前到4月下旬～5月上旬则生长更好。不同的地域，不同的海拔高度，应根据地温回升情况和种子成熟情况确定种植期，早期种植可增加生长期，地温低可采取覆盖地膜、室内种植增温等措施，促进种子的萌发和蜜环菌生长。

②种植流程

a. 挖坑做畦：坑栽是在选择好的地块，按70厘米×60厘米挖深15厘米的播种坑，1坑为1窝，可以避免杂菌感染。规模种植可采用做畦种植。做成宽60厘米，深15厘米，坑底呈缓坡状的带状畦坑，长度根据地势而定（堆栽不用挖坑）。周围畦沟宽30厘米，四周开好排水沟。

b. 撒铺树叶：畦坑土壤干燥时，一定要灌水，使土壤充分湿润后在坑底均匀铺一层湿树叶，厚1厘米。并撒播辛硫磷防虫。

c. 撒铺菌叶：目前，萌发菌主要是紫萁小菇、石斛小菇或开唇小菇，作为天麻种子萌发的营养源。在播种1～3天内，在盆内撕开萌发菌，使菌叶呈单片状，在室内无风处，把天麻蒴果掰开，抖出种子，倒入自制播种器；均匀地洒播在萌发菌菌叶上，反复拌匀。一般按10窝拌种一次，然后装入黑塑料袋萌发备用。撒铺菌叶时，先取1半拌有种子的菌叶，均匀地撒在铺好的树叶上，即是播种层。（图6）

d. 摆放树棒：栽种时，将干树叶、干树枝、干树棒用清水浸泡1～2天，使其充分吸收水分后，种植前一天捞出备用。有条件可用0.25%硝酸铵液，浸泡树枝、树棒，增加其碳源，促进蜜环菌生长。如是新砍的树枝、树棒，则无需浸泡，适当晾晒即可。在撒铺菌叶层上，按5根一窝摆放第一层，棒间距离3～5厘米。（图7）

图6　天麻拌种

图7　摆放树棒

e. 摆放树枝：将准备好的树枝均匀地夹放在树棒的空隙处，与树棒鱼鳞口结合处呈"之"字形摆放。树枝要粗细搭配，按平压实。

f. 放蜜环菌：选择固体或液体瓶（袋）装优质蜜环菌。优质蜜环菌要求菌丝白色发亮，粗壮、鲜活富有生命力。瓶内无杂菌感染。菌丝干涩、阴暗、种皮发黄变暗，无活力的蜜环菌禁止使用。将瓶（袋）子打开，均匀分开蜜环菌枝，将菌枝放在树枝相接处和树棒两端的间隙内，使树枝紧接起来，加速传菌。

g. 填土：用含水50%的砂土将树棒及四周覆盖后，轻轻捣实土壤，防止树棒与枝条之间有空隙，滋生杂菌和烧窝。棒上盖土厚3厘米，至此，第一层播种完毕。

然后按照上述方法播种第二层。播种后用砂土覆盖，覆土厚度10～15厘米，最上面再加盖一层湿树叶，以防晒保墒和免遭雨水冲刷。（图8）

图8 填土

有性繁殖种植半年，即当年霜降过后或次年3月即可收获移栽。当年天麻蒴果种子大多数可长出直径1.5～2厘米，长3～6厘米，前端有个帽状白头（生长锥），无明显顶芽的白麻，即可达到移栽的标准。如果移栽抽查，发现种子大都是2厘米以下的小块茎，即米麻，而且产量不太高，则可以不翻窝移栽，原地再长一年，便形成1代种和商品天麻。

（2）无性繁殖　无性繁殖天麻应在休眠期栽种最好，在生长期不能翻动，种植分为冬栽与春栽，一般冬栽在11月土冻前，春栽在3～4月土壤刚解冻后，应根据各地气候条件选择种植期。主要有菌床种植、菌棒加新棒种植和纯菌棒种植三种方法。

①菌床种植：预先培养好菌棒，在种植时，刨开土壤露出菌棒，不翻动菌棒，直接在菌床上沿着菌棒四周按照间距10～15厘米摆放白麻，然后覆盖土壤。该方法简单，不破坏原棒上的蜜环菌生长状态，接菌快，增长效果明显。缺点是只能单层种植，空间利用少，占地多。（图9）

②菌棒加新棒种植：这种方法既能使天麻同蜜环菌较快建立接菌关系，又能保证蜜环菌稳定持续地为天麻提供营养，而且新棒又可在下一年用来种植天麻，一举三得。菌棒加新棒种植时，每隔一根菌棒加一根新棒，可在原菌床种植，也可在异地种植。

③纯菌棒种植

a. 菌棒的培养：在冬春季节，树木未发芽前，选直径8～10厘米的青冈树干或枝桠，锯成长50厘米的木棒，在棒上砍2～3排鱼鳞口，深度达木质部，鱼鳞口间距2.5～3厘米；选粗1～2厘米的树枝，截成长3～5厘米的小木段，以备培养。在5～6月后，选择腐殖质较多，排水良好的湿润砂质壤土，挖深50厘米，长宽各1米坑，坑底先铺1厘米厚的湿树叶，再将备好的树棒间隔3～5厘米摆放，中间夹放枝条和蜜环菌，摆好后覆土至棒平盖沙土1厘米，再依此法摆放第二层和第三层，浇一次透水，最后用树叶盖好防晒保墒。一般在温度为22～25℃时，6个月左右培养后，即可作为无性繁殖天麻材料。（图10）

图9　菌床种植

图10　菌棒的培养

b. 种植流程：在种植地，首先挖深15～20厘米、长70厘米，宽60厘米的坑，如大规模种植则按有性种植方法做畦。坑底土壤挖松5厘米，上铺1厘米厚湿树叶，并按说明撒辛硫磷防虫；其次，将培育好的菌棒间隔3～5厘米摆放，填半沟土，轻轻压实，再将0代或1代白麻种子，沿菌棒四周均匀摆放。每根菌棒放8～12个，小米麻可撒在菌棒间，如菌棒发菌不旺，还可夹放2～3节菌枝。放好白麻种子后，覆盖3～5厘米的砂土。按上法再栽一层。第二层栽完盖土厚10～15厘米，坑（畦）顶用落叶或杂草覆盖，保湿防晒。（图11）

该方法可以在原培育菌棒坑（畦）内种植，也可在适合天麻生长的地方种植，不用枝

图11　摆放种麻

条和瓶（袋）装蜜环菌，适合大规模无性种植。注意培育菌棒需要选择较粗的树棒，以保证在天麻生长期内的营养供给。

不论是有性繁殖，还是无性繁殖，都不能重茬。

4. 田间管理

天麻种植田间管理主要有控温度、湿度，防冻等。

（1）调节温度　天麻在地温达14℃开始生长，20～25℃生长最快，30℃停止生长。因而，夏季高温季节采取搭盖遮荫棚、遮阳网，种植坑表面喷水等；冬季可用覆盖地膜和加盖麦草、树叶、稻草等方法保温，延长天麻生长时间，提高产量。

（2）湿度管理　天麻和蜜环菌的生长繁殖都需要充足的水分条件，不同的生长季节，需要的水分也不同。春季刚萌动时，需水量较小；6～8月是天麻生长的旺盛期，若土壤含水量保持在50%以上，则不需进行人工灌溉；如遇干旱无雨，应及时浇水防旱。此外，还可通过加厚覆盖层来防旱保湿。夏季或秋季多雨时管理重点是挖好排水沟，严防积水。

（3）防冻害　气温低于-10℃时，天麻会发生冻害，在霜降后可以采取加盖保温层或在霜降后至次年清明前在坑面覆盖塑料薄膜或树叶。

5. 病虫害防治

（1）病害　腐烂病（雨水过多），杂菌感染（重茬或蜜环菌受杂菌感染），日灼病（强光照、高温造成）。主要注意做好防涝，防重茬及做好遮阳。

（2）虫害

①蛴螬：金龟甲的幼虫，1～2年1代，幼虫和成虫在土中越冬，幼虫蛴螬始终在地下活动，与土壤温湿度关系密切。成虫即金龟子喜食刚播种的种子、根、块茎以及幼苗，是世界性的地下害虫，危害很大。

防治方法　6～7月，在老母虫成虫盛发期用40%的氧化乐果乳油50倍液浸泡过的榆、杨和刺槐树等树枝，置于天麻坑之间。用90%的敌百虫800～1000倍液拌土；或用90%敌百虫粉剂制成毒土，先撒于天麻坑底，上覆一层土后再种天麻。栽植时用辛硫磷撒湿树叶上，能有效防止虫害发生。

②蝼蛄：俗名耕狗、拉拉蛄、扒扒狗，2～3年1代，以成虫和若虫在土内筑洞越冬，深达1～16米。

防治方法　可用90%的敌百虫150毫升，兑水4500毫升，拌上秕谷、麦麸、豆饼等制成诱饵，撒在其活动区诱杀。

五、采收加工

1. 采收

商品天麻的采挖时间一般在深秋或初冬（即10～11月），这时天麻已停止生长，采收的天麻不仅产量高而且质量好。采挖时注意不能损伤麻体，首先要小心地铲去天麻窝面上的覆土，取出菌材及填充料，然后轻轻地将天麻取出，这样一层一层地采收。也可在第二年春季采挖，实验表明春季采收箭麻品质不及冬季采收的箭麻品质。采挖时，取出的天麻要进行分类。箭麻应及时加工，1～2代的白麻预留做无性繁殖种子材料。（图12、图13）

2. 加工

先将采收（后）需加工的天麻用清水洗净，除表面的泥沙、粗皮、缠绕蜜环菌等，并用薄竹片刮去块茎表面的粗皮，然后分为大（200克以上）、中（100～200克）、小（100克以下）三级放在清水中浸泡10～20分钟，然后蒸（煮）透心，捞出放在事先准备好的烘烤架上进行烘烤或晾晒，全干后即成商品天麻。温度控制在55～65℃。

图12 天麻采收

图13 鲜天麻

六、药典标准

1. 药材性状

本品呈椭圆形或长条形，略扁，皱缩而稍弯曲，长3～15厘米，宽1.5～6厘米，厚0.5～2厘米。表面黄白色至淡黄棕色，有纵皱纹及由潜伏芽排列而成的横环纹多轮，有时可见棕褐色菌索。顶端有红棕色至深棕色鹦嘴状的芽或残留茎基；另端有圆脐形疤痕。质坚硬，不易折断，断面较平坦，黄白色至淡棕色，角质样。气微，味甘。（图14）

1cm

图14 天麻药材

2. 鉴别

（1）横切面　表皮有残留，下皮由2～3列切向延长的栓化细胞组成。皮层为10数列多角形细胞，有的含草酸钙针晶束。较老块茎皮层与下皮相接处有2～3列椭圆形厚壁细胞，木化，纹孔明显。中柱占绝大部分，有小型周韧维管束散在；薄壁细胞亦含草酸钙针晶束。

（2）粉末特征　粉末黄白色至黄棕色。厚壁细胞椭圆形或类多角形，直径70～180微米，壁厚3～8微米，木化，纹孔明显。草酸钙针晶成束或散在，长25～75（93）微米。用醋酸甘油水装片观察含糊化多糖类物的薄壁细胞无色，有的细胞可见长卵形、长椭圆形或类圆形颗粒，遇碘液显棕色或淡棕紫色。螺纹导管、网纹导管及环纹导管直径8～30微米。

3. 检查

（1）水分　不得过15.0%。

（2）总灰分　不得过4.5%。

（3）二氧化硫残留量　照二氧化硫残留量测定法测定，不得过400毫克/千克。

4. 浸出物

照醇溶性浸出物测定法项下的热浸法测定，用稀乙醇作溶剂，不得少于15.0%。

七、仓储运输

1. 仓储

（1）搞好环境卫生　搞好仓库内外的环境卫生。及时清除库内外的尘土、垃圾、杂草、废弃物等，减少病虫来源和滋生场所。

（2）经常检查　贮藏期间，天麻块茎含水量一般在11%～13%，当外界温、湿度稍高，在短时间即可吸潮发霉。特别是多雨季节，当相对湿度在80%以上时，经1周即可出现霉斑。因此，要经常进行检查，做到随时发现问题，及时妥善处理。

（3）控制库内温、湿度　易发生虫蛀和霉变的中药材应在低温、低湿条件下贮藏，相对湿度在80%以下。随着季节的变化，当库内的温、湿度不适合贮藏条件要求时，应及时调整，如室内湿度过大应及时通风，排潮等；当库外湿度大时，应做好门窗和通气孔的封闭工作，以免潮气侵入。

（4）封闭、遮光　库房封闭不严会使室外大量空气进入库内，平时应做好封闭遮光工作。

2. 运输

商品天麻运输车辆应卫生合格，温度在16～20℃，湿度不高于30%，具备防暑防晒、防雨、防潮、防火等设备，符合装卸要求；进行批量运输时不应与其他有毒、有害、易串味物质混装。

八、药材规格等级

一级：单个≥38克，每千克个数≤25个，呈扁平长椭圆形。黄白色，体坚实不易断，半透明；较平坦，角质样，黄白色。无空心、枯炕、虫蛀和霉变。具有明显的"鹦哥嘴"顶芽，皱纹。质硬脆。味甘，有略微的马尿味。

二级：单个≥22克，每千克个数≤45个，呈扁平长椭圆形，或稍弯曲。黄白色，体结实，半透明；角质状，黄白色。无空心、枯炕、虫蛀和霉变。具有明显的"鹦哥嘴"顶芽，皱纹。质硬脆。味甘，有略微的马尿味。

三级：单个≥14克，每千克个数≤70个，呈长椭圆形，扁缩而弯曲。黄白色或黄褐色，半透明；角质状，白色或棕黄色。无虫蛀和霉变。具有明显的"鹦哥嘴"顶芽，皱纹。质硬脆。味甘，有略微的马尿味。

四级：单个≥9克，每千克个数≤100个，含空心、碎块、色次的天麻，无霉变、灰末。具有明显的"鹦哥嘴"顶芽，皱纹。质硬脆。味甘，有略微的马尿味。

九、药用食用价值

天麻性平味甘，独入肝经，具有熄风止痉，平肝潜阳的功效。用于治疗诸风湿痹，瘫痪不遂，肢节疼痛，老人偏头痛、眩晕、肢体麻木、语言謇涩，小儿惊痫动风等。《神农本草经》早对此有所记载："久服益气力，长阴肥健，轻身增年。"并将其列为上品。明朝李时珍《本草纲目》中也有较系统的概述，称天麻能"主诸风痹，久服益气，轻身长年"，治疗"语多恍惚，善惊失忘"等症，历来被视为"治风之神药"。亦有文献记载天麻能"息风定惊"。

中医临床用于治疗惊风抽搐、肢体麻木、头痛眩晕、冠心病、面肌痉挛、高血压等疾病。另外天麻对中枢神经系统也有一定的作用，如镇静安神、抗癫痫、镇痛；对心血管系统的作用，如扩血管、降压以及增加机体耐缺氧能力等。近年来的研究发现天麻还具有增智、健脑、延缓衰老的作用，对阿尔茨海默病有一定的疗效。

1. 临床常用

（1）镇痛作用　用天麻制出的天麻素注射液，对三叉神经痛、血管神经性头痛、脑血管病头痛、中毒性多发性神经炎等均有较好疗效。资料显示，经一些医疗单位1000多例患者的临床试用，有效率达90%。

（2）镇静作用　有的医疗单位用合成天麻素（天麻苷）治疗神经衰弱和神经衰弱综合征病人，有效率分别为89.44%和86.87%。且能抑制咖啡因所致的中枢兴奋作用，还有加强戊巴比妥钠的睡眠时间效应。

（3）抗惊厥作用　天麻对面神经抽搐、肢体麻木、半身不遂、癫痫等有一定疗效。还有缓解平滑肌痉挛，缓解心绞痛、胆绞痛的作用。

（4）降低血压作用　天麻能治疗高血压。久服可平肝益气、利腰膝、强筋骨，还可增加外周及冠状动脉血流量，对心脏有保护作用。

（5）明目、增智作用　天麻尚有明目和显著增强记忆力的作用。天麻对人的大脑神经系统具有明显的保护和调节作用，能增强视神经的分辨能力，目前已用作高空飞行人员的脑保健食品或脑保健药物。日本用天麻素注射液治疗老年痴呆症，有效率达81%。

2. 食疗及保健

天麻中含有天麻多糖、生物碱、琥珀酸天麻苷、天麻苷元、香荚兰醇、香荚兰醛、β-甾谷醇、胡萝卜苷等。为考查天麻食用安全性，国内外专家研究至今，针对天麻开展了大量毒性实验，在合适的用量下，未出现任何毒性反应，也无实验动物死亡。现代药理实验证明：干天麻中毒剂量是40克以上，即干天麻使用不超过40克，不会产生任何毒副作用，即使个别人服用量稍大，只要停止服用几天，即可消除症状。

在我国民间，天麻食用历史悠久，也一直有用天麻泡酒的养生疗法。人们习惯于将天麻用来炖汤、炖鸡、炖鱼、蒸蛋羹、煮豆腐等等，制作方法如下。

（1）天麻凤翅　原料：鸡翅5只，天麻50克，胡萝卜、青椒、酱油、糖、绍酒、盐、味精、花椒、葱、姜、蒜适量。制法：天麻用米泔水浸泡4小时；放入米饭中蒸熟，切片；鸡翅洗切块，与天麻一起红烧（方法同普通烹调法一样）。功效：定惊，用于头晕目眩、肢体麻木、小孩惊风、癫痫、高血压、耳源性眩晕等症。鸡翅甘温，入脾胃经，可温中益气、补精添髓。

（2）天麻炖猪脑　原料：天麻10克，猪脑一个，清水适量。制法：将猪脑、天麻洗净，一同放入瓦盅内隔水炖熟。功效：治疗眩晕眼花，头风头痛，肝虚型高血压，神经衰弱等病证。

（3）天麻鱼头汤　原料：天麻100克、大鱼头两个、云腿100克、食用油、姜片、酒、盐和吸油纸一张。制法：将锅烧热，加入油，爆香姜片，放少许酒，倒入鱼头，封煎去除鱼腥，1～2分钟后取出，放在吸油纸上，吸去多余油分待用。注8碗清水于炖盅内，先放鱼头于盅底，之后放入天麻和云腿，隔水炖至水沸时，改用中至慢火，炖2～3小时，再放入适量盐便成。功效：治疗神经衰弱、眩晕头痛，宁神定惊、益气养肝、利腰膝。

参考文献

[1]　徐锦堂. 药用植物栽培与药用真菌培养研究[M]. 北京：地质出版社，2006.

木瓜
mu　gua

本品为蔷薇科植物贴梗海棠*Chaenomeles speciosa*（Sweet）Nakai的干燥近成熟果实。又名铁脚梨（河北）、宣木瓜（安徽）、川木瓜（四川）和酸木瓜（云南）。

一、植物特征

落叶灌木，高2米左右，枝条直立开展，有刺；小枝圆柱形，微屈曲，无毛，紫褐色或黑褐色，有疏生浅褐色皮孔；冬芽三角卵形，先端急尖，近于无毛或在鳞片边缘具短柔毛，紫褐色。叶片卵形至椭圆形，长3～9厘米，宽1.5～5厘米，先端尖，基部楔形至宽楔形，边缘具有尖锐锯齿，齿尖开展，无毛或在萌蘗上沿下面叶脉有短柔毛；叶柄长约1厘米；托叶大，叶状，肾形或卵形，长5～10毫米，宽12～20毫米，边缘有尖锐重锯齿，无毛。花先叶开放，3～5朵簇生于二年生老枝上；花梗短粗，长约3毫米或近于无柄；花直径3～5厘米；萼筒钟状，外面无毛；萼片直立，半圆形，长3～4毫米，宽4～5毫米，长约萼筒之半，先端圆钝，全缘或有波状齿，及黄褐色睫毛；花瓣倒卵形或近圆形，基部延伸成短爪，长10～15毫米，宽8～13毫米，猩红色、淡红色或白色；雄蕊45～50，长约花瓣之半；花柱5，基部合生；无毛或稍有毛；柱头头状，有不明显分裂，约与雄蕊等长；果实球形或卵球形，直径4～6厘米，黄色或带黄绿色，有稀疏不明显斑点，味芳香；萼片脱落，果梗短或近于无梗。花期3～5月，果期9～10月。（图1）

图1　贴梗海棠
A. 花期　B. 果期

二、资源分布概况

产于我国山东、江苏、陕西、甘肃、江西、四川、重庆、广东、广西、云南和贵州等省区。安徽的宣城、湖北的长阳和浙江的淳安是木瓜的三大著名产地。大别山区、河南、湖北、安徽等地多县均有栽培，以湖北长阳"资丘皱皮木瓜"名气最盛。

三、生长习性

贴梗海棠对土质要求不严，微酸性土或中性土均可，但以疏松肥沃，排水良好的腐殖土或田园土为佳。喜湿润环境。最佳生长温度是15～28℃。喜阳光，也能耐半阴。盛夏高温时，要适当遮荫，防止日灼叶焦。繁殖时间春、夏、秋均可，以春季最佳。

四、栽培技术

1. 选地与整地

木瓜的适应性特别强，且性喜阳光，能耐干旱、瘠薄和高温，坡地、山岗、沟谷、梯田以及屋前院后均适合种植。尤其在pH为6.5～7.5的砂壤土中，因土层深厚，质地疏松且有机质含量丰富，排水良好，因而树木生长旺盛，产量高。在坎边栽培为最优，采收果实方便。由于前期的树冠比较小，而行株距空间比较大，可间作人参、田七、西洋参、竹节参、头顶一颗珠、江边一碗水、七叶一枝花等其他药材或矮秆农作物，实现土地利用率的提高。

2. 播种

（1）播种时间　一般在10月下旬开始秋播。也可春播，通常为2～3月。

（2）播种方法　选取成熟的鲜木瓜种子，把外皮稍晾干后播种，翌年春季出苗。也可以把春季作为播种时间，采收种子后以湿沙储藏到第二年的2～3月再进行播种。播种之前应将事先选好的地深翻3厘米，将杂物、杂草抖净后，开沟作宽1.5米（含0.3米宽的沟）的厢，要依地形而定厢长，一般应有7～10米的田块厢长，再开出横沟，以便排水和田间管理。畦整好后，在其内开深3厘米的沟，按行距2厘米、株距1厘米进行播种。播完种后，覆土、搂平并压实。一般用种量为6千克/公顷。播种后待地温10℃左右之时出苗，松土、除草、浇水等工作应在出苗后进行。

3. 育苗移栽

（1）移栽时间　春秋两季均可移栽，但以春季2～3月移栽为好。

（2）移栽方法　选土壤肥沃，排水良好，向阳地块，冬冻前进行深耕，开春后，亩施农家肥3000千克作底肥，翻耕细耙。按2米×2米挖穴，每穴施入腐熟有机肥5～10千克或复合肥250克，然后回填。选70厘米左右优质壮苗栽植，苗栽入定植穴内，舒展根系，栽后覆土踩紧，浇定根水，如遇天旱，要经常浇水保持田间湿润。

4. 扦插繁殖

可在春季萌芽前或秋季落叶后，采摘发育较好的1~2年生枝条，将其剪为15~18厘米长的插条。按行距20厘米在整好的苗床上开深20厘米的沟，以12厘米株距于沟内斜插，地上露2~3节，再填土压实，然后浇水和盖草，确保土壤湿润，30~40天发根，等到枝条生长出新叶和新根，即可除去盖草。加强苗期松土、除草、浇水等管理，生长1年后移植大田。

5. 压条繁殖

一般春、秋两季为最佳繁殖时间。在老树周围挖穴，再把生长接近地面的枝条弯曲下来，压入其中，在土里埋下中间部分，只在穴外留枝梢。为了促进其生根发芽，用刀在靠近老树的枝条基部把皮割开一个缺口，等其生根后就切断枝条，带根进行移栽。移栽的时候，要选好地块再挖树穴，使栽树的深浅基本与苗木原生根痕保持一致。以便根系能够在穴内舒展，栽好后浇足定根水。

6. 田间管理

（1）中耕除草　木瓜园里最忌讳发生草荒，一旦有杂草滋生，必须及时除掉。木瓜树周围松土要在4~5月份进行，并进行第1次锄草；第2次锄草在7~8月，应在杂草易生时对成龄树进行锄草松土。每年不能使用化学除草剂超过2次，在生长季节可在树盘覆盖秸秆和杂草。

（2）分期施肥　木瓜以施磷、钾肥为多，与松土锄草结合进行，春季按10千克/株施堆肥，秋季施肥按15千克/株施水粪土或草木灰，在树周围70厘米处挖10厘米深的沟，将肥施下后立即盖土，为了防冻，冬季应培土壅根。施肥的基本原则是大树多施小树少施，一般每年施肥2~3次。

（3）修剪整枝　木瓜树成龄后，要保证丰收，必须要修剪。枯枝、密枝和枯老枝应在冬季枝叶枯萎时和春季发芽前进行修剪，让树成为内空外圆的冠状形，在修剪后进行1次施肥。（图2）

（4）水分管理　木瓜有很强的抗旱能力，对水分要求不高，通常可在花芽萌动前后和果实膨大期各进行1次透水灌溉。而遇到雨量充沛的季节，必须及时疏沟排水，对根部腐烂进行有效的防治，要在入冬前结合施基肥灌1次防冻水。

图2　木瓜丰产树形

7. 病虫害防治

（1）病害　木瓜病害种类有10余种，其中以炭疽病、灰霉病、锈病、叶枯病、干腐病、褐斑病等危害较为严重。

①炭疽病：除冬季修剪病枝、清除僵果病叶并集中烧毁的传统农业防治措施外，还可在冬季喷施3～5度石硫合剂，4月底喷70%甲基托布津1000倍液（每隔10天喷1次），5月底6月初喷75%百菌清500倍液2次以上。

②灰霉病：传统防治十分重视该病的冬季预防，以达到清除病原的目的，即在冬季利用修剪清除病枝及病叶，采取早播、地膜覆盖等措施以增温促苗早出和早木质化，施足底肥、少用追肥，以提高苗木的抗病力。育苗时，土壤消毒尤为重要，苗木出土后，用1：1：100波尔多液每周喷洒1次，连用2～3周；或70%甲基托布津1500倍液每10天喷1次，施2～3次，发病期间用65%代森锌可湿性粉剂或50%苯莱特防治。

③叶锈病：传统农业防治采用清除木瓜林附近2～3千米范围内的圆柏等松柏树以切断病源、保持林内和树冠通风透光、雨季注意排水，化学防治则应在一年当中的病原担孢子入侵期（即每年的3月底雨后天晴时）及时用15%粉锈宁喷1～2次。

④叶枯病：防治时用1：1：100波尔多液；40%多菌灵胶悬剂500倍液或80%退菌特可

湿性粉剂1000倍液，每隔15～20天交替喷施。

　　⑤干腐病：应加强林检，及时刮除病斑后涂药消毒保护。病害严重时，可考虑在生长季节重刮皮以铲除病菌防止重复侵染。对于健康植株，可在植株发芽前喷1次80%五氯酚钠300倍液或3～5度的石硫合剂等保护树干。

　　⑥叶斑病：传统防治采用冬季集中烧毁落叶以减少病源。发病初期喷施1∶1∶100波尔多液，每7天喷1次，连续3次即可。同时加强肥水管理，尤其注意雨季排水防涝、修剪枝条等以改善通风透光条件。

　　⑦褐斑病：可于发病初期于叶面喷洒800倍70%多菌灵可湿性粉剂或800倍70%甲基托布津可湿性粉剂。

　　另外，常年均有发生的立枯病可在生长期喷洒1∶1∶100波尔多液预防；冬季清洁围地，减少越冬病菌；1～3月防花腐病可选用65%代森锌500倍液或70%代森锰锌500倍液；用50%多菌灵1000倍液或70%托布津500倍液加20%速灭杀丁3000倍液，间隔7～10天，用药2～3次，可防治果腐病、斑点落叶病。

　　（2）虫害　木瓜的害虫有50余种，其中食心虫、蚜虫、天牛、金龟子、刺蛾等危害严重。

　　①食心虫：做好生长期虫害测报工作；通过剪去受害梢、灯光诱蛾等物理方法降低虫口基数。化学防治则在越冬幼虫化蛹后、成虫羽化出土前用50%辛硫磷乳油100倍液喷洒树冠下。在5月上旬的1代幼虫孵化初期、7月上旬3代幼虫蛀果期喷施敌杀死2000倍液、灭扫利2000倍液，每7天喷1次，连续3次以上。

　　②蚜虫：传统防治采用吡虫啉喷雾，效果很好。

　　③天牛：可用20%除虫菊酯500倍液、80%敌敌畏乳油200倍液喷杀或用药灌蛀孔。

　　④金龟子：可在发生期实施人工捕捉或悬挂糖醋液诱杀；也可喷施40%乐果2000倍液或撒毒土。

　　⑤刺蛾：用速灭杀丁3000倍液即可除治，或3龄前喷施菊酯类农药也可获得良好的效果。

五、采收加工

1. 采收

　　每年7～8月，当木瓜果皮呈青黄色，稍带紫色，已有八成熟时即可采摘。将采收后的果实运回加工。

木瓜采收时，应注意掌握时间。过早，水分大，果肉薄而质地坚，味淡，折干率低；过迟，果肉松泡，品质差，且易遭虫害而自行坠落。采收时应选晴天，注意避免果实受伤或坠地。留种的木瓜可适当晚收。

2. 产地加工

将运回的果实，趁鲜将其纵剖2～4块，肉面向上，薄摊于竹帘上晒2～3日，翻过再晒，晒至外皮起皱。也可将鲜果放入沸水中煮5～10分钟，或上笼蒸10～20分钟，取出晒1～2天，直至外果皮呈现皱纹时，再纵剖2～4块，然后将果皮向

图3　木瓜晾晒

下，心朝上摊放在晒席上晒制。晒2～3天后翻晒至果肉全干，外皮呈紫红色发皱为止，遇阴雨天可用文火烘干。（图3）

大量加工时，采用蒸汽软化加工法，品质较好。具体方法是：先将木瓜洗净润潮，按大小分级，大的在上，小的在下，放入木甑内蒸1.5小时（以上汽时间计算），使其软化。取出稍凉后，趁热切片，晒干或烘干，即为"皱皮木瓜"。此法加工，有效成分损失少，同时可杀灭霉菌、虫卵等，便于贮藏，且折干率较高。

六、药典标准

1. 药材性状

本品长圆形，多纵剖成两半，长4～9厘米，宽2～5厘米，厚1～2.5厘米。外表面紫红色或红棕色，有不规则的深皱纹；剖面边缘向内卷曲，果肉红棕色，中心部分凹陷，棕黄色；种子扁长三角形，多脱落。质坚硬。气微清香，味酸。（图4）

1cm

图4　木瓜药材

2. 鉴别

本品粉末黄棕色至棕红色。石细胞较多，成群或散在，无色、淡黄色或橙黄色，圆形、长圆形或类多角形，直径20～82微米，层纹明显，孔沟细，胞腔含棕色或橙红色物。外果皮细胞多角形或类多角形，直径10～35微米，胞腔内含棕色或红棕色物。中果皮薄壁细胞，淡黄色或浅棕色，类圆形，皱缩，偶含细小草酸钙方晶。

3. 检查

（1）水分　不得过15.0%。

（2）总灰分　不得过5.0%。

（3）酸度　取本品粉末5克，加水50毫升，振摇，放置1小时，滤过，滤液依法测定，pH值应为3.0～4.0。

4. 浸出物

照醇溶性浸出物测定法项下的热浸法测定，用乙醇作溶剂，不得少于15.0%。

七、仓储运输

1. 包装

选择大小一致、成熟度相似的木瓜，采用瓦楞纸箱包装，以纸纤维或木纤维等为填充物，且每一包装中不宜超过两层；大批运输时，采用具有衬垫的木箱或坚实的竹筐包装。

2. 贮藏

置干燥处贮藏。木瓜含糖分，易受潮、霉变、虫蛀，应保持干燥，注意防虫、防霉。

3. 运输

运输时应具备防暑防晒、防雨、防潮、防火等设备，符合装卸要求；进行批量运输时不应与其他有毒、有害、易串味物质混装。

八、药材规格等级

统货。干货。纵剖成半圆形。表面紫红或棕红色，皱缩。切面远缘向内卷曲，中心凹陷，紫褐色或淡棕色，种子或脱落。质坚硬，肉厚。味酸而涩。无光皮、焦枯、杂质、虫蛀、霉变。

九、药用食用价值

1. 临床常用

木瓜性温味酸。归肝、脾经。舒筋活络，和胃化湿。用于湿痹拘挛，腰膝关节酸重疼痛，暑湿吐泻，转筋挛痛，脚气水肿。

（1）健脾消食　木瓜中的木瓜蛋白酶可将脂肪分解为脂肪酸；现代医学发现，木瓜中含有一种酵素，能消化蛋白质，有利于人体对食物进行消化和吸收，故有健脾消食之功。

（2）抗疫杀虫　番木瓜碱和木瓜蛋白酶具有抗结核杆菌及寄生虫（如绦虫、蛔虫、鞭虫、阿米巴原虫等）作用，故可用于杀虫抗结核。

（3）通乳抗癌　木瓜中的凝乳酶有通乳作用，番木瓜碱具有抗肿瘤的功效，并能阻止人体致癌物质亚硝胺的合成，对淋巴性白血病细胞具有强烈抗性。故可用于通乳及治疗淋巴性白血病（血癌）。

（4）补充营养，提高抗病能力　木瓜中含有大量水分、碳水化合物、蛋白质、脂肪、多种维生素及多种人体必需氨基酸，可有效补充人体的养分，增强机体的抗病能力。

（5）抗痉挛　木瓜果肉中含有的番木瓜碱具有缓解痉挛疼痛的作用，对腓肠肌痉挛有明显的治疗作用。

2. 食疗及保健

木瓜果实富含17种以上氨基酸及钙、铁、木瓜蛋白酶、番木瓜碱等成分，能清除人体内过氧化物毒素，净化血液，对肝功能障碍及高血脂、高血压均有防治效果。木瓜里的酵素可促进肉食分解，减少胃肠的工作量，帮助消化，防治便秘，并可预防消化系统癌变。还能调节青少年和孕妇妊娠期荷尔蒙的代谢，润肤养颜。常见的木瓜食用方法有以下几种。

（1）木瓜牛奶　木瓜150克去皮、切块。放入果汁机中，加入200毫升鲜奶，糖、冰淇淋适量，用中速搅拌几分钟即可。

（2）木瓜牛奶椰子汁　木瓜1/2个去皮对剖，去籽，切块，将木瓜、鲜奶250毫升、蜂蜜1大匙、椰子汁50毫升、碎冰块1/2杯放入果汁机搅拌约30秒，即可。

（3）木瓜炖牛排　用盐、玉米粉和鸡蛋，将200克牛排先腌制4小时，再将牛排切成条状。将木瓜1个切成条状，先用小火过油。用蒜末、辣椒将油锅爆香后，将牛排下锅，再加入蚝油、高汤和少许米酒。用太白粉勾芡，再加入木瓜拌炒一下即可。

（4）木瓜橘子汁　先将木瓜削皮去籽，洗净后切碎，捣烂取汁备用。再将橘子和柠檬切开，挤出汁液与木瓜汁混合，搅匀即成。

（5）木瓜炖雪蛤　先将5克雪蛤干放在水中浸泡，加两片生姜去味，约10个小时即发胀，变成透明的絮状物。拣去其中的黑色筋膜，用清水漂净。将木瓜一个洗净，按照3：7的比例拦腰切开，去核，制成木瓜盅，然后放入雪蛤和20克冰糖，大火烧开蒸锅中的水，放入木瓜盅，调成小火隔水炖30分钟即可。

参考文献

[1] 郑艳，潘继红，姚勇. 地道药材宣木瓜病虫害与传统防治技术研究进展[J]. 中国中医药科技，2007，14（4）：301-303.

[2] 杨苗苗，翟文俊. 光皮木瓜病虫害及其防治研究进展[J]. 陕西农业科学，2015，61（5）：82-84.

[3] 汪莘. 宣木瓜优质丰产栽培技术[J]. 现代农业科技，2012（4）：160+162.

[4] 刘杨. 木瓜高产栽培技术[J]. 现代园艺，2011（3）：15.

[5] 刘贵利，徐同印. 皱皮木瓜的栽培技术[J]. 时珍国医国药，2003，14（5）：319-320.

木耳

本品为真菌类担子菌纲木耳科木耳属木耳*Auricularia auricula*（L. ex Hook）Underw.
的子实体。

一、真菌特征

木耳子实体胶质，呈圆盘形，体形如
人耳，径约10厘米。内面呈暗褐色，平滑；
外面淡褐色，密生柔软的短毛。湿润时呈
胶质，干燥时带革质。不同大小的子实体
簇生一丛，上表面子实层中的担子埋于胶
质中，担子分隔，通常由4个细胞组成，每
个细胞有1孢子梗伸出，孢子梗顶端各生1
担孢子。新鲜时软，干后成角质。（图1）

图1　木耳

二、资源分布概况

木耳分布于全国大部分省区，各地均有人工栽培。是著名的山珍，可食、可药、可
补，在中国老百姓餐桌上久食不厌，有"素中之荤"之美誉，世界上被称之为"中餐中的
黑色瑰宝"。

秦巴山区汉中是全国木耳主要产区，主要分布于柞水、略阳、宁强、西乡、留坝等地
区，人工栽培主要以段木栽培为主，也有少量代料栽培。尤其是略阳、柞水地区的段木黑
木耳，色黑、肉厚、口感好。

三、生长习性

木耳属于腐生性中温型真菌。多生于栎、榆、杨、槐等阔叶树腐木上。菌丝在5～35℃

之间均可生长，但以22～28℃最适宜；长期低于5℃处于休眠状态，高于28℃菌丝体易衰老，孢子萌发的适宜温度为22～28℃。温度是木耳生长发育的主要因素，15～27℃都可分化出子实体，但以20～24℃最适宜。菌丝在含水量60%～70%的栽培料及段木中均可生长，子实体形成时要求含水量达70%以上，空气相对湿度90%～95%。菌丝在黑暗中能正常生长，子实体生长期需250～1000lx的光照强度。为好气性真菌，pH5～5.6最适宜。（图2）

图2　生长中的木耳

四、栽培技术

1. 栽培材料的准备

木耳的栽培方法有段木栽培与塑料袋代料栽培等多种。这里就段木栽培与塑料袋代料栽培作一介绍。

（1）菌种分离　除直接从科研院所购买木耳母种外，有生产条件的菌种厂可以自己进行木耳纯菌种分离。分离方法有以下几种。

①耳木分离法：在耳场挑选没有革耳、革菌、齿菌、多孔菌等杂菌及病虫害的耳木作为菌种分离材料。将耳木材料表皮自然风干剖开，放置20～25℃温室内培养，3～5天后，刨面会长出大量的气生菌丝。将耳木带到无菌室内，打开耳木，用接种针直接挑取少量的气生菌丝接到试管内的斜面培养基上培养，待接在培养基上的菌丝放射性生长到黄豆粒大小时，挑取生长整齐的菌丝尖端转接到新的斜面培养基上，10～15天长满试管斜面，得到木耳纯一代母种。

②木耳耳基分离法：木耳有单瓣型和丛瓣型两种生态型，后者单产较高，是很好的分离材料。将种耳用自来水反复冲洗，然后在0.1%升汞溶液内浸泡1分钟，经无菌水反复冲洗后，用无菌纱布吸干水分，将耳基切成米粒大小，供接种使用。接种时，用接种铲在水样的琼脂平板上挖出与种块大小接近的穴后，将木耳组织放入穴内，断面朝上，然后在上面倒入一层厚约0.2厘米的马铃薯葡萄糖琼脂培养基，在30℃下培养，获得菌丝进行纯化即可。

③木耳撕片分离法：将优质木耳子实体在流水中冲洗干净，吸干外表水分，然后再用无菌水冲洗2～3次，用无菌试纸吸干水，最后用70%乙醇进行外表消毒处理。用解刨刀先在子实体边缘切开一个斜断面，然后沿斜断面方向刨开，用接种钩在断面上刮取少量的组织接种培养。

④孢子分离法：采集木耳孢子时常用此法，在无菌接种箱内，将新鲜成熟的耳片用无菌水反复冲洗数次，然后用无菌纱布将水吸干，取一小片挂在钩子上，钩子的另一端挂在三角瓶口上，使分离材料悬于培养基正上方，勿使分离材料碰到瓶壁，瓶内装有一级菌种培养基，耳片距离培养基表面20～30厘米，在25℃下培养24小时，待成熟孢子落到培养基上面后，再把三角瓶拿到无菌接种箱内，取出耳片，塞上棉塞，继续培养，或把孢子转到试管中培养，得到纯一代木耳母种。

特别要强调的是：无论用什么方法分离出的母种都要进行出耳试验，方可投入生产。一级菌种的制作是整个食用菌生产的源头，如果投入市场关系到千家万户的经济利益，所以一级母种的制作必须由比较专业的技术人员完成。制作出的母种必须要纯度高、生命力旺盛、抗杂能力强、生长速度快。

（2）二级种的制作　菌种有锯木屑菌种与枝条菌种，前者用锯木屑与麦麸等配制成培养基；后者用直径1厘米的枝条切成1.5厘米长，加入蔗糖、米糠等营养成分，装瓶后高压或常压灭菌，接入母种，在25～28℃下培养1个月，菌丝即可长满瓶。

（3）三级种的生产

①选料备料：选择新鲜、无霉变的原材料，杂木屑宜粗不宜细。含芳香类木屑不可

选用。按配方比例称好主料和辅料，先将干料拌均匀，再将红糖或白砂糖、石灰溶于水中分次加入，搅拌均匀。绵籽壳拌料前先用清水预湿一夜。培养料含水量50%～55%，一般每袋标准菌棒（15厘米×55厘米规格筒袋）的重量为1.6千克。

②基质配比

配方1：杂木屑78%，麸皮10%，米糠10%，红糖1%，碳酸钙或石灰1%，水适量，pH值5.0～6.5。每1000袋大约需杂木屑800千克左右、麸皮100千克、米糠100千克、红糖10千克（红糖秋栽少用）、碳酸钙或石灰10千克。

配方2：杂木屑78%，麸皮10%，棉籽壳10%，红糖1%，碳酸钙或石灰1%，水适量，pH值5.0～6.5。每1000袋大约需杂木屑800千克左右、麸皮100千克、棉籽壳（短绒）100千克、红糖10千克（红糖秋栽少用）、碳酸钙或石灰10千克。高压灭菌温度125℃，保持1.5～2小时。

③装袋和灭菌：筒袋的弹性要好，装料结实；装袋后及时搬入灭菌灶，常压蒸汽灭菌，灭菌温度达100℃后，保持15小时。灭菌要做到：防止存在灭菌死角，防止中途降温，防止烧焦料袋，防止灭菌后料筒被污染。（图3）

图3　木耳生产基质

（4）二级种和三级种的质量标准　分离得来的一级试管母种由于数量有限是无法直接用于大规模生产的，都要进行扩繁，得到二级种，二级种又叫原种，二级种再经过扩繁得到生产种。二级种或三级生产种的质量要求：无杂菌污染，无异味，无杂色，菌丝生长健壮、发菌速度正常，菌龄45～60天，培养基不干涸萎缩，无黄水，菌丝未长满袋时无原基形成。

2. 代料栽培

（1）接种方法　代料栽培木耳菌种的接种方法很多，无论采取哪种方法都要严格遵循无菌操作规程，接种环境必须干净卫生，在特定的接种室内进行，可选择接种箱、超净工作台、风离子接种机，也可开放式接种。接种设施的消毒方法可采用紫外线杀菌灯、臭氧发生器、药物熏蒸。接种工具和器械的表面消毒使用75%的乙醇。接种专业工作人员的衣着要整洁卫生，并做好自我防护，以免紫外线、药物等对人体造成伤害。接种工作进行中动作要轻巧，接种前接种箱或接种台的消毒、熏蒸时间不低于20分钟。接完的各级菌种必须及时编号粘贴标签，以免发生品种混乱。

（2）菌丝体的培养

①培养室或场地要求：要求清洁、干燥、避光、保温、通风条件好。使用前彻底打扫，清除容易滋生病虫害的杂物。菌棒移入前10～15天在生产场地、菇棚选择敌敌畏、杀灭菊酯、克螨特、菇净（4.3%乳油）等农药喷雾杀虫。然后再用高锰酸钾、甲醛、硫黄粉、专用烟雾剂等药剂进行熏蒸消毒，也可用1瓶40%甲醛加水10升或用漂白粉配制水溶液，配制溶液时应先加少量水，调成糊状，然后边加水边搅拌成乳液，静置沉淀，取澄清液使用。

②堆放方法：培养室内搭建分层式培养架的，菌棒采取分层排放。堆叠培养的，一般堆高8层，并以井字形或三角形堆放。掀开封口膜后堆与堆之间要有20厘米的距离，作为通风道。如果生产场地有限，生产规模要严加控制，否则得不偿失。

③调温和换气：菌袋接种后7～10天，室温控制在25～28℃，有利于菌丝迅速吃料，10天后，培养室内温度控制在22～25℃。掀开封口膜或套袋时，袋内温度迅速上升，排出二氧化碳增加，要加强通风换气，每天早晚通风2～3次，每次30～60分钟。气温低于20℃时在中午通风。掀开封口膜或套袋前培养场所应进行一次杀虫处理。

④光线控制：整个培养过程要保持培养室黑暗，光线会导致木耳菌丝提前形成原基，强光影响发菌速度。发菌时间过长，菌丝老化自溶，杂菌易侵染。

⑤刺孔催耳：适宜条件下，菌丝经过50～60天全部发透。菌丝长满袋后进行一次全面刺孔，刺孔前培养场所应进行杀虫处理。扁形孔径0.6厘米，圆形孔径0.4厘米，深0.5厘米，每袋刺孔150～180个，均匀分布。（图4）

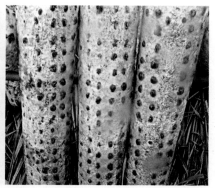

图4　刺孔催耳

⑥排场出耳：耳场宜选择路、水、电方便，水源等环境无污染的地区，然后开始整地做畦床，并沿着畦的纵向架设靠架，靠架行距30厘米、高度25厘米，用铁丝连接而成。畦床要整成龟背状，畦高15厘米，宽1.3米，长不限，畦间距50厘米作操作道。地面铺设一层稻草或茅草，防止耳片被泥土沾染、杂草生长。耳场田块上方1.2~1.5米架设喷水管或安装雾化程度较好的微喷头，间距依喷水器的喷水半径而定。选择晴天或阴天排场，进行室外栽培，不搭荫棚。

3. 段木栽培

（1）材料选择　常用的耳木种类有壳斗科树种和桦木，选胸高处直径10~12厘米的耳树，砍伐应选择每年的10月至翌年的立春时节，此时段的树木营养充沛。砍伐后截成1~1.2米长段，截面用石灰涂刷，然后置于通风向阳处架晒。通常段木培养木耳，要搭成"人"字形架，所以，按50根为一"架"来计算。

（2）接种　接种又叫点菌，就是将木耳三级菌种点种到之前预备好的段木上，接种时间要等气温回升至15℃（清明节过后），接种时的天气要选择晴朗、空气比较干燥的无风天气进行。接种人员的手、接种用的工具应预先用75%乙醇消毒。先在耳木上用直径14~18毫米的电钻，以穴距7厘米、行距3~5厘米垂直打孔，深1.5厘米，将木耳三级菌种填满穴，按紧后盖好预制的树皮盖。枝条菌种插入接种孔后用锤敲紧，使之与段木表面平贴、无孔隙。（图5）

（3）定植　将点好菌种的段木上堆发菌，将接菌的耳木棒按"井"字形或"山"字形堆垛。堆内温度以20~28℃为宜，相对湿

图5　段木接种

度保持在80%左右。在南方3～4星期，北方需要4～5星期，当菌丝已伸延到木质部并产生少量耳芽时，应及时散堆排场。

（4）散堆排场　一般采用平铺式排场，用枕木将耳木的一端或两端架起，整齐地排列在栽培场上，每隔7～15天将段木的向光面和背光面翻一次，经过5～7次的翻面，使整个段木的各个表面充分受到光照，经过2个月左右即可起架。搭架一般采用"人"字形方法，先埋两根有权的

图6　散堆排场

木桩，地面留出70厘米高，权上横放一根横木，耳木斜立在横木两侧。呈"人"字形，相距7厘米，角度约45°为宜，晴天或新耳木角度可大些，雨天或隔年耳木角度应小些。（图6）

4. 出耳

（1）代料（菌棒）出耳管理　代料（菌棒）排场后前2天不喷水，以后看情况，分次、短时喷水，防止菌棒脱水，保持场地的空气相对湿度85%～90%，以促进原基的分化。早期排场的菌棒如气温升高到25℃以上时，晴天要在耳场1.5米上空拉上遮阳网，日落后收起。向光面原基形成尚未长出时，将耳棒掉头并转180°，使菌棒背光面原基全面形成。耳片长出袋外时不可以掉头。在不适合木耳生长的温度下，不要喷水，或少喷水，偏干管理；在15～25℃下适合木耳生长，喷水促进木耳生长。喷水量和时间随黑木耳长大而增加。木耳在生长过程中要拉大干湿差，做到干干湿湿以促进耳片生长和减少烂筒。干长菌丝、湿长耳。一潮耳采收后，停止喷水，待菌丝恢复，再进行下一潮出耳管理。

（2）段木出耳管理　起架阶段栽培场的温、湿、光、通气条件必须调节好，但管理中心是水分问题。起架后最好隔3天有一场小雨，半月有一场中、大雨，干旱时应人工喷水，解决干干湿湿的问题，保持相对湿度在90%～95%。喷水应在早晨和傍晚进行。（图7）

图7　出耳管理

5. 病虫害防治

危害木耳的主要杂菌有环纹炭团菌、麻炭团菌、韧草茵、朱红栓菌、绒毛栓菌等。主要虫害有伪步行虫、蛀枝虫、四斑丽（虫甲）、蓟马等。可用生石灰（1∶100倍液）、退菌特（1∶100倍液）、氯化锌（1∶50倍液）防治杂菌污染。另外也可采用除虫菊、雷公藤等生物农药防治虫害。每3天用药一次，排场出耳后禁止使用。

五、采收加工

1. 采收

耳片颜色转浅，由黑变褐、边缘舒展软垂、肉质肥厚、耳根收缩时采收。如天气干旱，采收前1天的傍晚要均匀喷水，次日晨露未干，耳片处于潮软状态时采收。如遇阴雨天气也必须采收，以免造成流耳。

采收时一手握住菌棒，一手捏住耳根，轻轻旋转，即可将耳片完整地采下来。过老采收，耳根难以恢复，会引起耳根腐烂，影响第二潮原基的分化。

2. 加工

采下的耳片要清理干净，丛生朵形要分开。在干净的水泥地面晾晒，晾晒时耳片朝

上，耳根朝下，未干时不要随便翻动。干制后，筛去泥土、砂子，拣尽树皮等杂物，再装入塑料袋密封。（图8）

图8 木耳晾晒

六、国家标准

木耳的各项检查标准按国家标准GB/T 6192—2019执行。

1. 药材性状

干燥的木耳呈不规则的块片，多卷缩，大小不等，表面平滑，黑褐色或紫褐色；底面色较淡。质脆易折断，用水浸泡后则膨胀，色泽转淡，呈棕褐色，柔润而微透明，表面有滑润的黏液。气微香，味淡。以干燥、朵大、肉厚、无树皮泥沙等杂质者为佳。

2. 鉴别

菌肉由有锁状联合的菌丝组成，粗2～3.5微米。子实层生于里面，由担子、担孢子及侧丝组成。担子长60～70微米，粗约6微米，横隔明显。孢子肾形，无色，（9～15）微米×（4～7）微米；分生孢子近球形至卵形，（11～15）微米×（4～7）微米，无色，常生于子实层表面。

3. 检查

（1）水分 含水量不能超过12.0%。

（2）总灰分 不得过6.0%。

（3）总糖（以转化糖计） 不得少于22.0%。

七、仓储运输

1. 仓储

储藏木耳的仓库应保持通风、干燥。进仓前必须熏蒸消毒，以防害虫蛀食或老鼠啃咬。

2. 运输

运输车辆应具备防晒、防潮、防雨淋设施，用敞篷车、船运输时需要加盖防雨布。符合装卸要求；严禁与有毒、有害、易串味物质混合存放。

八、药材规格等级

根据中华人民共和国国家标准GB 6192—2019规定，将段木干制木耳按质量指标分为三级。

一级：耳片黑褐色，有光亮感，耳背面略呈灰白色，正背分明；不允许有拳耳、流耳、流失耳、蛀虫耳和霉烂耳；朵片完整，不能通过直径2厘米的筛眼；含水量不超过12.0%；耳片厚度1毫米以上；杂质不能超过0.3%。

二级：耳片正面黑褐色，背面灰色；不允许有拳耳、流耳、流失耳、虫蛀耳和霉烂耳；朵片完整，不能通过直径2厘米的筛眼；含水量不超过12.0%；耳片厚度为0.7毫米以上，杂质不能超过0.5%。

三级：耳片灰色或浅棕色至褐色；拳耳不超过1%；流耳不超过0.5%；不允许有流失耳、虫蛀耳和霉烂耳；朵小或成碎片，不能通过直径0.4厘米的筛眼；含水量不超过12.0%；杂质不超过1%。

九、药用食用价值

木耳是一种营养丰富、滋味鲜美的食品，也是一味很好的药材。木耳味苦、辛，性平。有健脾益气，祛痰除湿，止痢，止血的功能。用于痔疮、便血、脱肛、崩漏、高血压等。

1. 临床常用

（1）高血压、血管硬化，眼底出血　木耳3克，清洗浸泡一夜，蒸1～2小时，加适量冰糖，于水煎服。

（2）痔疮出血，大便干结　木耳3～6克，柿饼30克，同煮烂做点心吃。

（3）月经过多，淋漓不止，赤带下　木耳焙干研细，以红糖汤送服，每次3～6克，每日2次。

2. 食疗及保健

中医药学有"药食同源"的说法，很多食物都入药。木耳可降脂，脂质过氧化与衰老有密切关系，木耳还有抗脂质过氧化的作用，使人延年益寿。木耳含木耳多糖，这是从子实体中分离的一种多糖，相对分子质量为155 000，由L-岩藻糖（L-fucose）、L-阿拉伯糖（L-arabinose）、D-木糖（D-xylose）、D-甘露糖（D-mannose）、D-葡萄糖（D-glucose）、葡萄糖醛酸（glucuronic acid）等组成。菌丝体含外多糖（exopolysaccharide），还含麦角甾醇（ergosterol）、原维生素D_2（provitamin D_2）、黑刺菌素（ustilaginoidin）。生长在棉籽壳上的木耳含总氨基酸11.50%、蛋白质（protein）13.85%、脂质（lipid）0.60%、糖66.22%、纤维素1.68%、胡萝卜素（carotene）0.22毫克/千克等，因而，使用木耳烹调菜肴，不仅菜式多样，具有香嫩爽滑、引人食欲之特点，且有益于人体健康，具有保健功效，是一种理想的保健食品。因此，中老年人经常食用木耳，或用木耳煮粥，对防治多种老年性疾病、抗癌、防癌、延缓衰老，都有很好的效果。

参考文献

[1]　陈士林，林余霖. 中草药大典[M]. 北京：军事医学科学出版社，2006：4.

[2]　谢宗万. 全国中草药汇编[M]. 北京：人民卫生出版社，1978.

[3]　南京中医药大学. 中药大辞典[M]. 上海：上海科学技术出版社，2006.

[4]　国家中医药管理局《中华本草》编委会. 中华本草[M]. 上海：上海科学技术出版社，1999.

[5]　陈士瑜. 食用菌生产大全[M]. 北京：中国农业出版社，1988：121－122.

丹参

本品为唇形科植物丹参*Salvia miltiorrhiza* Bge.的干燥根和根茎。春、秋二季采挖，除去泥沙，干燥。

一、植物特征

多年生直立草本；根肥厚，肉质，外面朱红色，内面白色，长5～15厘米，直径4～14毫米，疏生支根。茎直立，高40～80厘米，四棱形，具槽，密被长柔毛，多分枝。叶常为奇数羽状复叶，叶柄长1.3～7.5厘米，密被向下长柔毛，小叶3～5（7），长1.5～8厘米，宽1～4厘米，卵圆形或椭圆状卵圆形或宽披针形，先端锐尖或渐尖，基部圆形或偏斜，边缘具圆齿，草质，两面被疏柔毛，下面较密，小叶柄长2～14毫米，与叶轴密被长柔毛。轮伞花序6花或多花，下部者疏离，上部者密集，组成长4.5～17厘米具长梗的顶生或腋生总状花序；苞片披针形，先端渐尖，基部楔形，全缘，上面无毛，下面略被疏柔毛，比花梗长或短；花梗长3～4毫米，花序轴密被长柔毛或具腺长柔毛。花萼钟形，带紫色，长约1.1厘米，花后稍增大，外面被疏长柔毛及具腺长柔毛，具缘毛，内面中部密被白色长硬毛，具11脉，二唇形，上唇全缘，三角形，长约4毫米，宽约8毫米，先端具3个小尖头，侧脉外缘具狭翅，下唇与上唇近等长，深裂成2齿，齿三角形，先端渐尖。花冠紫蓝色，长2～2.7厘米，外被具腺短柔毛，尤以上唇为密，内面离冠筒基部2～3毫米有斜生不完全小疏毛毛环，冠筒外伸，比冠檐短，基部宽2毫米，向上渐宽，至喉部宽达8毫米，冠檐二唇形，上唇长12～15毫米，镰刀状，向上竖立，先端微缺，下唇短于上唇，3裂，中裂片长5毫米，宽达10毫米，先端二裂，裂片顶端具不整齐的尖齿，侧裂片短，顶端圆形，宽约3毫米。能育雄蕊2，伸至上唇片，花丝长3.5～4毫米，药隔长17～20毫米，中部关节处略被小疏柔毛，上臂十分伸长，长14～17毫米，下臂短而增粗，药室不育，顶端联合。退化雄蕊线形，长约4毫米。花柱远外伸，长达40毫米，先端不相等2裂，后裂片极短，前裂片线形。花盘前方稍膨大。小坚果黑色，椭圆形，长约3.2厘米，直径1.5毫米。花期4～8月，花后见果。（图1）

图1　丹参

二、资源分布概况

　　产于陕西、山东、河南、河北、山西、江苏、浙江、安徽、江西及湖南；生于山坡、林下草丛或溪谷旁，海拔120～1300米。

三、生长习性

　　丹参为多年生草本，花期4～8月，果期7～10月。喜气候温和，光照充足，空气湿润，土壤肥沃条件。在自然状态下，生于低山坡、路旁、河边等环境。在栽培条件下，若种子萌发和幼苗阶段遇高温干旱，会影响发芽率，会使幼苗生长停滞甚至造成死苗；若秋季遇持续干旱，会影响根部发育，降低产量；丹参怕涝，在地势低洼、排水不良的土地上栽培，会造成叶黄根烂；丹参耐寒，虽然茎叶只能经受短期-5℃左右低温，但地下部却可安全越冬；生育期光照不足，气温较低，幼苗生长慢，植株发育不良。在年平均气温为17.1℃，平均相对湿度为77%的条件下，生长发育良好，但丹参在40℃高温环境下，特别是从生殖生长期向营养生长过渡期，或表现出地上茎叶枯死、光合作用减弱现象。丹参适宜在肥沃的砂质土壤上生长，土壤酸碱度适应性较广，中性、微酸、微碱均可，在黏土中易出现烂根枯死。根据生长习性，陕西、河南丹参种植以育苗移栽为主，四川以根芽繁殖为主。

四、栽培技术

1. 选地与整地

育苗田选择离水源较近，地势平坦，排水良好；地下水位不超过1.5米；耕作土层一般不少于30厘米；土壤比较肥沃的微酸性或微碱性砂壤土；要求前一年栽种作物为禾本科植物（如小麦、玉米）或休闲地，前茬种植花生、蔬菜和丹参的地块不能作为育苗田，地点最好选在基地范围内。施充分腐熟的厩肥或绿肥1.5×10⁴千克/公顷，磷酸二铵150千克/公顷，翻耕深20厘米以上。耙细，整平，清除石块杂草。作畦，畦宽1.2米，畦间开宽30厘米、深20厘米的排水沟。（图2）

图2 丹参大田整地

2. 繁殖方法

（1）种子育苗　在7～8日采种后，随即整地播种育苗，实施条播，行距10厘米，每亩种5千克。播种后需覆盖遮阳网，喷水至通墒，保持湿润，直至出苗。在成苗后于11月至次年3月前栽植。栽植以行距20厘米、株距10厘米进行穴栽。

（2）种子直播　可采用直播。冬播在10月采鲜种后立即播种，春播在清明前后。分条播或穴播：条播按行距50厘米，开沟3～4厘米深，将种子均匀撒入沟内；穴播按行距50厘米，穴距20～30厘米点播。开穴要求口大底平，每穴播种10～15粒，覆土2～3厘米，稍压，每亩用种子约1千克。出苗前后保持土壤湿润。

（3）根芽繁殖　秋后地上部分枯萎时挖出母株，切下带芽的根头（不宜选大条），在畦内按行距30厘米、株距20厘米开穴，每穴放根头1～2个，芽立直向上，原已出芽的芽头栽出土，未出土的芽尖应在土表下3～4厘米。栽后稍压实表土，再浇水稳根。第2年春季出苗。此法较少应用。

3. 田间管理

（1）中耕除草　一般中耕除草三次，4月幼苗高10厘米左右时进行第一次；6月上旬花前后进行第二次，8月下旬进行第三次，平时做到有草就除。总之，除草要及时，若不及时除草，会造成荒苗，导致严重减产或死苗。（图3）

图3　丹参栽培地中耕除草

（2）追肥　丹参开春后，要经过9个月的生长期才能收获，除栽种时施足基肥外，在生长过程中还需追肥3次。第一次，在3月中旬丹参返青时结合灌水施提苗肥，每公顷施配方肥1号120～150千克。第二次在4月底至5月中旬，不留种的地块，可在剪过第一次花序后再施；留种的地块可在开花初期施；喷施配方肥2号、EM液肥等叶面肥75～150千克/公顷。第三次，在8月中旬至9月上旬，正值丹参旺盛生长期，根部迅速伸长膨大，每公顷施配方肥3号150～225千克。有机肥做基肥时，必须经过无害化处理、充分腐熟后，结合整地翻入土壤中深施；追肥结合中耕除草进行。第一、三次追肥采用沟施法，即在行间开沟，沟深3～5厘米，在沟中施肥，覆土至平，然后进行浇灌。第二次采用叶面施肥，将配方肥2号稀释成0.3%的水溶液，EM液肥稀释成400～500倍水溶液于晴天上午和下午4点以后或阴天进行，避免中午水分蒸发快而引起叶片伤害；每周1次，连喷3次。

（3）灌溉和排水

①灌溉：基地内应有河流水源或机井，有条件的地方可配备喷灌设施。5～7月是丹参生长的茂盛期，需水量较大，如遇干旱，土壤墒情缺水时，应及时由畦沟放水渗灌或喷灌。禁用漫灌。

②排水：田地四周要有与畦沟连接的深40厘米以上的排水沟，并保持通畅。遇连阴雨天气，土壤出现积水时，应及时疏通并加深田间的排水沟，将水引入四周的总排水沟排出地块。

丹参栽培大田如图4所示。

图4　丹参栽培大田

4. 病虫害防治

（1）根腐病　植株发病初期，先由须根、支根变褐腐烂，逐渐向主根漫延，最后导致全根腐烂，外皮变为黑色，随着根部腐烂程度的加剧，地上茎叶自下而上枯萎，最终全株枯死。拔出病株，可见主根上部和茎地下部分变黑色，病部稍凹陷；纵剖病根，维管束呈褐色。

防治方法　合理轮作，采用高畦深沟栽培，防止积水，避免大水漫灌，发现病株及时拔除。预防处理：栽种前浸种根50%多菌灵或70%甲基托布津800倍液蘸根处理10分钟钟晾干后栽种。发病期用50%多菌灵800倍液或70%甲基托布津1000倍液灌根，每株灌液量250毫升，7～10天再灌一次，连续2～3次。也可用以下药剂喷洒：70%甲基托布津500倍液，或75%百菌清600倍液，每隔10天喷一次，连喷2～3次，注意喷射茎基部。

（2）叶斑病　5月初发生，6～7月发病严重。发病初期叶片出现深褐色病斑，近圆形或不规则形，后逐渐融合成大斑，严重时叶片枯死。

防治方法　实行轮作，同一地块种植丹参不超过2个周期；收获后将枯枝残体及时清理出田间，集中烧毁；增施磷钾肥，或于叶面上喷施0.3%磷酸二氢钾，以提高丹参的抗病力；发病初期每亩用50%可湿性多菌灵粉剂配成800～1000倍的溶液喷洒叶面，隔7～10日一次，连续喷2～3次。用300～400倍的EM复合菌液，叶面喷雾1～2次。发病时应立即摘去发病的叶子，并集中烧毁以减少传染源。

（3）根结线虫　寄生于植物上的线虫肉眼看不到，虫体细小，长度不超过1～2毫米，宽度为30～50微米；危害的根瘤用针挑开，肉眼可见半透明白色粒状物，直径约0.7毫米，此为雌线虫。在显微镜下，压破粒状物，可见大量线状物，头尾尖即是线虫。

防治方法　实行轮作，同一地块种植丹参不超过2个周期，最好与禾本科作物如玉米、小麦等轮作。

（4）蛴螬　危害时间5～6月，大量发生，全年危害。

防治方法　精耕细作，深耕多耙，合理轮作倒茬，合理施肥和灌水，都可降低虫口密度，减轻危害。结合整地，深耕土地进行人工捕杀，或每1公顷用5%辛硫磷颗粒剂15～22.5千克与225～450千克细土混匀后撒施；施用充分腐熟的厩肥。大量发生时用50%的辛硫磷乳剂稀释成1000～1500倍液或90%敌百虫1000倍液浇根，每蔸50～100毫升；或者用90%晶体敌百虫0.5千克，加2.5～5千克温水与敌百虫化匀，喷在50千克碾碎炒香的油渣上，搅拌均匀做成毒饵，在傍晚撒在行间或丹参幼苗根际附近，隔一定距离撒一小堆，每公顷毒饵用量225～300千克。

（5）金针虫　5～8月大量发生，全年危害。生活习性北方2～3年发生一代，以老熟幼虫和成虫在土中越冬。3月下旬至4月中旬为活动盛期，白天潜伏于表土内，夜间交配产卵，雄虫善飞，有趋光性。5月上旬幼虫孵化，在食料充足的情况下，当年体长可达15毫米以上。老熟幼虫在16～20毫米深的土层内作土室化蛹。3月中下旬10厘米深土温达6～7℃时，幼虫开始活动，土温达15.1～16.6℃时危害最烈，10月下旬以后随土温降低而下潜，冬季潜入27～33厘米深的土中越冬。

（防治方法）同蛴螬的防治。

（6）银纹夜蛾　此虫每年发生5代，以第2代幼虫于6～7月开始危害丹参，7月下旬至8月中旬危害最为严重。

（防治方法）收获后及时清理田间残枝病叶并集中烧毁，消灭越冬虫源。7～8月在第二、第三代幼虫低龄期，喷布病原微生物，可用苏云金芽孢杆菌，每次每公顷用3750克或3750毫升，兑水750～1125千克，进行叶面喷雾，也可用25%灭幼脲3号150克/公顷加水稀释成2000～2500倍液常规喷雾。或者可用1.8%阿维菌素乳3000倍液均匀喷雾。也可在栽培地悬挂黑光灯或糖醋液诱杀成虫。

五、采收加工

1. 采收

用镢头或40厘米以上长的"扎锨"顺垄沟逐行采挖，将挖出的丹参置原地晒至根上泥土稍干燥，剪去杆茎、芦头等地上部分，除去沙土（忌用水洗），装筐，避免清理后的药材与地面和土壤再次接触。为提高工作效率，降低生产成本，丹参采挖机械已逐步普及，在规范化栽植基础上可实现丹参机械采挖。采挖时尽量深挖，勿用手拔；装运过程中不挤压、踩踏，以免药材受损伤。装筐后的药材及时运到晾晒场，运送过程中不得遇水或淋雨。（图5，图6）

图5　丹参采收前清田

图6　机械采挖丹参

2. 加工

加工基地必须集中建立晾棚和晒场，应有常用的工具如晾席、竹帘或晒布等，且应清洗干净。运回的丹参先置芦席、竹席或洁净的水泥晒场上晾晒，避免干燥过程中的污染。有条件的种植基地可优先采用烘干机进行干燥。（图7）

图7　丹参晾晒

六、药典标准

1. 药材性状

本品根茎短粗，顶端有时残留茎基。根数条，长圆柱形，略弯曲，有的分枝并具须状细根，长10～20厘米，直径0.3～1厘米。表面棕红色或暗棕红色，粗糙，具纵皱纹。老根外皮疏松，多显紫棕色，常呈鳞片状剥落。质硬而脆，断面疏松，有裂隙或略平整而致密，皮部棕红色，木部灰黄色或紫褐色，导管束黄白色，呈放射状排列。气微，味微苦涩。栽培品较粗壮，直径0.5～1.5厘米。表面红棕色，具纵皱纹，外皮紧贴不易剥落。质坚实，断面较平整，略呈角质样。（图8）

1cm

图8　丹参药材

2. 鉴别

本品粉末红棕色。石细胞类圆形、类三角形、类长方形或不规则形，也有延长呈纤维状，边缘不平整，直径14～70微米，长可达257微米，孔沟明显，有的胞腔内含黄棕色物。木纤维多为纤维管胞，长梭形，末端斜尖或钝圆，直径12～27微米，具缘纹孔点状，纹孔斜裂缝状或十字形，孔沟稀疏。网纹导管和具缘纹孔导管直径11～60微米。

3. 检查

（1）水分　不得过13.0%。

（2）总灰分　不得过10.0%。

（3）酸不溶性灰分　不得过3.0%。

（4）重金属及有害元素　照铅、镉、砷、汞、铜测定法测定，铅不得过5毫克/千克；镉不得过1毫克/千克；砷不得过2毫克/千克；汞不得过0.2毫克/千克；铜不得过20毫克/千克。

4. 浸出物

（1）水溶性浸出物　照水溶性浸出物测定法项下的冷浸法测定，不得少于35.0%。

（2）醇溶性浸出物　照醇溶性浸出物测定法项下的热浸法测定，用乙醇作溶剂，不得少于15.0%。

七、仓储运输

1. 仓储

干燥好的丹参药材应暂时贮存在通风干燥处，货堆下面必须垫高50厘米，以利通风防潮。

2. 运输

运输车辆应具备防晒、防潮、防雨淋设施，用敞篷车、船运输时需加盖防雨布。运输时严禁与其他有毒、有害、易串味物质混合保存。

八、药材规格等级

1. 川丹参

呈圆柱形或长条状，略弯曲，偶有分支。表面紫红色或红棕色。具纵皱纹，外皮紧贴不易剥落。质坚实，不易掰断。断面灰黑色或黄棕色，无纤维。气微，味甜微苦。分为特级、一级、二级、三级、统货。

特级：长≥15厘米，主根中部直径≥1.2厘米。

一级：长≥13厘米，主根中部直径0.9～1.2厘米。

二级：长≥11厘米，主根中部直径0.7～0.9厘米。

三级：长≥8厘米，主根中部直径0.5～0.7厘米。

统货：大小不等。

2. 山东丹参

呈长圆柱形。表面红棕色明显。有纵皱纹。质硬而脆，易折断。断面周边呈棕红色，内侧灰白色或黄白色，有放射状纹理，呈纤维性。气微，味甜微苦。分为一级、二级、统货。

一级：长≥15厘米，主根中部直径≥0.9厘米。

二级：长≥12厘米，主根中部直径≥0.6厘米。

统货：大小不等。

3. 其他地区丹参

呈长圆柱形。表面红棕色，具纵皱纹，外皮紧贴不易剥落。质坚实，断面周边呈棕红色，内侧灰白色或黄白色，有放射状纹理，断面较平整，略呈角质样。分为选货和统货。

选货：长≥12厘米，主根中部直径≥0.8厘米。

统货：大小不等。

九、药用价值

丹参味苦、性微寒。归心、肝经。具有活血祛瘀，通经止痛，清心除烦，凉血消痈的功效。

1. 对心血管的作用

丹参的药理成分中，丹参酮类可对冠脉血管加以扩张，减轻心脏负荷，降低血管阻力，对心绞痛加以缓解，进而避免发生心肌梗死。丹参可降低甘油三酯和胆固醇水平，可促进排出胆固醇，可减少脂肪含量，降低血脂。冠心病病理机制主要为心肌缺氧、缺血，而在此期间还会出现大量的自由基，从而导致炎性反应和氧化应激反应加重，致使心肌细胞进一步受到损伤，最终导致病情加重。而中药丹参可对氧自由基的形成加以抑制，且可将自由基清除，可降低丙二醛和过氧化氢含量，并促使超氧化物歧化酶活性提升，从而稳定细胞膜，抑制脂质过氧化，因此既能避免炎症损伤内皮细胞，又能促使白细胞介素减少，进而实现对炎症反应的有效抑制。丹参酮ⅡA等成分可保护三磷酸腺苷酶的活性，增加心肌供氧能力，进而发挥保护心肌细胞的作用。

2. 对肝脏的保护作用

丹参能有效地改善肝脏的血液循环，明显抑制损伤肝细胞的脂质过氧化反应，诱导细胞色素P450的合成，防止损伤肝细胞的蛋白质、DNA、RNA，减轻肝毒物对体外培养肝细胞超微结构的损伤。另外，丹参还能减少肝纤维化中转录因子的转录水平，减轻四氯化碳引起的肝组织损伤，促进肝细胞再生。

3. 对中枢神经的影响作用

丹参具有明显的镇静、催眠、抗惊厥作用，可明显增强镇静药的作用，使大脑皮层自发活动振幅减小，抑制丘脑后核内痛放电，产生中枢性的镇痛作用。这与中医所述丹参清心除烦的功效相一致。另外，丹参能对抗脑缺血损伤，对脑缺血及缺血再灌注损伤有保护作用。

4. 抗菌消炎作用

丹参对毛细管的通透性、大鼠关节肿胀、小鼠耳肿胀均有明显的抑制作用。对大肠埃希菌、金黄色葡萄球菌、伤寒杆菌等有抑制作用，对钩端螺旋体在体内、体外均有抑制作用。

5. 抗缺氧作用

丹参酮ⅡA磺酸钠可显著延长小鼠在缺氧环境下的存活时间，使其耗氧速度减慢，进一步研究发现，该作用与提高小鼠缺氧耐受力、改善缺氧引起的心肌代谢紊乱有关。

参考文献

[1] 中国科学院中国植物志编委会. 中国植物志[M]. 北京: 科学出版社, 1993: 18.

[2] 康廷国. 中药鉴定学[M]. 北京: 中国中医药出版社, 2007.

[3] 郑云霞, 孟萌. 中药丹参治疗冠心病的药理成分及作用分析[J]. 双足与保健, 2018, 27 (17): 190–191.

[4] 叶剑. 丹参的药用成分与药理作用探析[J]. 陕西中医学院学报, 2012, 35 (5): 71–73.

[5] 李敏. 中药材规范化生产与管理（GAP）方法及技术[M]. 北京: 中国医药科技出版社, 2005.

白及
bai ji

本品为兰科植物白及*Bletilla striata*（Thunb.）Reichb. f.的干燥块茎。

一、植物特征

多年生草本。假鳞茎扁球形, 具环带, 富黏性。茎粗壮, 直立。叶狭长圆形或披针形, 先端渐尖, 基部收狭成鞘并抱茎。花序常不分枝; 花序轴呈 "之" 字状曲折; 花苞片长圆状披针形, 开花时常凋落; 花大, 紫红色或粉红色; 萼片和花瓣近等长, 狭长圆形; 唇瓣较萼片和花瓣稍短, 倒卵状椭圆形, 白色带紫红色, 具紫色脉; 唇盘上面具5条纵褶片, 从基部伸至中裂片近顶部, 仅在中裂片上面为波状; 蕊柱具狭翅, 稍弓曲。蒴果圆柱形, 具6纵肋。种子细粉状。花期4～5月, 果期7～9月。（图1）

二、资源分布概况

全国大部分省区均有分布, 如贵州、四川、湖南、湖北、河南、陕西、甘肃、山东、安徽、江苏等省区。栽培以陕西南部, 贵州的东、西及南部, 广西的西北、西南山区最为集中。

图1　白及

三、生长习性

喜温暖、湿润、阴凉的气候环境，耐阴能力强，不耐寒，适生温度在15～27℃，低于10℃时，块茎不萌发，高温干旱时，叶片容易枯黄。在自然条件下，多生于海拔100～3200米的亚热带常绿阔叶林、落叶阔叶混交林、中山针阔叶混交林及亚高山针叶林带的疏生灌木、杂草丛或岩石缝中。年降雨量1100毫米以上生长良好。对土壤要求较严，以肥沃、疏松和排水良好的砂质壤土或腐殖质土为佳。

四、栽培技术

1. 种植材料

（1）块茎繁殖　采挖野生健壮白及块茎，掰下块茎节上的萌芽作为种苗。缺点是野生资源少，积累大规模的种苗周期长，并且长期多代无性繁殖可能出现种苗退化、病虫害难以防治等现象。

（2）种子繁殖　种子在一定条件下可以进行有性繁殖，但由于其种子寿命短，且细小无胚乳，萌发条件苛刻，幼苗期较长，对环境敏感等特点，长期以来未被广泛应用于生产。

（3）组培快繁　主要方式有两种：①利用嫩叶或芽为外植体进行组培，容易形成幼苗，但对外植体的质量要求较高，繁殖系数较低。②以白及成熟蒴果为材料，在培养基上进行无菌播种，种子萌发后进行组培苗增殖、生根、炼苗、移栽，该方法不仅提高了种子萌发率，并且由于种子数量极大，加上培养材料和试管苗的小型化等新方法、新技术的不断出现，使其成为目前白及繁殖的最佳方式，为规模化生产提供可能性。

2. 选地与整地

（1）选地　选择土层深厚、排水良好、肥沃疏松、富含腐殖质的砂质壤土或夹砂土的阴山缓坡或山谷平地种植。

（2）整地　新垦地应在头年秋冬翻耕过冬，使土壤熟化，耕地则在前一季作物收获后翻耕一次，临近种植时再翻耕1～2次，使土层疏松细碎。栽种前翻土20厘米以上，每亩施腐熟农家肥1.5～2吨及复合肥50千克，翻入土中作基肥。栽种前，细耕后整平，起宽1.3米、高20厘米的畦，行道宽30厘米，四周开排水沟。

3. 播种

（1）块茎繁殖　南方应于9～10月秋栽，西北适宜3～4月春栽。栽种时按株距15厘米、行距26～30厘米开穴，穴深8～10厘米，穴底要平，每穴按品字形排放3个种茎，将芽嘴向外平放于穴底，覆盖1层厩肥或草木灰，施沤好的稀薄农家肥，然后薄盖3～4厘米厚的细土与畦面平齐。

（2）组培苗繁殖

①蒴果采集：选择生长健壮、株丛大、无病虫害的植株作种株，并于9～10月采集成熟、饱满、未开裂的蒴果。

②蒴果消毒：用自来水洗去蒴果表面尘土，75%乙醇浸泡并擦拭消毒1分钟，无菌水冲洗2次，0.1%升汞浸泡消毒8～10分钟，无菌水冲洗5～6次，取出用无菌滤纸吸干多余水分。

③无菌播种：将1/2 MS+NAA 0.5毫克/升的培养基高温、高压灭菌后冷却备用，在超净工作台上用无菌解剖刀切开蒴果，用无菌镊子将种子均匀接种在培养基表面，培养瓶置于培养室中培养，温度为（25±2）℃，光照度为1500～2000勒克斯，光照12小时/天。

④无菌发芽：白及种子培养1周后开始膨大萌发，2周可见绿色小点，后逐渐萌发成黄色的原球茎，原球茎逐渐变绿并分化出叶原基，1个月后长出叶片。

⑤组培苗增殖：以无菌萌发获得的2～3叶无根组培苗为增殖材料，以MS+白糖3%+琼脂粉0.7%+活性炭0.1%+6-BA 1.0毫克/升+NAA 0.2毫克/升为培养基，高温、高压灭菌后冷却备用，将无根组培苗转接到培养基上进行培养，培养条件为温度（25±3）℃，光照度1500～2000勒克斯，光照12小时/天。

⑥组培苗生根诱导：以增殖苗单株为生根诱导材料，1/2 MS+白糖2%+琼脂粉0.7%+活性炭0.1%+NAA0.2～0.5毫克/升为培养基，在温度（25±3）℃，光照度1500～2000勒克斯，光照12小时/天的培养条件下进行培养，生根数达3～5条，生根率为100%。

⑦炼苗移栽：将诱导生根的组培苗在室内敞口放置3天，再移入大棚内敞口放置4天进行炼苗处理；选取炼苗处理后百粒重大于43克的白及组培种球作为驯化移栽材料，在疏松、透气、保水的炼苗驯化基质［如木屑或蛭石+树皮（1∶1）基质］上进行驯化炼苗处理；对移栽的组培苗喷施有机水溶肥或叶面肥，增重组培苗，促进白及组培苗的生长。

4. 田间管理

（1）中耕除草　种植后喷洒乙草胺封闭，之后每年分别在4月、6月、9月左右进行一次除草。除草时应浅锄表土，勿伤茎芽及根，在冬季全倒苗后应清理种植地。

（2）追肥　白及喜肥，每年应追肥3～4次。第一次于4月左右，施稀薄的人畜粪水，每亩1500～1600千克；第二次于6月白及生长旺盛期，每亩追施过磷酸钙30～40千克与1500～2000千克沤熟后的堆肥混合物；第三次于8～9月，每亩施用人畜粪水拌土杂肥2000～2500千克。

（3）排灌水　白及喜阴湿怕涝，栽种地应保持阴湿，干旱时要及时浇水；雨季要及时疏沟排水，防止积水引起块茎腐烂。

（4）间作　白及植株矮小，生长慢，栽培年限较长，头两年可在行间间种短期作物，如萝卜、青菜、玉米等，以充分利用土地，增加收益。（图2）

图2　白及间作

（5）夏冬防护　夏天防日灼，可在畦的两边种2行玉米，玉米株距50厘米，玉米成熟后，收获果实，茎秆10月中旬后砍除；冬季做好防寒抗冻措施，可盖农家肥、草或覆土起防寒抗冻保温作用，亦可用薄膜覆盖越冬，但中午温度较高时应揭开薄膜透气，待春季出苗时揭去覆盖物。

白及田间栽培如图3所示。

图3　白及田间栽培示意图

5. 病虫害防治

（1）块茎腐烂病　患病块茎呈水渍状并变黑腐烂，地上茎叶部分出现褐变长形枯斑或全叶褐变枯死。多发生在多雨季节，6月下旬至9月上旬是病害多发时期，虫伤或机械损伤可加重病变发生。

防治方法　首先要做好排水，对地下虫害进行防治，减少机械损伤，发病期可用50%的多菌灵500倍液灌根或喷雾防治。

（2）叶褐斑病　一般白及成叶易受害，初生新叶不易受害。患病植株的叶沿叶尖显现出现黄褐色云纹状病斑，少数患病较重植株整片叶都受害枯死，但同株相邻叶仍可正常生长。此病害与种植环境有密切关系，一般在温室中种植的比田间种植的发病重，但此病的危害相对较轻。

防治方法 主要以加强田间管理的农业防治为主，也可用70%甲基托布津可湿性粉剂10 000倍液喷洒防治。

（3）叶斑灰霉病 主要危害叶片，可造成叶过早枯死。染病叶片初期出现褐色点状或条状病变斑，后扩大为褐色不规则大型病斑，多个病斑可联合成更大型的病斑，或覆盖全叶枯死。病菌的适生环境为20℃左右，相对湿度90%以上，因此空气湿度过大时，病害加重，尤其是连续阴雨，病情扩展快速，6～7月为病害多发期。

防治方法 首先及时对有发病植株的种植地进行灭病原处理；发病期，可选用50%的甲基硫菌灵可湿性粉剂900倍液，或65%的甲霉灵可湿性粉剂1000倍液，或60%的防霉宝超微粉剂600倍液，或50%的农利灵1500倍液等喷施。

（4）蚜虫 主要在白及抽薹开花的嫩梢上产生危害，造成节间变短、弯曲、畸形、卷缩，使种子瘪小。春、秋两季为蚜虫高发期。

防治方法 因为蚜虫对黄光有趋性，对银灰色有负趋性，因此防治工作主要以物理防治为主，可在田间悬挂黄光灯或涂有黏虫胶的黄板对有翅蚜虫进行诱捕，或距地面20厘米架黄色盆，内装0.1%的肥皂水或洗衣粉水诱杀有翅蚜虫，或在田间铺设银灰色膜或挂银灰色膜条驱避蚜虫。也可结合化学方法进行综合防治，可选用10%的吡虫啉4000～6000倍液，或50%的抗蚜威可湿性粉剂2000～3000倍液，或2.5%的保得乳油2000～3000倍液，或2.5%的王星乳油2000～3000倍液，或10%的氯氰菊酯乳油2500～3000倍液喷施。

（5）其他虫害 可在白及幼苗期，每亩用丁硫磷1千克均匀撒在栽培地，或每亩用90%敌百虫0.18～0.2千克拌炒香的米糠或麦麸8～10千克，撒放田间诱杀；在越冬代成虫盛发期采用灯光或糖醋液诱杀成虫。

五、采收加工

1. 采收

（1）采收时间 第4年9～10月，植株地上部分枯黄时采挖。

（2）田间清理 采挖前先割除地上枯黄茎叶、杂草，集中运出种植地烧毁或深埋。

（3）采挖 用平铲或小锄在离植株20～30厘米处逐步向中心处挖取，小心翻挖出白及块茎，剥除泥土，收集后装入清洁竹筐内或透气编织袋中。（图4）

（4）分选及清洗 块茎运回后及时在加工场地摊开，折成单个，剪去茎秆。清除感染病虫害或有损伤的块茎。分选后清水中浸泡1小时，除去粗皮，洗净泥土。

（5）干燥　将块茎放入沸水中煮6～10分钟并不断搅拌至无白心时取出。直接晒或55～60℃烘干，期间经常翻动，至5～6成干时，适当堆放使里面的水分逐渐析出至表面，继续晒或烘至全干。

2. 加工

将干燥的块茎放至撞笼中，撞去未尽粗皮与须根，使之成为光滑、洁白的半透明体，筛去灰渣即可。

图4　白及采挖

六、药典标准

1. 药材性状

本品呈不规则扁圆形，多有2～3个爪状分枝，长1.5～6厘米，厚0.5～3厘米。表面灰白色至灰棕色，或黄白色，有数圈同心环节和棕色点状须根痕，上面有突起的茎痕，下面有连接另一块茎的痕迹。质坚硬，不易折断，断面类白色，角质样。气微，味苦，嚼之有黏性。（图5）

1cm

图5　白及药材

2. 鉴别

本品粉末淡黄白色。表皮细胞表面观垂周壁波状弯曲，略增厚，木化，孔沟明显。草酸钙针晶束存在于大的类圆形黏液细胞中，或随处散在，针晶长18～88微米。纤维成束，直径11～30微米，壁木化，具人字形或椭圆形纹孔；含硅质块细胞小，位于纤维周围，排列纵行。梯纹导管、具缘纹孔导管及螺纹导管直径10～32微米。糊化淀粉粒团块无色。

3. 检查

（1）水分　不得过15.0%。

（2）总灰分　不得过5.0%。

（3）二氧化硫残留量　照二氧化硫残留量测定法测定，不得过400毫克/千克。

七、仓储运输

1. 仓储

储藏仓库应通风、阴凉、避光、干燥，温度不超过20℃，相对湿度不高于65%。要有防鼠、防虫措施，地面要整洁。要定期清理、消毒和通风换气，保持洁净卫生。不应和有毒、有害、有异味、易污染物品同库存放。当发生返潮、结块、褐变、生虫等现象，必须采取相应的措施。存放的条件，符合《药品经营质量管理规范（GSP）》要求。

2. 运输

车辆的装载条件符合中药材运输要求，卫生合格，温度在16～20℃，湿度不高于30%，并具备防暑防晒、防雨、防潮、防火等设备，符合装卸要求。进行批量运输时不应与其他有毒、有害、易串味物质混装。

八、药材规格等级

根据市场流通情况，按照每千克所含个数分为"选货"和"统货"两个等级；"选货"项下再分为"一等"和"二等"两个级别。应符合表1要求。

表1 白及药材规格等级划分

等级		性状描述	
		共同点	区别点
选货	一等	本品呈不规则扁圆形，多有2~3个爪状分枝，长1.5~5厘米，厚0.5~1.5厘米。表面灰白色或黄白色，有数圈同心环节和棕色点状须根痕，上面有突起的茎痕，下面有连接另一块茎的痕迹。质坚硬，不易折断，断类白色，角质样。气微，味苦，嚼之有黏性	每千克≤200个
	二等		每千克>200个
统货		本品呈不规则扁圆形，多有2~3个爪状分枝，长1.5~5厘米，厚0.5~1.5厘米。不分大小。表面灰白色或黄白色，有数圈同心环节和棕色点状须根痕，上面有突起的茎痕，下面有连接另一块茎的痕迹。质坚硬，不易折断，断面类白色，角质样。气微，味苦，嚼之有黏性	

注： 1. 当前市场上部分白及栽培品已出现变异，长度、爪状分支等性状与2020年版《中国药典》规定略有差别。

　　2. 市场上有未去须根的白及药材规格，与2020年版《中国药典》略有不符。

九、药用价值

1. 出血症

本品味苦甘涩，质黏而性寒，为收敛止血之要药，因其主归肺、胃经，故尤多用于肺、胃出血之证。治体内外出血证，单味研末，糯米汤调服，如白及粉；治外伤或金刃创伤出血，可单味研末外擦或水调外敷；治金疮血不止，以之与白蔹、黄芩、龙骨等研细末，擦疮口上；治疗胃出血之吐血、便血，常配茜草、生地黄、牡丹皮、牛膝等清热收敛、凉血止血之品，如白及汤，或与乌贼骨同用，如乌及散；治疗肺痨咯血，常配化瘀止血的三七；治疗干咳咯血，多配枇杷叶、阿胶等同用，如白及枇杷丸。

2. 痈肿疮疡、水火烫伤、手足皲裂、肛裂

本品寒凉苦泄，能消散痈肿，味涩质黏，能敛疮生肌，为外疡消肿生肌的常用药。治疗痈肿疮疡初起，可单用外敷，或配伍金银花、皂刺、乳香等清热解毒消痈之品，如内消散；治疗疮痈已溃，久不收口者，多与贝母、轻粉为伍，如生肌干脓散；治水火烫伤、足皲裂、肛裂，多研末外用，麻油调敷。

参考文献

[1] 吴明开,刘作易. 贵州珍稀药材白及[M]. 贵阳:贵州科技出版社,2013.

[2] 彭成. 中华道地药材(上册)[M]. 北京:中国中医药出版社,2011:151-162.

[3] 宋晓平. 最新中药栽培与加工技术大全[M]. 北京:中国农业出版社,2002:123-126.

[4] 张亦诚. 白及的生物特性及栽培技术[J]. 农业科技与信息,2007,11(10):45.

[5] 张满常,段修安,王仕玉,等. 白及中药材栽培技术研究进展[J]. 云南农业科技,2015(5):61-63.

[6] 叶静,郑晓君,管常东,等. 白及的无菌萌发与组织培养[J]. 云南大学学报,2010,32(S1):422-425.

[7] 林伟,黄名堨,韦莹,等. 白及组培苗生产标准操作规程[J]. 大众科技,2018,20(1):83-85.

[8] 鞠康,刘耀武,王甫成,等. 安徽亳州中药材市场白及品种调查[J]. 中国民族民间医药,2011(9):22-23.

[9] 周涛,江维克,李玲,等. 贵州野生白及资源调查和市场利用评价[J]. 贵阳中医学院学报,2010,32(6):28-30.

杜 仲
du zhong

本品为杜仲科植物杜仲*Eucommia ulmoides* Oliv.的干燥树皮。

一、植物特征

落叶乔木,株高达20米,胸径达50厘米。树皮灰色,皮中含硬橡胶,折断时可见能拉长的胶丝。叶互生,椭圆形,长6~15厘米,宽4~7厘米,叶缘具细锯齿。花单性,雌雄异株。雄花簇生,无花被片;雌花单生,花梗长8毫米,苞片倒卵状匙形,无花被片,心皮2枚上位子房一室。翅果长椭圆形,长3~4厘米,宽6~12毫米,具种子1个。种子扁平,线形,长1.5厘米,宽3毫米。树皮幼时为黄褐色,光滑,有皮孔,具片状髓,无顶芽。单叶互生,长椭圆形,先端渐尖,基部楔形,缘有细锯齿,老叶表面叶脉下陷,呈皱纹状,叶背有柔毛,脉上尤密。雌雄异株,3~4月开花,花腋生,先叶开放或与叶同时开放。翅果长椭圆形,扁平,顶端2裂,深褐色。杜仲喜光,不耐庇荫。(图1)

图1 杜仲

二、资源分布概况

杜仲主要分布在华中和西南暖温带气候区内，其分布区大体上和长江流域相吻合，即黄河以南，五岭以北，甘肃以西，陕南、湘西北、川东、川北、滇东北、黔北、黔西、鄂西及豫西南等地，适生栽培区地理位置北纬25°～35°，东经104°～119°之间，包含亚热带和北亚热带以及南温带的局部区域，包含主要省（区）有贵州、湖北、陕西、湖南、河南、四川、江西、安徽、浙江、江西以及福建、广西、广东的中部及北部。中心栽培区范围更小些，地理位置：北纬27°～33°，东经105°～115°，包括中亚热带中部和北部，北亚热带。年降雨在800毫米以上，年积温在4000℃以上，主要地区有黔北、黔西北、鄂北、鄂西北、陕南、湘北、湘西北、豫西北、豫西南、川东、川北、滇东北等地。其中秦巴山区汉中、安康、陇南为杜仲栽培的代表性主产区。

汉中市略阳县是杜仲原产地、适宜区。该县从1983年杜仲普查原生量仅187万株的基础上大力发展杜仲种植，截止2013年底该县杜仲地存资源已达3.87万公顷，1.29亿株，约占全国杜仲资源量（33万公顷）的1/8，成为全国最大的杜仲基地县。2000年被国家林业局首批命名为"中国名特优经济林——杜仲之乡"，2004年被中国林学会杜仲研究会命名为"中国第一杜仲优良品种（秦仲1～4号）繁育示范基地"。

三、生长习性

杜仲喜温暖、湿润环境和土层深厚、疏松肥沃的土壤，较耐寒。自然分布于年平均气温13～17℃及年雨量800毫米以上的地区。杜仲适应性较强，有相当强的耐寒力（能耐-20℃的低温）；在酸性、中性及微碱性土上均能正常生长，并有一定的耐盐碱性。杜仲生长速度中等，幼时生长较快，一年生苗高可达1米。

四、栽培技术

1. 种植材料

杜仲良种苗材料的培育，主要采用播种育苗和无性繁殖育苗两种方法。无性繁殖苗是以一年生杜仲苗为基础，采用良种接穗上的芽，进行嫁接繁殖，或者从成年优树上采集的枝条插根繁殖来获得（图2）；有性繁殖材料是以母本纯正、生长健壮、无病虫害、生长整齐一致的优良林中所选优树上采摘而来的成熟种子。植树造林生产中通常采用种子繁殖。

图2 杜仲无性繁殖

2. 育苗栽培

（1）有性繁殖育苗

①苗圃地选择：杜仲喜湿润的砂质土壤。因此，有性繁殖育苗应选择土质疏松、湿润、肥沃而排水良好的土地作为苗圃地。若苗圃地土壤条件较差，必须施足底肥，土壤消毒后，再进行育苗。

②整地作床：整地能疏松土壤，改良土壤结构，促进土壤熟化，从而改善土壤的理化性质。因此，立冬过后，清除地上杂草，施腐熟的厩肥2000～3000千克/亩，复合肥或磷酸二铵30千克做底肥，深翻地25～30厘米，耙地时撒2.5千克/亩的辛硫磷颗粒剂，预防地下害虫。一周后，做宽1.2米的畦，畦长度因地形而定。做畦沟，要求沟宽30厘米，深25厘米，以便排涝和除草。

③种子处理：播种前要精选种子，进行催芽处理，对提高苗圃发芽率，掌握合理的播种量具有特殊意义。精选种子，目前多采用水选法。将种子浸入冷水中，8小时后，沉落水底的种子为上等，继续浸水至24小时后，下沉的种子为中等，其余浮在水面和悬浮水

中的种子为下等。去掉上浮种子，下沉种子可取出进行催芽处理。还可随机从每批种子中，取出500～100粒种子，依据上述方法，计算出上、中、下三等级种子所占的百分率，以便确定播种量，若上、中两级种子仅占60%～80%时，就要适当增加播种量。常温下，次年种子发芽率极低，不能用于播种，根据需要可以在1～5℃低温冷藏1年再播种，发芽率可在70%以上。

④播种

a. 播种时间：经过低温沙藏催芽的种子，一般在2～3月中旬温度稳定在10℃以上时，即可播入圃地。干藏的种子，除播前应浸种3～4天外，还应早播。实践证明当年立冬后播种，出苗率高于次年春季播种。所以，播种越早，苗圃发芽率越高，苗木生长越好。发

图3　杜仲播种

芽率较高的原因是种子需要经过一段低温处理。因此，未经低温湿沙贮藏的种子，在气候温暖地区，适宜播种期应在当年11月到次年2月，最迟不能超过3月中旬。（图3）

b. 播种方法及播种量：杜仲苗床育苗一般采用条播，条距20～25厘米，播种深度为2～3厘米，每亩播种量10～12.5千克。目前南方多采用宽幅条播法，该法较一般条播增加了实播面积，且幼苗分布均匀，生长良好，符合经济利用土地和提高单位面积产量的原则。

c. 覆土和覆盖：播种后，应立即覆以疏松肥沃细土，厚度1～2厘米，覆土要均匀平整，切不可薄厚不均，否则厚的地方种子发芽困难，薄的地方，表土很快变干，种子失水，失去了发芽能力。黏性较重的圃地，可用细土混沙盖种。覆土完毕，应在苗床上覆盖地膜或稻草（或麦草），以防止土壤水分蒸发和雨水冲击圃地。覆盖地膜的苗床，当幼苗破土萌发时，应立即揭去地膜，以防膜下高温灼伤苗木。盖草的苗床，当种子发芽整齐，幼苗出土后高3～4厘米时，可在阴天或晴天傍晚或清晨揭去盖草，盖草次年不宜再用。

⑤苗期管理

a. 中耕除草：本着"除早、除小、除了"的原则，见草就除，经常保持苗圃无草和土壤疏松。

b. 灌溉排水：对于杜仲来说，干旱和水涝都会引起生长停滞，甚至死亡，所以灌溉

和排水在苗期管理上是一项很重要的工作。干旱时，要及时灌水，保持土壤湿度，灌溉最好在傍晚或清晨进行，要灌透水。圃地也要设置排水沟，防止雨水多时，土壤湿度过大。

c. 追肥：6～8月为杜仲苗木速生期，应加强施肥。叶片长出4片真叶时，就可利用连续下雨天施肥，也可灌水撒播施肥。第一次少施，每亩施1～1.5千克尿素，以后每月一次，每亩每次用尿素量随着苗木高、粗的增长，可由1.5千克增加至10千克左右，8月后应停止施肥，以防苗木徒长，苗木木质化不好而受冻害。施肥应与灌水或中耕除草同时进行。

d. 间苗：杜仲幼苗进入速生期后，应根据去弱留强，去密留稀原则及时进行间苗工作，间苗后，株间距保持在6～10厘米，每亩种苗保留在3万～4万株即可。（图4）

图4　苗期管理

e. 病虫害防治：阴天雨多，土壤潮湿，同时温度高或土壤瘠薄时，易发生苗木猝倒病。苗圃也常见地老虎等害虫危害苗木。所以应经常观察，及时防治。药物防治可用50%甲基托布浸400～800倍液，退苗特500倍液，25%多菌灵800倍液灌根，对已死亡的幼苗要挖出烧掉。

f. 防寒措施：北方育苗，为了预防冬季的寒冷，应在9～10月间摘去顶芽，以抑制苗木梢部徒长，促进苗茎木质化，使苗木可以度过严寒。

（2）无性繁殖育苗

①插根繁殖育苗：杜仲的无性繁殖以"插根繁殖"育苗方法较好，此法成活率高，苗木生长快，在种子紧缺的20世纪80～90年代深受重视，但缺点是成本较高，在目前杜仲种子便宜的情况下，很少采用。现将其方法具体介绍如下：插根繁殖是利用起苗时修剪下的较粗根系，或挖掘植株采根，剪成7～10厘米的根段，细的一端向下，插入苗床中，粗的一端微露地面，由断面愈伤组织处或根段皮部萌芽长成新苗。此苗萌发较快且数量多，苗木生长健壮，超过播种苗高度1.5倍，从下端的端部愈伤组织处生出许多新根，比播种苗根系多达几十倍。

②嫁接育苗：嫁接是木本植物的一种无性繁殖方法。尤其是对经济树木优良品种，无性系的繁殖及单性树种的雌性化，均有重大意义。杜仲嫁接育苗时，可选择西北农林科技大学张康健教授选育的秦仲1～4号四个品种，也可根据生产需要选择优树上的雄株枝条或者雌株枝条，进行杜仲雄花园、采籽园、采叶园等专业园建设。

3. 栽植技术

（1）种植标准

①以采剥杜仲树皮为目的乔林作业：在经营过程中，不考虑中间疏伐，初植密度采用3米×3米或4米×4米的株行距定植，即每亩定植56～74株；隔行间伐，采用2米×2.5米或3米×4米，即每亩56～134株，若隔行隔株间伐，则采用1.5米×2米或2米×2.5米株行距栽植，即每亩134～222株。（图5）

图5　杜仲采皮园

②以采籽为目的头木林作业：实现永续利用，不进行间伐，初植密度采用3米×3米或3米×4米的株行距定植，即每亩定植56～74株。

③以采叶为目的矮林作业：定植密度一次成型，株行距为1米×1.5米或1.5米×2米，即每亩222～444株。（图6）

图6　杜仲采叶园

（2）选择壮苗　苗木质量高低，直接关系到成活率或林木生长发育，必须选择壮苗定植，选择单株地茎0.6厘米以上、高79厘米以上进行定植。苗木出圃除要按规格进行一次选择外，在适宜林地定植时还须再次选择。剔除受严重损害，根系发育不正常的苗木。从苗圃起苗拉运时，按100株/捆包装，包装时应用稻草、草袋或塑料袋包捆根部，防止杜仲幼苗根部失水。若运程较远，根部应沾保湿剂，中途随时洒水，防止干燥，到达造林地后最好立即栽植，若需保存，时间不宜过久。

（3）栽植方法　根据气候状况，长江以南，每年冬、春季节均可进行栽植造林。北方宜选择在3月下旬栽植。苗木栽植前，拌匀穴内土、肥，将苗木根系沾泥浆后端正放入植穴，根系伸展，栽植深度稍深于原土痕，切不可过深，用表土壅根，分层填土，适当插紧，上覆一层松土，防止创伤苗根和根须，干旱地区，栽植后还应浇灌定根水，保证幼苗成活。

4. 田间管理

杜仲定植造林后，必须加强其幼林（一般指定植后10年内的杜仲林）抚育和成林抚育管理与技术处理，特别是幼林抚育更应高度重视，要根据杜仲对土壤耕作质量、水肥条件和光照条件等反应十分敏感的特性，结合杜仲皮、叶、籽、材等不同作业目的，进行积极有效而合理的抚育，以更好的营建杜仲林。下面着重对乔林作业杜仲幼林抚育管理及技术措施作以下介绍。

（1）摘除下部侧芽　杜仲栽种后要尽早摘去茎秆下部侧芽，只留顶端1～2个健壮饱满侧芽（越冬后顶芽多被冻死）；若不及时将下部侧芽摘除，这时顶端的侧芽生长就特别缓慢，或变为休眠状态。同时还可从杜仲近地面干基部生长出特别旺盛的侧芽，这样就更加影响主干的正常生长。因此，在树木发芽的三个月内，应及时将过多侧芽剪除，一般只保留6～8个侧芽为好。

（2）补植间苗　定植造林后，若出现空穴缺窝，应及时补植适宜苗木，若直播造林，一穴生数株，造林当年则应间苗，去弱留强，每穴保留1株，并可进行补植。

（3）松土除草　松土的作用在于疏松表土，切断表层和底层土壤的毛细管联系，以减少土壤水分蒸发，改善土壤的透气性、透水性和保水性，促进土壤微生物的活动，加速有机质的分解和转化，从而提高土壤的营养水平，有利于幼树的成活与生长。除草的目的在于排除杂草对水、肥、气、热、光的竞争，避免对杜仲幼树的危害。松土与除草一般同时进行。造林后3～5年内，每年应进行2次松土除草。一般于4月上旬以前进行第一次，5月或6月上旬进行第2次。此期间为杜仲的生长高峰期，松土除草更有利于其生长发育。

（4）施加追肥　追肥的施用，结合松土除草进行。通常4～7月为杜仲树生长的主要时期，6月达到高峰，春季2～4月施肥比较合适，3月下旬和4月上旬为最佳施肥期。根据西北农林科技大学张康健教授多年研究，磷是影响杜仲生长的主要因子，并且应以氮、磷、钾经济配比为1：1.25：0.4生产杜仲专用肥。杜仲专用肥的施用具有明显的经济、生态效益。如无杜仲专用肥，可用尿素（N 46%）和过磷酸钙（P_2O_5 12%）按1：5配比。

（5）整形修枝　杜仲树直立性强，具有反幼现象，所以做好合理修剪，能使杜仲主干挺拔，树冠紧凑，枝叶繁茂，分布均匀，通风透光，叶色深绿，长势旺盛，材相整齐。放任树体生长，是造成杜仲"小老树"的直接原因之一。近几年，国内研究与生产实践表明，根据经营目的和杜仲的生长进行合理的整形修剪，是实现杜仲优质丰产的重要技术措施之一。杜仲栽培迅速实现园艺化管理，掌握科学的整形修枝技术至关重要。主要方法如下。

①平茬与去弯：平茬是利用杜仲萌芽力强的特点，将幼树从地面以上一定部位把主干剪去的一种修剪技术。杜仲枝条呈不同程度的"Z"字形特点十分明显，加之杜仲无顶芽的特性，造林后第2、第3芽萌发较旺，但生长直立性差，往往不能形成明显的主干，长势弱，容易形成"小老树"，这种现象在干旱地区表现更为突出。第2年剪梢接干的效果也不理想。而植株平茬后，生长位置降低，生长点减少，树冠比增大，养分供应相对集中，刺激萌芽极性生长加快，干形通直，树势旺盛，生长迅速。

平茬可在杜仲栽培时或栽植1年后进行，平茬时间为落叶后至春季萌芽前10天左右。平茬部位在地面以上10厘米左右的根茎处，用快刀或利剪截去，让其从根茎萌发萌条，选留1～2根生长茁壮干形好的萌条培育新植株，称之为"平茬更新"；保留幼树部分主干，只从主干弯曲或无主干的部位截除，使其在截口附近萌生新枝条，选留1根与原主干基本通直，生长壮实的萌条培育新树冠，称之为"去弯接干"；或利用杜仲苗干上端腋芽萌发向上的特点，从苗干上部顶芽往下第3、4个腋芽中，选留1个直立而健壮的、与主干方向一致的饱满芽，作为接干对象，再将紧靠的上部芽连同上部苗干斜着剪去，与上述接干接上，选留的接干芽因顶端优势能向上生长而形成通直的新干并萌发3～4个营养枝，称之为"去梢接干"。进行上述修剪应在林木休眠期或林木生长初期，春天则可萌发新枝，生长期长，植株健壮，并能充分木质化越冬。但苗高2米以上的二年生苗圃平茬苗或嫁接苗，栽植后不再进行平茬。各地在建设杜仲园时，应酌情采用，做好平茬与去弯。

②除萌与抹芽：杜仲具有极强的萌芽特性。平茬或枝干短截后，会从剪口以下萌生许多萌芽，这些萌芽除根据需要必须保留之外，其余的萌芽要及时除去。平茬当年保留的萌条，在生长过程中，叶腋内腋芽会大量萌发，这些萌芽如果任其生长，会侧生许多分枝，消耗大量养分和水分，影响主干生长。因此，对叶腋萌芽也要及时抹去，以促进主干旺盛生长。第2年后对主干上萌发的幼芽应酌情抹去，抹芽高度一般为树高的1/3～1/2，抹芽过高造成树高，树冠比例失调，主干易弯曲，影响植株生长。

③疏枝与短截：疏枝是将枝条从基部剪除，为果树上常用的一种修剪措施。杜仲不仅萌芽力强，萌芽后抽枝力也很强。这些萌发的枝条如任其自然生长，会造成叶过于密集，通风透光不良。内膛叶片薄，内膛枝叶片长期得不到充足的光线，枝条会逐渐枯死，叶面积指数降低，生长量下降，产叶量减少。杜仲无顶芽，下部芽往往一起萌发，影响中央领导干生长。多个枝条密集在一起，还会形成"卡脖子"现象。为改善植株通风透光条件，根据经营目的，应适当疏除竞争枝、徒长枝、过密枝、重叠枝、轮生枝、位置不当的交叉枝、细弱枝和病虫枝等。每次疏剪量不宜太大，否则也会影响树势。

④短截：根据需要将植株萌条剪短一部分，促发萌条，调整树形结构和平衡营养的

一种修剪措施，在果树生产中应用较多。在杜仲树上，主要用在幼树，丛状矮林方式，采叶园、高产胶果园以及树势弱需要复壮的植株上。成年大树由于树体高大，操作不方便，应用较少。短截后的枝条萌发新梢生长十分旺盛，枝条粗壮，可超过未短截枝条的30%甚至60%以上。对中央领导较弱的植株，采用短截可明显促进树高生长。根据短截强度的大小，可分为轻短截、中短截和重短截。轻短截一般剪去枝条长度的1/5～1/4；中短截一般剪去枝条长度的1/3～1/2；重短截一般留基部6～10个芽或剪掉枝条长度的2/3左右。

⑤回缩与截干：回缩是在多年生枝的适当部位剪截。一般在大树衰弱枝、多次短截的枝条上以及过于密集的枝上应用。目的是改善光照，恢复树势，保持枝条萌芽活力。截干是针对主干弯曲的多年生幼树或改变经营目的，如乔林改成头木林，矮林改为采叶林等，而在主干上一定部位用剪刀或锯截断的一种修剪方式。对弯曲植株，应在弯曲处截干，改变经营目的杜仲园可根据需要，在高度0.6～1.5米处截取主干。（图7）

图7　杜仲截干

（6）间作套种　杜仲园在幼树期，园地的杜仲窝行间空地较多，在其行间合理间作套种农作物或其他适生药材，既能充分利用土地，增加收入，又可以耕代抚，使行间得到相应的管理，还可提高土壤肥力，促进杜仲树体生长发育。杜仲林间套作物的品种要根据土壤、行间距等情况适当选择。首先，可选择生长期短，与杜仲争水、肥矛盾较少的作物品种，如小麦、油菜、薯类；也可选择适应性较强，能提高土壤肥力和改良土壤结构的作物，如绿肥、黄豆、黑豆等豆类作物；还可种植经济价值较高的蔬菜、草本药材等作物或间作经济树种苗木，但不能种植高秆作物和蔓藤类作物。

（7）浇水灌溉　根据各地气候特点、土壤墒情及不同发育时期的要求，应及时灌水。生长季节一般结合施肥，追肥后及时灌一次透水。

5. 病虫害防治

杜仲具有较强的抗病虫能力，长江以北各产区杜仲很少发生病虫害。但随着环境气候的变化、物流的加快以及杜仲纯林的发展，不同地区相继出现一些杜仲病虫害，如陕西汉中、贵州遵义的杜仲林场先后遭受杜仲夜蛾、尺蛾等虫害。杜仲病虫害主要有烂皮病、杜仲夜蛾、杜仲笠圆盾蚧、杜仲瘿蚊、尺蛾等。

（1）烂皮病　初期病斑呈暗褐色水渍状，表面稍隆起，形似烫伤水疱。挑破后流出淡黄色液体，具有酒糟或醋糟气味。病斑逐渐扩大，中期病斑呈褐色腐烂状，病组织松软，质如海绵状，手压流出褐色液体，有臭味。其后，病斑表面有一层灰白色薄膜，继而长出许多针头状小突起，是病菌的子囊壳或分生孢子器。阴雨或空气湿度大时，子囊壳或孢子器吸水膨胀，从孔口挤出橘黄色卷丝状或胶状物，即子囊孢子或分生孢子角。后期病组织失水，病斑干缩凹陷，木质部裸露霉变，不再生长新皮，轻者，树木长势衰退；当病斑环绕树干一周时，疏导组织被破坏，植株枯死。

〔防治方法〕选择7月中旬到8月上旬，病菌越夏期和树木粗生长高峰期，进行剥皮再生作业，可减轻和避免再生新皮发生烂皮病。剥皮和包扎过程，避免皮面受创伤，包扎材料要洁净、无破损。剥皮后作好防护措施，避免再生新皮受创伤；防止雨水或昆虫进入剥面。剥皮后，勤检查，剥面如有积水或昆虫进入，应及时排除。如发现烂皮病斑，揭开塑料膜，用利刀轻轻刮除病斑，再用药棉蘸退菌特500倍液，轻涂于病斑处，将剥面重新包扎好。新皮形成后，及时解除包扎，以防止新皮因长期缺氧而坏死。

（2）杜仲夜蛾　成虫是中型蛾类。幼虫头小，光滑无毛，黑褐色；上唇缺切微凹；腹足发达；趾钩单序中带。属鳞翅目昆虫特征。多在傍晚至夜间羽化，第二天夜间开始进行各种活动。白天潜伏于土隙、枯叶、杂草、树丛以下，或遮荫的树干上等隐蔽物下，黄昏后开始飞翔、寻偶、交尾、产卵等。对普通灯光趋性不强，但对黑光灯极为敏感，有很强烈的趋化性，特别喜欢酸、甜、酒味。成虫寿命5～11天。

〔防治方法〕杜仲夜蛾食谱窄，寄主单一。今后造林应考虑营造混合林，以控制林木病虫的发生和扩散。每年7月中旬、11月至翌年4月中旬，翻挖林地，以破坏杜仲夜蛾蛹期场所，消灭夏蛹和越冬蛹。5月上旬至6月下旬，7月下旬至8月中旬，设置黑光灯，诱杀成虫。幼虫三龄以前，在树冠上喷洒杀虫农药。幼虫三龄以后，用菊酯类杀虫农药与机油混合1：10，在树干上涂药环，或浸制毒绳绷扎在树干上，阻杀上、下树幼虫。幼虫三龄以后，在树干上包塑膜，阻止幼虫上树，使幼虫饥饿死亡，此项操作可结合杜仲主干剥皮再生措施进行。认真贯彻执行森林植物检疫法规，加强检疫互作，制止林木病虫害传播蔓延。

（3）杜仲笠圆盾蚧　虫体微小，雌雄异型。雌虫发育经过卵、若虫和成虫三个阶段；雄虫发育经过卵、若虫、蛹和成虫四个阶段。雌成虫无翅，头胸部愈合，腹末数节愈合为臀板，介壳形似斗笠状。雄成虫有一对发达的前翅。

防治方法　杜仲笠圆盾蚧的远距离传播是靠苗木运输传播扩散。调运苗木，必须履行检疫，不能让带有蚧虫的苗木出入境。幼虫苗木要经灭虫处理后，才能造林，防止人为扩散蔓延。在蚧虫发生数量少、面积小的情况下，可进行人工抹除。冬季用石灰液进行树干涂白；结合修剪抚育，剪除虫枝烧毁，这些措施经济有效，还能保护天敌。化学防治应以消灭越冬和第一代若虫为重点。在第1龄若虫发生期为最佳施药时间。初孵若虫无介壳，抗药性弱，杀虫效果好。冬季喷洒5波美度石硫合剂或5%石油乳剂。若虫孵化用菊酯类农药与敌敌畏乳油按1：1混合，稀释3000倍液，或氧化乐果、久效磷、对硫磷等农药1000倍液喷雾，均收到较好的防治效果。注意合理用药，不要单一使用某一种广谱性的化学农药，以免使害虫产生抗药性或杀伤大量天敌。保护利用天敌，发挥自然天敌作用。据调查和文献记载，盾蚧科害虫的天敌有多种瓢虫和寄生蜂，如果条件适宜，天敌遏制害虫的作用将会更大。注意营造混交林，以利天敌的繁殖和栖息。

（4）杜仲瘿蚊　体形微小纤细。成虫有一对前翅，翅脉简单，只有4根不分支纵脉，无明显横脉，后翅特化成一对平衡棒；触角线状；足细长，胫节无端距。幼虫头小，无眼，口器发达，有一对适合咀嚼而做水平动作的上颚；胸部腹面有胸叉。

防治方法　加强检疫措施。苗木出圃前，进行产地检疫，经灭虫处理后，方可外调，杜绝带虫苗木出圃外运，防止人为传播扩散。勤检查，发现此虫危害，及时防治。瘿瘤初期，树皮尚未破裂，先用利刀将瘿瘤处树皮纵割数刀，然后用40%氧化乐果乳油加水稀释5倍液，或用菊酯类农药加柴油稀释5倍液，涂刷瘿瘤。倘若瘿瘤处树皮已破裂，可直接涂刷药液，杀虫效果均达100%。结合修枝抚育，将有瘿瘤的枝条剪除，运出林外烧毁。保护和利用寄生蜂、鸟类等天敌。

（5）尺蛾　尺蛾的腹部和足都很细长，翅大而薄，静止时四翅平铺。腹部腹面有一鼓膜器。幼虫枯枝状，体色因寄主和环境不同而有变化，拟态性强。一年一代；均以蛹在土壤内越冬。各虫态历期长短受气温影响较大。

防治方法 冬季翻挖林地，将虫蛹翻至地表，收集杀死。在树干上绑扎塑料薄膜带，或用久效磷等杀虫剂在树干上涂药环，阻杀雌蛾上树产卵。对趋光性强的，在成虫羽化期间，设置黑光灯诱杀成虫。初龄幼虫，用菊酯类杀虫剂稀释液进行树冠喷雾，毒杀幼虫。在密度大的林内，可释放烟雾剂熏杀初龄幼虫。

五、采收加工

1. 采收

（1）杜仲叶的采收　胶用杜仲叶的采收时间，主要根据不同时期的叶片含胶量来确定。研究显示，叶片生长时间与含胶量的关系密切，夏季所采叶片含胶量高，秋季落叶前采摘的叶子含胶量较低，夏、秋叶片含胶量相差可达1倍以上。但贵州遵义等地夏季采收的杜仲叶含胶量却较低，与研究出现相反的结果，因此，各地应选择叶片含胶量最高的时间采收杜仲叶提胶。保健及药用杜仲叶应以9～10月采收为主，尽量减少夏季采叶对植株生长的影响。饲料用杜仲叶则在杜仲落叶后及时采集，防止回潮霉变。

（2）杜仲皮的剥取　杜仲剥皮时期应选择在适当高温（25～36℃）、多湿（相对湿度80%以上）和昼夜温差不太大的夏季，大致时期限在5月上旬至7月上旬，选择阴天无雨的天气最好。主要采用"三刀开剥"的方法，即用弯刀在杜仲主干离地面10～20厘米处横割一圈，割断韧皮部，不伤及木质部，在树干分权处的下面同样割一圈，然后在两环割圈间浅浅地纵割一刀，呈"工"字形，撬起树皮，向两旁撕裂剥下，手不得碰创伤面。剥皮后的创面要用塑料薄膜包裹，包裹时要内衬竹条，防止触及创面，两端超出环割线8厘米适当扎紧，7～15天后在阴天取掉，如此时发生烂皮病，用P751菌液进行防治。为保持杜仲树生长，剥皮间隔期为5年。（图8）

图8　杜仲剥皮

（3）种子的采收　杜仲种子8～10月份成熟，手工采收，对于高大的杜仲树，人在树下采摘困难，可用梯子、钩子等等辅助工具采收，但不能折断树木或枝条。盛装器具可采用清洁、无污染的竹编、网眼篮子、篓筐或用绳子，禁止使用布袋、塑料袋等软包装材料盛装。

2. 初加工

（1）杜仲叶　北方产区秋季采叶时，一般天气晴朗，大气干燥，采用自然晾晒风干的方法，3～5天就可晒干；南方各产区也可用自然风干和烘干相结合的办法。经过各种方法干制后的树叶要及时包装，放干燥处贮存，防止回潮霉变。

（2）杜仲皮　剥下的树皮集中后，将皮的内面双双相对，层层重叠、压紧，堆积放置于平地，以稻草垫底，四面用稻草盖好，上盖木板，并加石块压平，再用稻草覆盖，经6～7天闷压发热（也叫发汗），使树皮内面呈暗紫色、紫褐色，即可取出晒干，呈板状；需刨去粗糙表皮，再分成各种规格打捆包装。（图9）

图9　杜仲皮发汗

（3）杜仲种子　收获杜仲种子，千粒重在42～130克之间。应阴干，不能在阳光下暴晒，干燥种子要求湿度在10%～14%。贮运过程应单独进行，防止被其他物质污染。收获的杜仲产品应有标签，注明其品种、产地、收获时间及操作方式。

杜仲种子和杜仲皮如图10所示。

图10　杜仲种子和杜仲皮

六、药典标准

2020年版《中国药典》收载了杜仲与杜仲叶。

（一）杜仲

1. 药材性状

本品呈板片状或两边稍向内卷，大小不一，厚3～7毫米。外表面淡棕色或灰褐色，有明显的皱纹或纵裂槽纹；有的树皮较薄，未去粗皮，可见明显的皮孔；内表面暗紫色，光滑。质脆，易折断，断面有细密、银白色、富弹性的橡胶丝相连。气微，味稍苦。（图11）

1cm

图11　杜仲药材

2. 鉴别

本品粉末棕色。橡胶丝成条或扭曲成团，表面呈颗粒性。石细胞甚多，大多成群，类长方形、类圆形、长条形或形状不规则，长约至180微米，直径20～80微米，壁厚，有的胞腔内含橡胶团块。木栓细胞表面观多角形，直径15～40微米，壁不均匀增厚，木化，有细小纹孔；侧面观长方形，壁三面增厚，一面薄，孔沟明显。

3. 浸出物

照醇溶性浸出物测定法项下的热浸法测定，用75%乙醇作溶剂，不得少于11.0%。

（二）杜仲叶

1. 药材性状

本品多破碎，完整叶片展平后呈椭圆形或卵形，长7～15厘米，宽3.5～7厘米。表面黄绿色或黄褐色，微有光泽，先端渐尖，基部圆形或广楔形，边缘有锯齿，具短叶柄。质脆，搓之易碎，折断面有少量银白色橡胶丝相连。气微，味微苦。

2. 鉴别

本品粉末棕褐色。橡胶丝较多，散在或贯穿于叶肉组织及叶脉组织碎片中，灰绿色，细长条状，多扭结成束，表面显颗粒性。上、下表皮细胞表面观呈类方形或多角形，垂周壁近平直或微弯曲，呈连珠状增厚，表面有角质条状纹理；下表皮可见气孔，不定式，较密，保卫细胞有环状纹理。非腺毛单细胞，直径10～31微米，有细小疣状突起，可见螺状纹理，胞腔内含黄棕色物。

3. 检查

水分　不得过15%。

4. 浸出物

照醇溶性浸出物测定法项下的热浸法测定，用稀乙醇作溶剂，不得少于16.0%。

七、仓储运输

1. 仓储

包装为符合国家标准的麻袋或塑料纺织袋。产品药材仓储要求符合NY/T 1056—2006《绿色食品 贮藏运输准则》的规定，贮存于通风干燥处，不得与有害有毒物品混放。在上述条件下，保质期36个月。

2. 运输

运输工具应清洁卫生，无污染；运输过程中应防日晒、雨淋，不得与有毒、有害物品混运。

八、药材规格等级

特等：干货。长×宽×厚：70厘米×50厘米×0.7厘米，碎块比例小于10%，无卷形、杂质、霉变。呈平板状，两端切齐，去净粗皮，表面呈灰褐色，里面呈黑褐色，质脆断处有胶丝相连，味微苦。

一级：干货。长×宽×厚：40厘米×40厘米×0.5厘米，碎块比例小于10%，无卷形、杂质、霉变。呈平板状，两端切齐，去净粗皮，表面呈灰褐色，里面呈黑褐色，质脆断处有胶丝相连，味微苦。

二级：干货。长×宽×厚：40厘米×30厘米×0.3厘米，碎块比例小于10%，无卷形、杂质、霉变。呈平板状，两端切齐，去净粗皮，表面呈灰褐色，里面呈黑褐色，质脆断处有胶丝相连，味微苦。

三级：干货。厚度小于0.2厘米，包括枝皮、根皮、碎块。无杂质、霉变。不符合特等、一级、二级的。

九、药用食用价值

杜仲全身是宝，开发利用价值巨大。在全国杜仲主产区经历了20世纪80～90年代快速发展的高潮期后，2000年进入平稳发展过渡期。随着习近平总书记提出"绿水青山就是金山银山"重要论断和国家林业局印发了《全国杜仲产业发展规划（2016—2030年）》的通知及2017年中央11部委联合发布《林业产业发展"十三五"规划》中又将"杜仲产业发展工程"确定为十一项重点工程后，全国杜仲产业再次进入发展的高潮期，各省级政府重视，企业参与势头强劲，工作集中在良种化建设和杜仲产业开发上。陕西南部是杜仲产业的中心区域，资源十分丰富，产业化开发早。以杜仲产业化开发为突破口，加快生物资源开发利用，是做大做强陕南中药产业，振兴陕南经济的重要途径。

杜仲作为树木，具有保水、保土，吸收二氧化碳、释放氧气的功能，木材无边材、心材之分，细腻光滑，用途广泛；作为药材，它的籽、叶、皮皆可入药，具有提高免疫、降脂降压、补肝补肾、强筋壮骨、安胎等功效。以它为原料可生产杜仲叶茶、杜仲雄花茶、杜仲调味品（酱油、醋）、杜仲饮料、杜仲酒等功能食品，开发杜仲化妆品和杜仲籽油、杜仲绿原酸及降压降脂等保健医药系列产品，可形成上亿元产业链。此外还可以作为原料生产特种工业材料，杜仲胶特殊功能的发掘探索目前只是初级阶段。

1. 临床常用

降血压、补肝肾，强筋骨，安胎气。适用于：①肝肾亏虚，证见眩晕、腰膝酸痛、筋骨痿弱等。多见于高血压病、眩晕症、脑血管意外后遗症、慢性肾脏疾病、脊髓灰质炎等。②肾气不固，证见尿频或尿有余沥、阴下湿痒、阳痿、孕妇体弱、胎动不安或腰坠痛等。多见于慢性前列腺疾病、性功能障碍、不育症、先兆流产或习惯性流产等。③用于慢性关节疾病、骨结核、痛经、功能失调性子宫出血、慢性盆腔炎等疾病而出现肝肾亏虚征候者。

2. 食疗及保健

（1）清补食品　杜仲具有补中益气功效，可治腰膝酸痛，下肢痿软，阳痿尿频；肝肾虚弱，妊娠下血，胎动不安，或习惯性流产；高血压病。每日10～15克。煎汤，浸酒，泡茶，入菜肴。①杜仲煨猪腰：杜仲10克，猪肾1个。猪肾剖开，去筋膜，洗净，用花椒、盐腌过；杜仲研末，纳入猪肾，用荷叶包裹，煨熟食。源于《本草权度》。本方主要以杜仲补肝肾、强腰止痛。用于肾虚腰痛，或肝肾不足，耳鸣眩晕，腰膝酸软。②杜仲爆羊肾：杜仲15克，五味子6克，羊肾2个。杜仲、五味子加水煎取浓汁；羊肾剖开，去筋膜，洗净，切成小块腰花放碗中，加入前汁、芡粉调匀，用油爆炒至嫩熟，以盐、姜、葱等调味食。源于《箧中方》。本方以杜仲补肾强腰，五味子补肾固精。用于肾虚腰痛，遗精尿频。③杜仲寄生茶：杜仲、桑寄生各等份。共研为粗末。每次10克，沸水浸泡饮。本方用二药补肝肾，降血压。用于高血压而有肝肾虚弱，耳鸣眩晕，腰膝酸软者。

（2）功能保健　在民间，杜仲常用于煲汤、炖肉，是公认的降压、防治腰膝酸软、除阴下痒湿的药材。随着人们保健意识的增强，我国生产杜仲保健品及食品的企业愈发增多。在一些杜仲主产区的饭店和餐馆内，添加杜仲烹饪的菜肴和食物也受到人们的青睐。在众多食谱及美食大全出版物中都有杜仲养生食谱的介绍，如杜仲腰花、川续断杜仲炖猪尾、杜仲炒蘑菇、牛膝杜仲汤、杜仲羊骨汤等等。同时，在保健方面，现代科学研究证实，杜仲叶与皮的化学成分基本一致，而杜仲叶中提取的绿原酸具有较广泛的抗菌作用；与咖啡酸相似，口服或腹腔注射时，可提高大鼠的中枢兴奋性；可增加大鼠及小鼠的小肠蠕动和大鼠子宫的张力；有利胆作用，能增进大鼠的胆汁分泌。对人有致敏作用，吸入含有本品的植物尘埃后，可发生气喘、皮炎等，但食入后可经小肠分泌物作用，变为无致敏性物质；有止血、增高白细胞及抗病毒作用，具有缩短血凝及出血时间的作用。2018年，杜仲叶已被原国家卫生和计划生育委员会列入《按照传统既是食品又是中药材的物质目录》中。

3. 工业用途

杜仲除是很好的木材和绿化树种外，还有很多工业用途，其皮、叶、种皮中含有杜仲胶。杜仲胶和古塔波橡胶的化学成分都是反-1,4-聚异戊二烯,是巴西橡胶的成分顺-1,4-聚异戊二烯的同分异构体,它们的物理性质大不相同。基于杜仲胶独特的结构与性能,可以开发出三大类不同用途的材料:橡胶高弹性材料、低温可塑性材料及热弹性材料,广泛应用于橡胶工业、航空航天、国防、船舶、化工、医疗、体育等各经济领域,产业覆盖面极广。(图12)

图12　杜仲胶制成的医用胶板

参考文献

[1]　张康健,张檀. 中国神树—杜仲[M]. 北京:经济管理出版社,1997.

[2]　冉懋雄. 杜仲[M]. 北京:科学技术文献出版社,2002.

[3]　何景峰,陈竹君,唐德瑞,等. 杜仲专用肥的研制及其综合效益分析[J]. 西北林学院学报,2001,16(4):37-40.

连翘

lian　qiao

本品为木犀科植物连翘*Forsythia suspensa*(Thunb.)Vahl的干燥果实。

一、植物特征

落叶灌木。枝开展或下垂，棕色、棕褐色或淡黄褐色，小枝土黄色或灰褐色，略呈四棱形，疏生皮孔，节间中空，节部具实心髓。叶通常为单叶，或3裂至三出复叶，叶片卵形、宽卵形或椭圆状卵形至椭圆形，长2～10厘米，宽1.5～5厘米，先端锐尖，基部圆形、宽楔形至楔形，叶缘除基部外具锐锯齿或粗锯齿，上面深绿色，下面淡黄绿色，两面无毛；叶柄长0.8～1.5厘米，无毛。花通常单生或2至数朵着生于叶腋，先于叶开放；花梗长5～6毫米；花萼绿色，裂片长圆形或长圆状椭圆形，长（5～）6～7毫米，先端钝或锐尖，边缘具睫毛，与花冠管近等长；花冠黄色，裂片倒卵状长圆形或长圆形，长1.2～2厘米，宽6～10毫米；在雌蕊长5～7毫米花中，雄蕊长3～5毫米，在雄蕊长6～7毫米的花中，雌蕊长约3毫米。果卵球形、卵状椭圆形或长椭圆形，长1.2～2.5厘米，宽0.6～1.2厘米，先端喙状渐尖，表面疏生皮孔；果梗长0.7～1.5厘米。花期3～4月，果期7～9月。（图1）

图1 连翘

二、资源分布情况

主产于山西、陕西、河南、河北、山东、安徽西部、河南、湖北、四川；太行山、秦岭东段、子午岭山系、黄龙山系为其分布核心区，近年来全国均有引种栽植。生山坡灌丛、林下或草丛中，或山谷、山沟疏林中，海拔250～2200米。我国除华南地区外，其他各地均有栽培。

三、生长习性

连翘喜温暖气候，适应性强，耐寒、耐瘠薄，喜阳光充足，对土壤要求不严，一般在中性、碱性或微酸性土壤中都能达到正常生长状态，在富含腐殖质的土壤环境中生长最好。连翘的根系较为发达，主根虽然不是特别明显，但其他侧根都比较粗且长，在主根的周围伸展很广泛，对吸收和固土能力有很大的增强效果。在富含腐殖质的土壤环境中生长最好，枝条有更强的萌发力，混生于各种灌木杂草中，多丛生于山野荒坡间，各地亦有栽培。连翘植株适宜分布于亚热带、暖温带的气候，海拔为600～2000米光照充足的山坡或半阴山坡的稀疏灌丛。连翘群落一般为散生和丛状分布，常见于山间的荒坡上、灌丛、林下或者天然次生林区的林间空地、林缘荒地、山沟疏林中，在无高大乔木的山坡地上可形成以连翘为主的自然植被群落，且有利于连翘生长结果，在海拔900米以下或1300米以上的地区，则易形成与其他乔木、灌木和草本的混生植被群落，这限制了连翘的光照和生长，导致连翘长势较差，结果量较少。

四、栽培技术

1. 种植材料

连翘种子应选择生长健壮且枝条较短的植株作为母株，选择果实饱满，且无病虫害的单株种子。

2. 选地与整地

（1）选地　选择土层深厚、疏松肥沃、排水良好的砂壤土，栽植地宜选择土壤肥沃、质地疏松的背风向阳山坡。

（2）整地　秋季翻耕，深20～25厘米，拣去石块、杂草、根叉等，耙细整平。直播地按行距2米，株距1.3米挖穴，穴深与穴径30～40厘米，育苗地作成1米宽的平畦，移栽定植地按行距1.5米，株距1.3米，穴宽、深各60厘米挖穴，每穴施有机肥5千克与土混匀。

3. 播种与移栽

（1）种子的处理　采种在秋季，将成熟的连翘果实采集后晾干，然后以敲打的方式得到种子，装于干净的布袋中，在5～10℃条件下储存。第二年3月上旬进行催芽，催芽时将种子置于赤霉素与75%乙醇比例为1∶2000的溶液中浸泡4小时，以打破种子休眠，再将种子与湿河沙按照重量比为1∶800的比例混匀，在10～20℃温度条件下放置30天即可发芽。（图2）

图2　连翘种子

（2）播种　连翘种子发芽后，播种前要在播种地块进行开沟处理，然后将细沙与种子一起撒入沟内，覆土后进行压实，并盖上草帘，防止干燥。覆土后还要喷洒除草剂，杀死幼草，但在种子种下10小时内不要浇水。待幼苗长出5厘米左右再进行间苗，选择大苗壮苗，同时结合除草浇水保持幼苗植株间距在5厘米左右为最佳。种植一个月后，结合浇水的同时进行施肥和除草，当幼苗长到15厘米时定苗，并加强田间管理和除草管理。

（3）移栽　连翘育苗后一般在第二年春季进行移栽，如果将连翘成片种植，当秋季种子成熟时自然落地，会长出很多小苗，当苗数量不多时可用这种自然方法进行育苗。移栽时需要将幼苗连带根系土壤一起挖出，栽植前挖种植穴，种植穴直径30厘米左右，穴之间距离大概150厘米，种植穴内要放入复合肥5千克，并将幼苗移栽入穴内。再进行填土，填到一半时要将幼苗轻轻向上提，以促进幼苗根系舒展，将土填满踩实即可。如果移栽后的土壤比较干燥则需要及时浇水。（图3）

4. 田间管理

（1）中耕除草　连翘移栽后要在每年冬天进行一次松土和除草处理，同时结合施肥，以饼肥和土杂肥为主。连翘幼苗在生长期可以早期进行间作和矮秆处理，同时结合浇水和施肥。

（2）合理施肥　连翘定植后3年要进行施肥，以尿素为主，量控制在每亩225千克；定植5年后也要进行施肥，以氮肥、磷肥和钾肥混合为主，量控制在每亩600千克。

（3）灌溉与排水　连翘移栽后在干旱时期要进行浇水；如果在雨季要进行排水处理，挖排水沟以排出积水。

（4）整形剪枝　连翘移栽后的第一个冬季，当树叶落完后，需要在主枝距离地面大概70厘米处进行剪枝处理，第二年夏天要进行摘心处理以促进连翘侧枝发育。剪枝后主枝上

图3　连翘幼苗

要留4个左右的壮枝以备培育副主枝用。连翘生长几年后通过剪枝修理基本可以形成外圆内空、透光性好的外形，这种树形适合连翘进行光合作用，并有利于养分的吸收。之后在每年冬季都要进行枯枝的修剪，同时对于交叉枝和病枝进行剪掉处理，对衰老的、多年生的、结果的枝群进行剪短处理，以促进主干生出新的壮枝，使连翘恢复生长并提高结果率。

连翘种植基地如图4所示。

图4　连翘种植基地

5. 病虫害防治

（1）叶斑病　系真菌侵袭感染所致，一般在5月下旬开始发病，7～8月达到高峰期。

防治方法　加强水肥管理，均衡营养，忌偏施氮肥；枝干涂白可起到预防病害作用；早期发现病害，及早喷施多菌灵可湿性颗粒剂800倍液，或百菌清可湿性颗粒剂1300倍液进行防治。

（2）蜗牛　主要危害花和幼果，甚至危害幼芽及嫩茎。

防治方法　一般在雨后或阴天活动较频繁，此时借助简单器具即可进行捕捉，也可利用其特殊的生活习性，设计堆积、诱杀；在蜗牛产卵季，可用农药蜗克星颗粒剂或灭蜗灵颗粒剂于天气温暖且土表干燥的傍晚，在植株根部均匀撒施，防治效果较为显著。

（3）吉丁虫　成虫羽化前通过剪除虫枝并集中处理，消灭幼虫和蛹；成虫发生时可用90%固体敌百虫500～1000倍液喷雾防治，或把50%马拉硫磷乳油稀释成1500～2500倍液，进行喷雾防治，效果均佳。

（4）钻心虫　用80%敌敌畏原液药棉堵塞虫孔予以毒杀，或者直接剪除受害植株。

五、采收加工

秋季果实初熟尚带绿色时，摘下青色果实，除去杂质，蒸熟，晒干，习称"青翘"；果实熟透时采收，色黄，除去杂质，晒干，习称"黄翘"或"老翘"。

六、药典标准

1. 药材性状

本品呈长卵形至卵形，稍扁，长1.5～2.5厘米，直径0.5～1.3厘米。表面有不规则的纵皱纹和多数突起的小斑点，两面各有1条明显的纵沟。顶端锐尖，基部有小果梗或已脱落。青翘多不开裂，表面绿褐色，突起的灰白色小斑点较少；质硬；种子多数，黄绿色，细长，一侧有翅。老翘自顶端开裂或裂成两瓣，表面黄棕色或红棕色，内表面多为浅黄棕色，平滑，具一纵隔；质脆；种子棕色，多已脱落。气微香，味苦。

2. 鉴别

本品果皮横切面：外果皮为1列扁平细胞，外壁及侧壁增厚，被角质层。中果皮外侧薄壁组织中散有维管束；中果皮内侧为多列石细胞，长条形、类圆形或长圆形，壁厚薄不一，多切向镶嵌状排列。内果皮为1列薄壁细胞。

3. 检查

（1）杂质　青翘不得过3%；老翘不得过9%。

（2）水分　不得过10.0%。

（3）总灰分　不得过4.0%。

4. 浸出物

照醇溶性浸出物测定法项下的冷浸法测定，用65%乙醇作溶剂，青翘不得少于30.0%；老翘不得少于16.0%。

七、仓储运输

1. 仓储

本品易受潮发霉、遭虫蛀，应置通风干燥处保存，温度30℃以下，相对湿度70%～75%，安全水分为8.0%～10.0%。贮藏期间，应保持整洁干燥。多采用现代贮藏保管新技术、新设备，如冷冻气调等。库房工作人员必须履行职责，确保连翘药材产品质量。

2. 运输

用车、船运输，要求车厢干净通风，有防雨篷布，注意防雨、防潮，以免发霉。凡近期装运过化肥、农药、禽畜、有毒物品的，且未经清洁消毒的不得装运连翘。要整车或专车装运，不能与有毒、有害物品及易串味、易混淆、易污染的物品同车混装，装运连翘时，必须同随运人当面查清件数、数量，随运人、发货人、司机均要在发货清单上签名。不能及时运出的连翘，包装后及时入库保存，不得露天堆放。

八、药材规格等级

1. 青翘

呈狭卵形至卵形，两端狭长，长1.5～2.5厘米，直径0.5～1.3厘米。表面有不规则的纵皱纹且突起的灰白色小斑点较少，两面各有1条明显的纵沟；多不开裂，表面青绿色，绿褐色。质坚硬，气芳香、味苦，无皱缩。分为选货和统货两个等级。（图5）

选货：果柄残留率＜10%。

统货：不做要求。

1cm

图5　青翘药材

2. 老翘

呈长卵形或卵形，两端狭尖，多分裂为两瓣，长1.5～2.5厘米，直径0.5～1.3厘米。表面有一条明显的纵沟和不规则的纵皱纹及凸起小斑点，间有残留果柄，表面棕黄色，内面浅黄棕色，平滑，内有纵隔。质坚脆。种子多已脱落。气微香，味苦。（图6）

1cm

图6　老翘药材

九、药用价值

连翘具有清热解毒，消肿散结，疏散风热的功效。味苦，性微寒。归肺、心、小肠经。

1. 抗炎

抗炎是连翘发挥消肿散结功效的主要药理作用之一。以连翘70%甲醇提取物和正己烷可溶物灌胃由醋酸致腹腔毛细血管通透性改变的早期炎症模型小鼠，能抑制醋酸致小鼠腹腔的染料渗出；连翘甲醇提取物以1.0、3.0克/千克剂量灌胃由角叉菜胶致足肿胀的早期炎症模型大鼠，能抑制其肿胀，同样用甲醇提取物1.0、3.0克/千克剂量连续5天灌胃棉球肉芽肿的晚期炎症模型大鼠，可抑制棉球肉芽组织增生。

2. 解热

连翘酯苷腹腔注射酵母致发热模型的大鼠和LPS致发热的家兔，实验表明连翘酯苷具有解热作用，能显著抑制发热模型动物的体温升高。

3. 抗菌

连翘抗菌谱广，对多种G^+、G^-、结核杆菌等有抑制作用。总体上表现出对金黄色葡萄球菌等G^+菌抗菌作用强，对伤寒杆菌、奇异变形杆菌等G^-菌抗菌作用弱。青翘、老翘的抗菌作用也表现出差异，青翘对金黄色葡萄球菌和微球菌效果好，对大肠埃希菌有一定抑菌作用，而老翘对表皮葡萄球菌和微球菌抑菌效果好。

4. 降血脂

连翘苷灌胃营养性高脂血症小鼠17天，血浆中TG、TC、LDL-C和AI均降低，HDL-C上升，表明其有降血脂的作用，提示连翘苷是连翘叶中具有降血脂作用的活性成分之一。

5. 镇吐止呕

对于用阿扑吗啡、硫酸铜、顺铂建立的大鼠异食癖模型，连翘对这3种催吐剂引起的异食癖均有显著抑制作用，说明连翘具有良好的镇吐止呕作用。

参考文献

[1]　中国科学院中国植物志编委会. 中国植物志[M]. 北京：科学出版社，1993：18.

[2]　渠晓霞，毕润成. 连翘种群生物学特征与种质资源研究[J]. 山西师范大学学报（自然科学版），2004，18（3）：76-80.

[3]　李红莲. 连翘规范化栽培技术初探[J]. 农民致富之友，2018（13）：47.

[4]　郭丁丁，张潞，朱秀峰. 中药连翘种质资源调查报告[J]. 时珍国医国药，2012，23（10）：2601-2603.

[5]　张文娟，姚媛，何丹华. 连翘的栽培技术[J]. 农村经济与科技，2018，29（22）：36.

[6]　刘倩倩. 连翘育苗繁殖及栽培管理技术[J]. 农业科技与信息，2017（13）：79+81.

[7]　王云鹏. 连翘育苗及栽培技术[J]. 吉林农业，2018（12）：94-95.

[8]　高文静. 连翘育苗与栽培技术[J]. 山西林业，2017（5）：40-41.

[9]　康廷国. 中药鉴定学[M]. 北京：中国中医药出版社，2007.

[10] 卫莹芳. 中药材采收加工及贮运技术[M]. 北京：中国医药科技出版社，2007.

[11] 袁岸，赵梦洁，李燕，等. 连翘的药理作用综述[J]. 中药与临床，2015，6（5）：56－59.

皂角刺
zao jiao ci

本品为豆科植物皂荚*Gleditsia sinensis* Lam.的干燥棘刺。

一、植物特征

落叶乔木或小乔木，高可达30米；枝灰色至深褐色；刺粗壮，圆柱形，常分枝，多呈圆锥状，长达16厘米。叶为一回羽状复叶，长10～18（26）厘米；小叶3～9对，纸质，卵状披针形至长圆形，长2～8.5厘米，宽1～4厘米，先端急尖或渐尖，顶端圆钝，具小尖头，基部圆形或楔形，有时稍歪斜，边缘具细锯齿，上面被短柔毛，下面中脉上稍被柔毛；网脉明显，在两面凸起；小叶柄长1～2毫米，被短柔毛。花杂性，黄白色，组成总状花序；花序腋生或顶生，长5～14厘米，被短柔毛。雄花：直径9～10毫米；花梗长2～8毫米；花托长2.5～3毫米，深棕色，外面被柔毛；萼片4，三角状披针形，长3毫米，两面被柔毛；花瓣4，长圆形，长4～5毫米，被微柔毛；雄蕊8；退化雌蕊长2.5毫米。两性花：直径10～12毫米；花梗长2～5毫米；萼、花瓣与雄花的相似，惟萼片长4～5毫米，花瓣长5～6毫米；雄蕊8；子房缝线上及基部被毛（偶有少数湖北标本子房全体被毛），柱头浅2裂；胚珠多数。荚果带状，长12～37厘米，宽2～4厘米，劲直或扭曲，果肉稍厚，两面鼓起，或有的荚果短小，多少呈柱形，长5～13厘米，宽1～1.5厘米，弯曲作新月形，通常称猪牙皂，内无种子；果颈长1～3.5厘米；果瓣革质，褐棕色或红褐色，常被白色粉霜；种子多颗，长圆形或椭圆形，长11～13毫米，宽8～9毫米，棕色，光亮。花期3～5月，果期5～12月。（图1）

图1　皂荚

二、资源分布概况

主产于河北、山东、河南、山西、陕西、甘肃、江苏、安徽、浙江、江西、湖南、湖北、福建、广东、广西、四川、贵州、云南等省区。生于山坡林中或谷地、路旁，海拔自平地至2500米均有分布。常栽培于庭院或宅旁。

三、生长习性

皂荚性喜光而稍耐阴，喜温暖湿润的气候及深厚肥沃、适当湿润的土壤，但对土壤要求不严，在石灰质及盐碱甚至黏土或砂土里均能正常生长。皂荚的生长速度慢但寿命很长，可达六七百年，属于深根性树种，需要6～8年的营养生长才能开花结果，但是其结实期可长达数百年。

四、栽培技术

1. 种植材料

播种育苗选择树干通直、生长健壮、丰产性好、种子饱满、树龄30～100年的盛果期成年母树，于10月份采种。采收的果实要摊开曝晒，晒干后将荚果砸碎，或用石碾压碎，量大时应进行机械加工，可大大提高工效，荚果破碎后，筛去果皮，进行风选。精选出的种子阴干后，装袋干藏。

2. 选地与整地

（1）选地　皂角生长较慢，对土壤适应性广，只要排水良好即可，山区、平坝、边角隙地均可栽植，在石灰质及盐碱甚至黏土或砂土上均能正常生长。最好选择土层深厚、肥沃、通气良好，不积水，土壤湿润的壤土或砂壤土建园。皂荚喜光不耐庇荫，山地建园最好选在背风向阳的南坡，温暖的小气候条件将为皂荚提供最适宜的生长环境；平地、沙滩建园应选在不易积水的地方。

（2）整地　一般苗圃地的耕地深度最好在30～35厘米，苗圃地轮作区的农作物或绿肥作物收割后进行浅耕，浅耕的深度一般为4～7厘米。而在生荒地或旧采伐迹地上开辟的苗圃地，由于杂草根系盘结紧密，浅耕灭茬要适当加深，可达10～15厘米。冬季整地还可以冻垡、晒垡，促进土壤熟化。结合整地施入充分腐熟的有机肥2000～3000千克/亩、复合肥50千克/亩，深耕30厘米。苗圃地耕匀耙细后做成苗床，苗床分为平床和高床，床面一般宽120～150厘米。多采用平床，床埂高10～15厘米、宽20～30厘米，修建简单，灌溉方便。但平畦容易积水，所以在雨水多或地势较低的地方，应采用高床，床面高度以有利于积水排出为准，一般高出地面15～30厘米，床面宽100～120厘米，两侧步道宽30厘米左右，床面平整细致。

3. 播种

干藏的种子播种前40天左右，用80℃的温水浸种后混湿沙催芽，当裂嘴种子数达30%以上时即可条播。3月播种，采用阔幅条播。条距25厘米，播种20～30粒/米。播种前苗床要灌透水，播后覆土3～4厘米，并经常保持土壤湿润，随即用小水浇1次，然后用草、秸秆等材料覆盖，约20天后苗出齐，撤去稻草。

4. 田间管理

（1）幼林抚育

①中耕除草、留树盘：造林后3年内的幼林留1平方米的树盘。每年6～7月进行中耕除草。幼林抚育以除草、培土为主，每年10月份进行垦抚。垦抚不宜深挖，以免伤及幼树根系。

②施肥：以施有机肥为主，可兼施氮、磷、钾复合肥。年施肥量折合复合肥0.25～0.5千克/株，1年2次，第1次在3月中旬，第2次在6月上中旬。造林后1～3年，离幼树30厘米处沟施。3年后，沿幼树树冠投影线沟施。

③套种：坡度平缓的幼林地或坡耕地造林可套种花生、豆类、小辣椒、桔梗、丹参、药用牡丹、白术、板蓝根、柴胡、地黄等经济作物、中草药材或禾本科绿肥。作物与皂荚间应保持100厘米的距离。

（2）成林管理

①垦抚：皂荚刺采收后（每年冬春），逐年向树干外围深挖垦抚，范围稍大于皂荚树冠投影面积。垦出的石块依自然地形在皂荚树下砌成水平带。

②除草：皂荚林地以少动土为好，每年夏季，清除杂草和黑麦草等绿肥，清除的杂草和绿肥等覆盖在树盘底下，厚度15～20厘米，上压少量细土。化学除草采用百草枯，1年当中喷洒3次即可除去杂草。

③施肥：1年2次，第1次在3月上中旬，促进枝梢生长发育，第2次在6月上旬，促进皂角刺生长发育，提高产量、质量，也可在采收后施肥。

5. 病虫害防治

（1）炭疽病　将病株残体彻底清除并集中销毁，减少侵染源；加强管理，保持良好的透光通风条件；发病期间可喷施1：1：100波尔多液，或65%代森锌可湿性粉剂600～800倍液。

（2）立枯病　该病为土壤传播，应实行轮作；播种前，种子用多菌灵800倍液杀菌；加强田间管理，增施磷钾肥，使幼苗健壮，增强抗病力；出苗前喷1：2：200波尔多液1次，出苗后喷50%多菌灵溶液1000倍液2～3次，保护幼苗；发病后及时拔除病株，病区用50%石灰乳消毒处理3次。

（3）白粉病　对重病的植株可以在冬季剪除所有当年生枝条并集中烧毁，从而彻底清除病源；田间栽培要控制好栽培密度，并加强日常管理，注意增施磷、钾肥，控制氮肥的施用量，以提高植株的抗病性；注意选用抗病品种；生长季节发病时可喷洒80%代森锌可湿性粉剂500倍液，或70%甲基托布津1000倍液，或20%粉锈宁（即三唑酮）乳油1500倍液，以及50%多菌灵可湿性粉剂800倍液。

（4）褐斑病　及早发现，及时清除病枝、病叶，并集中烧毁，以减少病菌来源；加强栽培管理、整形修剪，使植株通风透光；发病初期，可喷洒50%多菌灵可湿性粉剂500倍液，或65%代森锌可湿性粉剂1000倍液，或75%百菌清可湿性粉剂800倍液。

（5）煤污病　加强栽培管理，合理安排种植密度；及时修剪病枝和多余枝条，以利于通风、透光；对上年发病较为严重的田块，可在春季萌芽前喷洒3～5波美度的石硫合剂，以消灭越冬病源；对生长期遭受煤污病侵害的植株，可喷洒70%甲基托布津可湿性粉剂1000倍液，或50%多菌灵可湿性粉剂1000倍液以及77%可杀得可湿性粉剂600倍液等进行防治。

（6）蚜虫　是一种体小而柔软的常见昆虫，常危害植株的顶梢、嫩叶，使植株生长不良。

防治方法　可用水或肥皂水冲洗叶片，或摘除受害部分；消灭越冬虫源，清除附近杂草，彻底清洁田园；蚜虫危害期喷洒敌敌畏1200倍液。

（7）凤蝶　幼虫在7～9月咬食叶片和茎。

防治方法　人工捕杀或用90%的敌百虫500～800倍液喷施。

（8）蚧虫　常危害植株的枝叶，群集于枝、叶上吸取养分。高温、高湿及通风透光不良的环境是蚧虫盛发的适宜条件。

防治方法　注意改善通风透光条件；蚧虫自身的传播范围很小，做好检疫工作，不用带虫的材料，是最有效的防治措施；如果已发生虫害，可用竹签刮除蚧虫，或剪去受害部分，危害期喷洒敌敌畏1200倍液。

五、采收加工

1. 采收

（1）采收时期　晚秋初冬进行采收。

（2）采收方法　三、四年生树采棘刺时，首先考虑树形的培养，留好骨干枝和枝组。一级骨干枝留60～70厘米短截，二级骨干枝留40～50厘米短截，其余枝条疏除。然后将主干、一、二级骨干枝上棘刺与其余枝条上的棘刺用修枝剪分别采收，分别存放。剪棘刺时将棘刺从基部剪掉，注意不要带木质部。五年生以上树采棘刺时将主干、一、二级骨干枝上棘刺与其余枝条上的棘刺用修枝剪分别采收，分别存放。剪棘刺时将棘刺从基部剪掉，注意不要带木质部。（图2）

（3）注意事项　由于修剪了大量的枝条，采刺过程要尽量减少对树体造成不必要的创伤，修剪口一定要平滑，以利愈合；剪除大枝用手锯时，锯口要平，不留桩；否则容易造成伤口木质部枯死或腐烂；严禁用斧子砍大枝；锯除后的枝条伤口，要用锋利的刀子削平；直径在一厘米以上的伤口要涂愈伤防腐膜，不能让伤口暴露在空气中，以免造成干裂。由于采刺采掉了大量的枝条，应当结合冬剪施入足量的有机肥料，以弥补养分损失。

图2　皂荚棘刺

2. 加工

放在通风的地方阴干至含水量小于18%。

六、药典标准

1. 药材性状

本品为主刺和1～2次分枝的棘刺。主刺长圆锥形，长3～15厘米或更长，直径0.3～1厘米；分枝刺长1～6厘米，刺端锐尖。表面紫棕色或棕褐色。体轻，质坚硬，不易折断。切片厚0.1～0.3厘米，常带有尖细的刺端；木部黄白色，髓部疏松，淡红棕色；质脆，易折断。气微，味淡。（图3）

1cm

图3　皂角刺

2. 鉴别

本品横切面：表皮细胞1列，外被角质层，有时可见单细胞非腺毛。皮层为2～3列薄壁细胞，细胞中有的含棕红色物。中柱鞘纤维束断续排列成环，纤维束周围的细胞有的含草酸钙方晶，偶见簇晶，纤维束旁常有单个或2～3个相聚的石细胞，壁薄。韧皮部狭窄。形成层成环。木质部连接成环，木射线宽1～2列细胞。髓部宽广，薄壁细胞含少量淀粉粒。

七、仓储运输

1. 仓储

存放在通风良好的库房，存放时地面垫10～15厘米的枕木。

2. 运输

运输工具必须清洁、干燥、无异味、无污染，具有良好的通气性，运输过程中应注意防雨淋、防潮、防曝晒。同时不得与其他有毒、有害、有污染、易串味的物质混装。

八、药材规格等级

一等：主刺长10～15厘米或更长，直径≥0.5厘米，分刺长1～6厘米。
二等：主刺长4～8厘米或更长，直径≥0.4厘米，分刺长1～4厘米。
三等：主刺长2～5厘米或更长，直径≥0.3厘米，分刺长1～3厘米。

九、药用价值

1. 乳腺增生

皂角刺颗粒配合西药治疗，能够有效减轻乳腺导管肿胀，缩小增生腺体块状组织，临床使用安全可靠。

2. 抗凝血

皂角刺治疗风热伤络型过敏性紫癜皮疹，血热妄行证兼有扁桃体肿大者，长期使用激素治疗紫癜性肾炎患者出现痤疮者，均取得良好的效果，皂角刺对治疗重症痤疮和结节性痒疹也有显著的疗效。

参考文献

[1] 中国科学院中国植物志编委会. 中国植物志[M]. 北京：科学出版社，1993：18.

[2] 邓运川，赵厚星. 皂荚栽培技术[J]. 中国花卉园艺，2017（6）：52-53.

[3] 文清岚，时德瑞，陈江平，等. 浅谈皂刺的栽培技术[J]. 农业与技术，2016，36（9）：94-95.

[4] 张长征. 皂荚栽培技术及应用[J]. 现代农村科技，2013（18）：55.

[5] 孙雪琴，哈斯也提，李志刚. 皂荚的栽培及管理[J]. 农村科技，2010（7）：91-92.

[6] 范定臣. 中原地区皂荚栽培技术[M]. 郑州：黄河水利出版社，2015.

[7] 张敏，辛义周. 皂角刺现代研究及临床应用[J]. 齐鲁药事，2005（3）：164-165.

xin　yi

辛夷

本品为木兰科植物望春花*Magnolia biondii* Pamp.、玉兰*Magnolia denudata* Desr.或武当玉兰*Magnolia sprengeri* Pamp.的干燥花蕾。

一、植物特征

1. 望春花

野生落叶乔木，高可达12米，胸径达1米；树皮淡灰色，光滑；小枝细长，灰绿色，直径3～4毫米，无毛；顶芽卵圆形或宽卵圆形，长1.7～3厘米，密被淡黄色展开长柔毛。叶椭圆状披针形、卵状披针形、狭倒卵或卵形，长10～18厘米，宽3.5～6.5厘米，先端急尖，或短渐尖，基部阔楔形，或圆钝，边缘干膜质，下延至叶柄，上面暗绿色，下面浅绿色，初被平伏棉毛，后无毛；侧脉每边10～15条；叶柄长1～2厘米，托叶痕为叶柄长的1/5～1/3。花先叶开放，直径6～8厘米，芳香；花梗顶端膨大，长约1厘米，具3苞片脱落痕；花被9，外轮3片紫红色，近狭倒卵状条形，长约1厘米，中内两轮近匙形，白色，外面基部常紫红色，长4～5厘米，宽1.3～2.5厘米，内轮的较狭小；雄蕊长8～10毫米，花药长4～5毫米，花丝长3～4毫米，紫色；雌蕊群长1.5～2厘米。聚合果圆柱形，长8～14厘米，常因部分不育而扭曲；果梗长约1厘米，径约7毫米，残留长绢毛；蓇葖浅褐色，近圆形，侧扁，具凸起瘤点；种子心形，外种皮鲜红色，内种皮深黑色，顶端凹陷，具V形槽，中部凸起，腹部具深沟，末端短尖不明显。花期3月，果期9月。（图1）

图1　望春花

2. 玉兰

落叶乔木，高达25米，胸径1米，枝广展形成宽阔的树冠；树皮深灰色，粗糙开裂；小枝稍粗壮，灰褐色；冬芽及花梗密被淡灰黄色长绢毛。叶纸质，倒卵形、宽倒卵形或倒卵状椭圆形，基部徒长枝叶椭圆形，长10～15（18）厘米，宽6～10（12）厘米，先端宽圆、平截或稍凹，具短突尖，中部以下渐狭成楔形，叶上深绿色，嫩时被柔毛，后仅中脉及侧脉留有柔毛，下面淡绿色，沿脉上被柔毛，侧脉每边8～10条，网脉明显；叶柄长1～2.5厘米，被柔毛，上面具狭纵沟；托叶痕为叶柄长的1/4～1/3。花蕾卵圆形，花先叶开放，直立，芳香，直径10～16厘米；花梗显著膨大，密被淡黄色长绢毛；花被片9片，白色，基部常带粉红色，近相似，长圆状倒卵形，长6～8（10）厘米，宽2.5～4.5（6.5）厘米；雄蕊长7～12毫米，花药长6～7毫米，侧向开裂；药隔宽约5毫米，顶端伸出成短尖头；雌蕊群淡绿色，无毛，圆柱形，长2～2.5厘米；雌蕊狭卵形，长3～4毫米，具长4毫米的锥尖花柱。聚合果圆柱形（庭院栽培种常因部分心皮不育而弯曲），长12～15厘米，直径3.5～5厘米；蓇葖厚木质，褐色，具白色皮孔；种子心形，侧扁，高约9毫米，宽约10毫米，外种皮红色，内种皮黑色。花期2～3月（亦常于7～9月再开一次花），果期8～9月。（图2）

图2 玉兰

3. 武当玉兰

落叶乔木，高可达21米，树皮淡灰褐色或黑褐色，老干皮具纵裂沟，成小块片状脱落。小枝淡黄褐色，后变灰色，无毛。叶倒卵形，长10～18厘米，宽4.5～10厘米，先端急尖或急短渐尖，基部楔形，上面仅沿中脉及侧脉疏被平伏柔毛，下面被平伏细柔毛，叶柄长1～3厘米；托叶痕细小。花蕾直立，被淡灰黄色绢毛，花先叶开放，杯状，有芳香，花被片12（14），近相似，外面玫瑰红色，有深紫色纵纹，

图3 武当玉兰

倒卵状匙形或匙形，长5～13厘米，宽2.5～3.5厘米，雄蕊长10～15毫米，花药长约5毫米，稍分离，药隔伸出呈尖头，花丝紫红色，宽扁；雌蕊群圆柱形，长2～3厘米，淡绿色，花柱玫瑰红色。聚合果圆柱形，长6～18厘米；蓇葖扁圆，成熟时褐色。花期3～4月，果期8～9月。（图3）

二、资源分布概况

1. 望春花

产于陕西、甘肃、河南、湖北、四川等省。生于海拔600~2100米的山林间。山东青岛有栽培。

2. 玉兰

产于江西（庐山）、浙江（天目山）、湖南（衡山）、贵州。生于海拔500~1000米的林中。现全国各大城市园林广泛栽培。

3. 武当玉兰

产于陕西（略阳、留坝、平利、陇县）、甘肃南部、河南西南部、湖北西部、湖南西北部（桑植）、四川东部和东北部。生于海拔1300~2400米的山林间或灌丛中。

三、生长习性

喜阳光和温暖湿润的气候。对温度很敏感，南北花期可相差4~5个月之久，即使在同一地区，每年花期早晚变化也很大。对低温有一定的抵抗力，能在−20℃条件下安全越冬。玉兰为肉质根，故不耐积水，低洼地与地下水位高的地区都不宜种植。根际积水易落叶，或根部窒息致死。肉质根系损伤后，愈合期较长，故移植时应尽量多带土球。最宜在酸性、富含腐殖质而排水良好的地域生长，微碱土也可。

四、栽培技术

1. 种植材料

生产以无性繁殖为主，多使用嫁接的方法，嫁接一般在初夏进行。为提高嫁接成活率，嫁接时砧木应选和接穗具有强亲和力、适应性强、抗逆性强、能使玉兰树提早成蕾的一年生（或二年生）玉兰苗。而所选的接穗要从已结蕾的丰产优质树上采集向阳部位、品质好的老熟枝条，所采接穗要保持水分。

2. 选地与整地

（1）选地　玉兰同大多数喜阳光植物一样，在可适应的阳光照射下，生长较好，对土壤条件有一定适应能力，能在土质肥沃、土壤疏松、疏水良好、坡度较缓（16°以下）的砂质壤土和酸性至微酸性壤土上生长迅速，其适应性较强，在山区、丘陵、平地以及房前屋后零星地块均可栽培。但在土质黏重、低洼易积水的沟渠不宜种植。

（2）整地　一般情况下，一年四季都可整地，但应根据具体情况而定，玉兰最好秋、冬两季整地，次年春季栽培；若造林地土质较硬，砂砾石子较多，土壤不肥沃则应在伏天整地，适量施肥蓄水，保持土壤肥力。整地时多挖穴状坑，挖穴时将表土与新土区分放置，表土与农家肥混合再填回，按照造林地设计的株行距，以每株定植点为中心，15～20厘米直径挖穴，修筑鱼鳞坑，以达到保水、保土、保肥的目的。玉兰适应性和抗逆性均较强，对环境条件要求不严，但选择向阳、土层深厚、疏松肥沃、排水良好的砂质壤土栽培，可充分发挥其速生特性。苗圃地应冬季翻耕风化，早春浅耕。耕前施入腐熟有机肥料，并进行土壤消毒。翻耕后耙平，床面整成龟背形，以防渍水。

3. 繁殖方法

玉兰的繁殖可采用嫁接、压条、扦插、播种等方法，其中最常用的是嫁接和压条两种。

（1）播种繁殖　由于气候原因，在我国一般不能结果收种，所以此法不一定适用。播种繁殖必须掌握种子的成熟期，当果实变成红色将要绽裂时采摘，因为早采不发芽，迟采易脱落。采下果实后经薄摊处理，将带红色外种皮的果实放在冷水中浸泡搓洗，除去外种皮后，取出种子晾干，再做层积处理。到第2年2～3月播种，一年生苗高可达30厘米左右。培育大苗时要在第2年春移栽，适当截切主根，重施基肥，控制密度，3～5年可培育出树冠完整、少量花蕾、株高3米以上的合格苗木。定植2～3年后，进入盛花期。此种苗木生长势旺盛，适应力强，其效果不亚于嫁接繁殖的苗木。

（2）扦插繁殖　扦插时间对成活率的影响很大，一般5～6月进行，插穗以幼龄树的当年生枝成活率最高。用0.005%萘乙酸浸泡基部6小时，可提高生根率。

（3）嫁接繁殖　有两种嫁接方法，即靠接和切接。嫁接后要注意水肥管理，尤其在刚接时要注意遮光，以保持水分，防止接穗和芽过干而失去生活力，影响成活率。

①靠接：一般以木兰作砧木，于6～7月梅雨季节进行。砧木与接穗均为1厘米为宜，各削去皮层及木质部4～5厘米，削面要光、油滑，两者靠近密接后用麻绳、塑料薄膜扎

紧，2～3个月后，剪去木兰的上部和玉兰接穗的下部，并留玉兰接穗，下部离接合处6～9厘米，随即壅土埋上，使接穗生根。这种使接穗也生根的幼苗，称双脚玉兰，生长好，寿命长。

②切接：用一、二年生粗壮的木兰作砧木，3月中旬嫁接，20～30天后顶芽抽发叶片，10～11月上盆，移入温室栽培，当年生苗高达60～80厘米，比靠接生长快。

（4）压条繁殖　有普通压条和高枝压条两种。

①普通压条：压条最好在2～3月进行，将所要压取的枝条基部割进一半深度，再向上割开1段，中间卡1块瓦片，接着轻轻压入土中，不使折断，用"U"形粗铁丝插入土中，将其固定，防止翘起，然后堆土。春季压条，待发出根芽后即可切离分栽。

②高枝压条：高枝压条繁殖于6～7月选取直径1厘米的二年生发育充实的枝条，作环状剥皮，环剥带宽1～2厘米，晾2～3天，用园土或腐殖土和苔藓各半混合，再用塑料薄膜包扎，小心不去碰动，要注意经常浇少量水保持湿润，约2个月后生根，剪离母株，另行栽植。次年5月前后即可生出新根，移栽定植。

4. 田间管理

（1）选苗　一般选用二、三年生苗木，高1.5～3.0米，地径0.1米以上，主根25厘米以上，生长健壮，根系发达，芽眼饱满，无病虫害植株。

（2）栽植　苗木栽植时，种植穴的大小以根系能够充分舒展为宜，苗木要扶正、踏实、不窝根，边填土边踏实，埋土深度与原苗木根颈部露出地表位置相同即可。灌足定植水，秋季栽植的苗木要浇足封冻水，遇干旱应及时灌水确保成活。

（3）浇水　由于玉兰树在移植过程中，根系会受到较大的损伤，吸水能力大大降低。树体常常因供水不足、水分代谢失去平衡而枯萎。所以浇水工作是大树移植后非常重要的管理措施。要做到适时浇水，并且还要根据树种和天气情况进行喷雾保湿或树干包裹。

（4）施肥　在玉兰移植过程中，由于水分的流失，许多营养元素也随之流失，故在养护管理中，适时适当地施加一些有利于玉兰生长的养料对其成活是必不可少的。

（5）树干包扎　目的是为了防止水分蒸腾过大，用草绳将树干全部包扎起来，每天早晚各喷水1次，喷水时只要使树冠上叶片和草绳湿润即可，喷水时间不宜过长，以免水分过多流入土壤，造成土壤太湿而影响根的呼吸。

（6）排水　水分过多会影响根的呼吸以及导致根的腐烂。尤其是大雨过后，或者人为造成的施水过多导致水分积累，应建立完善的排水系统。

（7）栽植密度　根据植株大小确定栽植密度，且定植的株行距受土壤肥力和品种差异影响，可适当调整。以相互不遮光、树冠不重叠，且预留一定生长空间为宜。随着苗木的逐渐长大，如密度过大，可采取间苗移植使生长空间适宜。

（8）控花控果

①控花：抑花，冬季修剪以短截、回缩为主；进行花前夏剪，强枝适当多留花，弱枝少留或不留，有叶单花多留，无叶花少留或不留；抹除畸形花、病虫花等。促花，可在秋季采用环割、断根、拉枝或施用促花剂等措施促进幼、旺树花芽分化；环割时间在10月底或采果后。

②控果：保花保果，适当抹除春梢营养枝，盛花期、谢花期和幼果期喷施细胞分裂素（BA）、赤霉素（GA）等保花保果剂。人工疏果，第1次疏果在第1次生理落果后，疏除小果、病虫果、畸形果和密弱果；第2次疏果在第2次生理落果结束后，根据叶果比进行疏果。适宜叶果比为（40～50）：1。

5. 病虫害防治

（1）黄化病　黄化病主要体现为生理性病害，表现为新叶发黄，严重时叶片变褐干枯。此外，缺硫、缺氮以及光照过强、浇水过多、低温、干旱等也会引起叶片黄化。此类病害主要通过加强栽培管理、合理施肥等措施解决，一般不需用药。

防治方法　可用0.2%硫酸亚铁溶液灌根，也可用0.1%硫酸亚铁溶液进行叶片喷雾，并应多施农家肥。

（2）炭疽病　炭疽病初时叶部褪绿，呈黄色小斑点，逐步扩大成圆形，严重时，叶片枯焦发黑脱落。浇水过多、湿度大、通风不良，易发生此病。

防治方法　加强水肥管理，增强树势，提高抗病能力。及时清除病叶，秋末将落叶清除，并集中进行烧毁。如发病，可用75%百菌清可湿性颗粒800倍液，或70%炭疽福美500倍液进行喷雾，每10天喷1次，连喷3～4次可有效控制病情。

（3）蚱蝉　此虫若虫在土中吸食花卉的根部汁液，成虫除刺吸叶片汁液外，其雌虫还会将产卵器插在枝条上产卵，造成枝条枯死。

防治方法　及时搜寻和杀死刚出土的老熟若虫。如发生较多，可于夏季炎热天气夜间在树干附近点火，摇动树枝，使蝉投火烧死，并将落于火堆外的蝉杀死。用熬黏的桐油或用蛛网揉捏的黏团涂于竿的一端粘捕成虫。4～8月间及时巡视并剪除产卵枝。

（4）红蜡蚧　此虫若虫和成虫刺吸花卉汁液，其排泄物常诱致煤污病的发生，使叶片上形成一层黑霉或较厚的黑膜，使全株成为黑树，植株衰弱，树形憔悴，很少开花或完全不能开花。

防治方法 冬季和早春，结合剪枝去除部分多虫枝。如被害花卉植株较少、较矮，可在冬春人工刮除。在若虫孵化盛期，喷25%亚胺硫磷乳油1000倍液。引种花苗时，应认真检查，防止将虫带入。

（5）吹绵蚧 雄成虫体长3毫米，翅长3～3.5毫米。虫体橘红色；触角11节，每节轮生长毛数根；胸部黑色；翅紫黑色；腹部8节，末节有瘤状突起2个。雌虫体长6～7毫米；身体橙黄色，椭圆形；无翅；黑色两性虫体腹部扁平，背面隆起，上被淡黄白色蜡质物，腹部周缘有小瘤状突起10余个并分泌遮盖身体的绵团状蜡粉，故很难见其真面目。每年完成2～3代，多以若虫态过冬，一般4～6月间发生严重，温暖潮湿的气候有利于虫害的发生。

防治方法 人工防治：随时检查，用手或用镊子捏去雌虫和卵囊，或剪去虫枝、叶。生物防治：保护或引放大红瓢虫、澳洲瓢虫捕食吹绵蚧，这是生物防治史上最成功的案例之一。因其捕食量大，可以达到有效控制的目的。药物防治：在初孵若虫分散转移期，可喷50%杀螟松1000倍液，或用普通洗衣粉400～600倍液，每隔2周左右喷1次，连续喷3～4次。

（6）红蜘蛛 这种虫的体形细小，呈朱红色，常密集丛聚在叶片两面，吮吸叶中汁液或表皮组织。受害后，轻者造成叶面组织粗糙或斑驳状，重则叶肉干枯，渐渐死亡。

防治方法 在越冬卵孵化前刮树皮并集中烧毁，刮皮后在树干涂白（石灰水）杀死大部分越冬卵。根据红蜘蛛越冬卵孵化规律和孵化后首先在杂草上取食繁殖的习性，早春进行翻地，清除地面杂草，保持越冬卵孵化期间田间没有杂草，使红蜘蛛因找不到食物而死亡。可在红蜘蛛即将上树危害前（约4月下旬），应用无毒不干粘虫胶在树干中涂1闭合胶环，环宽约1厘米，2个月左右再涂1次，即可阻止红蜘蛛向树上转移危害，效果可达95%以上。田间红蜘蛛的天敌种类很多，据调查主要有中华草蛉、食螨瓢虫和捕食螨类等，其中中华草蛉种群数量较多，对红蜘蛛的捕食量较大，保护和增加天敌数量，可增强其对红蜘蛛种群的控制作用。化学防治：应用螨危4000～5000倍液（每瓶100毫升兑水400～500千克）均匀喷雾，或20%螨死净可湿性粉剂2000倍液，15%哒螨灵乳油2000倍液，1.8%齐螨素乳油6000～8000倍液等均可达到理想的防治效果。

五、采收加工

1. 采收

（1）采收期 花蕾期要适时采收，采集时间以11～12月份最好，此时采集的新鲜花蕾含油量最高，一般可达3%～5%。如果采集花被片，可于春季花朵初开时采集。

（2）采摘　辛夷原植物多为高大乔木，为了便于采集，采蕾前要捆绑树冠，可用足够长的粗麻绳将中央领导干和主枝侧枝从下到上全部缠绕捆绑起来，以免因枝细采蕾损枝伤人。采蕾时，凡属顶花芽类型的树木，采蕾枝长度应从花蕾基部下1厘米处卡摘，不能过长或过短，过长造成2次摘柄，误工损树，过短影响产量和质量。凡是腋花芽类型的树木采蕾时应从最下一个花蕾下2～3厘米处将整个花枝采下，而后集中运回屋内采摘，采摘时注意一定将蕾柄沿枝基部采下，以免造成散蕾，影响品质。

2. 加工

（1）阴处晾干　把新采的药材捡去枝叶、剪除长梗，摊放在架起的箔子或席上，在通风的棚下或室内蔽日晾干。开始2～4天翻搅1次；30天后，8～12天翻搅1次；45～60天即可干燥，该法干燥时间长，占地面积大。

（2）晒干　把新采的药材摊放在箔子或席上，在室外直接晒干。每天翻搅1～2次，20～35天即可干燥，该法简单、干燥时间短，药农多采用此法。

（3）蒸后晒干　把新采的药材置于锅中蒸约30分钟，然后摊放在席子上直接晒干。每天翻搅1～3次，10～15天即可干燥，产区部分药农采用此法。

（4）堆起干燥　把新采的药材堆放在棚下或室内，10～15天翻搅1次，或不定时翻搅，50～70天即可干燥。该法简单、占地少，但堆内产生的热量不易及时散发，易使药材发霉变质，少数药农采用此法。

六、药典标准

1. 药材性状

（1）望春花　呈长卵形，似毛笔头，长1.2～2.5厘米，直径0.8～1.5厘米。基部常具短梗，长约5毫米，梗上有类白色点状皮孔。苞片2～3层，每层2片，两层苞片间有小鳞芽，苞片外表面密被灰白色或灰绿色茸毛，内表面类棕色，无毛。花被片9，棕色，外轮花被片3，条形，约为内两轮长的1/4，呈萼片状，内两轮花被片6，每轮3，轮状排列。雄蕊和雌蕊多数，螺旋状排列。体轻，质脆。气芳香，味辛凉而稍苦。

（2）玉兰　长1.5～3厘米，直径1～1.5厘米。基部枝梗较粗壮，皮孔浅棕色。苞片外表面密被灰白色或灰绿色茸毛。花被片9，内外轮同型。

（3）武当玉兰 长2～4厘米，直径1～2厘米。基部枝梗粗壮，皮孔红棕色。苞片外表面密被淡黄色或淡黄绿色茸毛，有的最外层苞片茸毛已脱落而呈黑褐色。花被片10～12（15），内外轮无显著差异。

辛夷药材如图4所示。

1cm

图4　辛夷药材

2. 鉴别

本品粉末灰绿色或淡黄绿色。非腺毛甚多，散在，多碎断；完整者2～4细胞，亦有单细胞，壁厚4～13微米，基部细胞短粗膨大，细胞壁极度增厚似石细胞。石细胞多成群，呈椭圆形、不规则形或分枝状，壁厚4～20微米，孔沟不甚明显，胞腔中可见棕黄色分泌物。油细胞较多，类圆形，有的可见微小油滴。苞片表皮细胞扁方形，垂周壁连珠状。

3. 检查

水分　不得过18.0%。

七、仓储运输

1. 仓储

药材仓储要求符合NY/T 1056—2006《绿色食品 贮藏运输准则》的规定。仓库应具有防虫、防鼠、防鸟的功能；要定期清理、消毒和通风换气，保持洁净卫生；不应与非绿色食品混放；不应和有毒、有害、有异味、易污染物品同库存放；在保管期间如果水分超过14%、包装袋打开、没有及时封口、包装物破碎等，导致辛夷吸收空气中的水分，发生返潮、结块、褐变、生虫等现象，必须采取相应的措施。

2. 运输

运输车辆的卫生合格，温度在16～20℃，湿度不高于30%，具备防暑防晒、防雨、防潮、防火等设备，符合装卸要求；进行批量运输时不应与其他有毒、有害、易串味物质混装。

八、药材规格等级

一等：花蕾长度≥3厘米，花蕾完整无破碎，含杂率<1%。

二等：2厘米≤花蕾长度<3厘米，花蕾偶见破碎，含杂率<1%。

三等：花蕾长度<2厘米，含杂率<3%。

统货：花蕾长度1.2～3厘米，含杂率<3%。

九、药用价值

1. 治疗过敏性鼻炎

过敏性鼻炎是一种常见、多发病，利用辛夷挥发油制剂或辛夷中药制剂联合西药以及含辛夷汤剂治疗过敏性鼻炎均有较好的效果。

2. 治疗萎缩性鼻炎

采用辛夷挖小孔后填塞前鼻，结合稀释的蜂蜜滴鼻，治疗萎缩性鼻炎。该治疗方法是辛夷挥发油的药理作用加上稀释的蜂蜜滴鼻后产生的清腐收敛作用治疗萎缩性鼻炎，是一种简单易行的治疗方法。

3. 治疗鼻窦炎

单纯采用中药辛夷苍耳散（由辛夷、苍耳子等组成）治疗鼻窦炎，具有疗程短、治疗总有效率高的优点。说明辛夷复方制剂或含辛夷的中药汤剂治疗鼻窦炎均有较好的作用效果。

4. 治疗其他类型急、慢性鼻炎

辛夷鼻炎丸、辛夷鼻炎合剂等制剂对轻、中度急慢性鼻炎均有较好的疗效，治疗后能有效改善过敏性鼻炎引起的鼻塞、鼻痒、喷嚏、流涕等症状，取得了较好的近期疗效。说明辛夷组方在治疗急性鼻炎、慢性鼻炎和过敏性鼻炎上具有明确的治疗效果。

5. 治疗支气管哮喘

采用西药常规治疗的基础上加用复方辛夷口服液治疗中、重度支气管哮喘，具有作用平稳、缓和、持续时间长的优点，特别是对痰液的稀释和排出效果明显，能有效改善肺功能，从而减少气道阻力，而且未见明显的副作用。说明辛夷组方治疗支气管哮喘具有疗效确切、安全可靠、方便的特点，值得进一步研究和推广应用。

参考文献

[1] 傅大立. 辛夷植物资源分类及新品种选育研究[D]. 长沙：中南林业科技大学，2001.

[2] 胡娅婷，胡心怡，朱星语，等. 无公害辛夷栽培技术探讨[J]. 世界科学技术－中医药现代化，2019，21（4）：784−791.

[3] 王志远. 辛夷高效栽培技术[J]. 现代园艺，2015（23）：60.

[4] 张行，吴迎春，郭夫江，等. 道地药材南召辛夷现状调研[J]. 中药材，2015，38（11）：2285−2287.

[5] 傅大立. 辛夷植物研究进展[J]. 经济林研究，2000（3）：61−64.

[6] 裴莉昕，纪宝玉，陈随清，等. 辛夷药材主产区资源调查[J]. 北方园艺，2017（18）：152−157.

[7] 陈金法. 辛夷及栽培技术[J]. 中国林副特产，2007（5）：53−54.

[8] 倪锋轩，吴玉洲，张江涛. 河南辛夷丰产栽培技术[J]. 中国园艺文摘，2011，27（5）：193−194.

[9] 万楷杨. 辛夷基源与产地变迁本草考证[J]. 亚太传统医药，2020，16（3）：74−77.

[10] 黄海欣. 辛夷采收期和加工方法对质量的影响[J]. 特产研究，1993（2）：60.

[11] 江芒，温龙友，方益柱，等. 辛夷栽培技术[J]. 现代农业科技，2008（20）：51+54.

fu zi

附 子

本品为毛茛科植物乌头*Aconitum carmichaelii* Debx.的子根的加工品。

一、植物特征

多年生草本，高60～150厘米。块根通常呈倒卵圆形至倒卵形。茎直立，圆柱形。叶互生，叶片卵圆状五角形，纸质或薄革质，掌状三裂几达基部。蓇葖果长圆形。总状圆

锥花序，花蓝紫色，花瓣盔形，雄蕊数多，心皮3~5，离生。花期9~10月，果期10~11月。（图1）

图1　乌头

二、资源分布概况

乌头属为典型的温带属，主要分布于东南亚植物区，其次是欧洲–西伯利亚植物区和北美植物区。

乌头在我国分布很广，自川藏高原东缘起向东至长江中、下游以及珠江流域上游各省区的丘陵地区，从江苏向北经过山东至辽宁南部均有分布。主要包括贵州、河北、云南、陕西、四川、甘肃、宁夏、山西等。肖培根教授等在对我国乌头属160余种植物的调查研究中，鉴定出了35种具有药用价值的种类，其中除附子和川乌来源于乌头、草乌来源于北乌头外，还有30余种野生乌头属植物的块根具有药用价值。

三、生长习性

乌头适宜生长在气候温和湿润、具有充足的光照的环境中，不适合高温高湿的环境。适宜生长条件：平均气温为15.9℃，最高温度36.2℃，最低温度-4.8℃，年日照时数为1327.4小时，年降雨量为1179.4毫米，无霜期323天，相对湿度为81%。乌头多栽培在向阳的平地，海拔在500~600米。土壤酸碱度微酸性，土壤类型主要为砂质壤土。乌头全生育期的水分宜保持在土壤最大田间持水量的70%~85%，70%时附子的品质最优。

四、栽培技术

1. 种植材料

生产为无性繁殖，以种根为无性繁殖的材料。

栽培乌头作种的块根圆锥形，顶部大而圆，俗称"和尚头"，剔除有疤痕、缺芽、伤口及畸形子根，截去过长的须根，留1.5厘米左右，进行分级。可在种植前于阴凉干燥处晾3～5天。栽种时选择二、三级种根，作为种植材料。

2. 选地与整地

（1）选地　宜选择生态环境良好，海拔在400～800米、坡度不大于15°，土层深厚、疏松肥沃、保肥保水能力好、排水良好、微酸性且远离污染源的地块种植。

（2）整地　前作物收获后，于8月下旬犁一次，翻地晒垡，使土壤充分熟化，增强肥力。从10月下旬开始，进行人工或机械反复犁耙、镇压多次，做到土壤细碎疏松，上面平坦。犁前应将土地表层泥土挖匀，结合施基肥，将干粪（猪牛粪）、过磷酸钙、油饼混合拌匀，尤其要施足农家肥；刨翻或机翻土深度以30厘米为宜，田面和田底都很平整，深浅一致，清除石块杂物，规划好灌排水沟、拦水坝位置，以利排水和灌溉。每次犁后都要耙，并用石滚镇压多次；必须做到土壤匀细疏松。地整好后，先按畦位木桩挂畦位线，按规格成畦，沟宽约20厘米、畦面宽约100厘米，畦床高为15～20厘米，畦面中间略高，两边略低，呈凸形。（图2）

图2　播种前整地

3. 播种

乌头的栽种适宜期在12月上、中旬。在整好的地上开行距30厘米左右的垄，并用锄头开宽7厘米、深5厘米的浅沟，然后取同一等级的乌头种根进行栽种，每个种根距离30厘米左右。芽头朝上，将泥土均匀覆盖在药种上，盖土6～9厘米厚。

4. 田间管理

（1）松土、除草　春季进行第一次松土，不能伤及芽，在乌头种根周围适当松土。使垄面上没有大泥块，盖在块根上的泥土厚度适宜，并做好消毒工作。3月下旬至4月上旬进行除草，主要以拔除的方法进行。

（2）施肥管理　施肥原则是根据乌头生长过程的需肥规律，进行合理施肥。基肥主要是有机肥，占总肥量的70%，在种植前整地过程中施加。2月下旬至3月上旬，每亩施腐熟的有机肥1000千克，在4月上旬除草后再进行一次追肥，每亩施腐熟的有机肥2000千克，在乌头植株顶部叶片开始变小时，每亩施腐熟的有机肥1600千克。

（3）修根　由于乌头主根旁边有侧生的块根，通常在4月上旬和5月上旬各进行一次修根。用已消毒的工具把乌头根部的泥土挖开，在母根旁将位置相对较大的子根留下，根据苗的大小留下相应数量的子根，其他的用铲子除去。依次用下一株的泥土覆盖植株。

（4）摘尖和掰芽　6月初（芒种前后）苗长到40厘米左右高时，有10片叶子（不包括干黄的脚叶）以上时，按先高后矮的顺序摘尖掐掉花苞，掰除叶腋处的腋芽，但注意不要伤及其他叶子。摘尖要进行2～3次。

（5）科学灌、排水　采用喷灌、滴灌、渗灌等灌水方法，根据乌头生长的需水规律，栽培区的降水量以及土壤特性，合理灌水。选择晴天上午9～10时浇水。在乌头生长的各个时期，需对土壤含水量进行测试，尤其在5～6月生物碱积累的关键时期，注意天气变化，并进行适当的灌、排水。

5. 病虫害防治

乌头常见病虫害及其防治方法见表1。

表1　乌头常见病虫害及其防治方法

病虫害名称	防治时期	防治方法
根腐病	4～6月	50%退菌特可湿性粉剂500克兑水300千克，加石灰15千克、尿素125克或50%多菌灵可湿性粉剂1000倍液淋灌
霜霉病（灰苗、白尖）	3～6月	1：1：100倍波尔多液或65%代森锌可湿性粉剂400倍液
叶斑病	7～9月	1：1：150倍波尔多液或40%多菌灵500倍液
白绢病	5～8月	50%多菌灵或甲基托布津1000倍液淋灌病株
银纹夜蛾	4月	灯光诱杀；生物制剂苏得利（4.8毫升/升）

五、采收加工

1. 采收

（1）采收期　植株地上部分营养生长结束，主茎不再长高；进入生殖生长阶段之前，此时花蕾尚未显现，子根尚未萌芽；双酯型生物碱含量积累不再增加。最佳采收时间为6～8

月。根据物候期，不同产区有所差异。

（2）采收方法　根据栽种时间，依时间先后顺序依次采挖。于晴天或阴天，先从离地5厘米处割去地上茎叶，然后用自制的镐锄或铁耙采挖。从畦头开始，逐行朝另一方向按顺序采挖，防止漏挖、伤及块茎。抖去泥沙，分开母根和子根，稍晾干湿气后收拣，将子根的须根去掉。收集后装入清洁竹筐内或透气编织袋中。（图3）

图3　附子采收

2. 加工

采挖后，除去母根、须根及泥沙，习称"泥附子"，加工成下列规格。

（1）选择个大、均匀的泥附子，洗净，浸入胆巴的水溶液中过夜，再加食盐，继续浸泡，每日取出晒晾，并逐渐延长晒晾时间，直至附子表面出现大量结晶盐粒（盐霜）、体质变硬为止，习称"盐附子"。

（2）取泥附子，按大小分别洗净，浸入胆巴的水溶液中数日，连同浸液煮至透心，捞出，水漂，纵切成厚约0.5厘米的片，再用水浸漂，用调色液使附片染成浓茶色，取出，蒸至出现油面、光泽后，烘至半干，再晒干或继续烘干，习称"黑顺片"。

（3）选择大小均匀的泥附子，洗净，浸入胆巴的水溶液中数日，连同浸液煮至透心，捞出，剥去外皮，纵切成厚约0.3厘米的片，用水浸漂，取出，蒸透，晒干，习称"白附片"。

六、药典标准

1. 药材性状

（1）盐附子　呈圆锥形，长4～7厘米，直径3～5厘米。表面灰黑色，被盐霜，顶端有凹陷的芽痕，周围有瘤状突起的支根或支根痕。体重，横切面灰褐色，可见充满盐霜的小空隙和多角形形成层环纹，环纹内侧导管束排列不整齐。气微，味咸而麻，刺舌。

（2）黑顺片　为纵切片，上宽下窄，长1.7～5厘米，宽0.9～3厘米，厚0.2～0.5厘米。

外皮黑褐色，切面暗黄色，油润具光泽，半透明状，并有纵向导管束。质硬而脆，断面角质样。气微，味淡。

（3）白附片　无外皮，黄白色，半透明，厚约0.3厘米。

2. 检查

水分　不得过15.0%。

七、仓储运输

1. 仓储

（1）贮藏设施　保存于地面平整、清洁、阴凉、通风的专用库，无虫害鼠害。设施齐全。

（2）贮藏方式　采用自然堆放的方式，堆放高度不超过100～120厘米，距离墙壁50厘米。或用塑料周转筐，堆放高度不超过200厘米，距离墙壁30厘米，留出过道不少于100厘米。

（3）贮藏温度与时间　贮藏温度在30℃以上，放置24小时以内；25～30℃，放置48小时以内；25℃以下，放置不超过7天。

2. 包装

（1）包装材料　一般用清洁的无毒材质网袋包装，缝牢袋口，保持干燥，防止受潮。包装材料应无污染、清洁、干燥、无破损。

（2）包装规格　每袋包装鲜附子不超过40千克。

（3）包装标识　标识的内容应准确，所有文字应使用规范的中文；任何标签或标识中的表达不应有虚假、误导或欺骗；标识应粘贴或印刷在包装容器外的明显位置，字迹应清晰、持久、易于辨认和识读。主要包括：品名、规格、等级、产地、采挖时间、生产批号、包装时间、检验员、生产单位。附子包装标识上应有明显的毒性中药材标识。

3. 运输

车辆的装载条件应符合中药材运输要求，卫生合格，温度在16～20℃，湿度不高于30%，并具备防暑防晒、防雨、防潮、防火等设备，符合装卸要求。进行批量运输时不应与其他有毒、有害、易串味物质混装。

八、药材规格等级

一等：泥附子，鲜货，呈圆锥形，形态饱满，表皮无损坏，表面黄褐色，质坚实；长5厘米左右，中部直径不低于4厘米，每千克≤25个。无须根、腐烂、焦疤、虫蛀、霉变、杂质。

二等：泥附子，鲜货，呈圆锥形，形态饱满，表皮无损坏，表面黄褐色，质坚实；长4厘米左右，中部直径不低于3厘米，每千克25～50个。无须根、腐烂、焦疤、虫蛀、霉变、杂质。

三等：泥附子，鲜货，呈圆锥形，形态饱满，表皮无损坏，表面黄褐色，质坚实；长3厘米左右，中部直径不低于2.5厘米，每千克≥50个。无须根、腐烂、焦疤、虫蛀、霉变、杂质。

九、药用价值

附子是我国40种常用骨干中药材之一，为毒性药材，但具有广泛的药理活性。其药用历史久远，备受历代医者关注。《本草备要》中记载："附子，回阳补肾，大热纯阳"；《神农本草经疏》云："得人参、肉桂，治元气虚人；佐白术，为除寒湿之圣药"；《医学正传》言："能引补气药行十二经，追散失之元阳"。对附子的用法及作用，医学家的阐述相当细致，至清代四川名医郑钦安，更是开创了"火神派"，以善用附子而著称。在陕西民间药用历史悠久，主含乌头类生物碱及乌头多糖等多种活性成分；具有祛风除湿、散寒止痛等功效。早在《神农本草经》就有"其汁煎之，名射罔，杀禽兽"的记载，民间常用来制造箭毒以猎射野兽。

1. 温通助阳、调节心血管系统紊乱

温阳药当首选附子。一般温阳药只具温通之性，而附子为温补阳气之第一要药，既可通阳，又可补已损之阳，正合病机。其常见配伍如附子加磁石，兴奋加镇静，具强壮之功，能抑制虚性兴奋，是其最常见配伍；附子加枣仁，辛通加酸收，有缓和作用，能调节心血管系统自主神经之紊乱，治心动过速、期前收缩有效；附子加知母，辛热加甘寒，有温润作用，可治热性病心阳不振而兼口渴欲饮者。

2. 镇痛作用

西汉时期的出土文献《五十二病方》载有毒乌喙，按其文字，当是以鲜乌头碾碎外敷以止痛，表明其为当时外科常用局部麻醉药。如《本草新编》载："附子……无经不达，走而不守，但可为臣使，佐群药通行诸经，以斩关夺门，而不可恃之安抚镇静也。"

3. 逐风寒湿邪、回阳救逆

《神农本草经疏》云："附子得干姜、桂枝，主伤寒直中阴经，温中散寒而能出汗；佐人参兼肉桂、五味子，则补命门相火不足，回阳有神；得人参、肉桂，治元气虚人，暴寒之气入腹，腹痛作泄，完谷不化，小水不禁；佐白术，为除寒湿之圣药；得人参、橘皮，主久痛呕移、反胃，虚而无热者良。"如《本草备要》载："附子，大燥，回阳，补肾命火，逐风寒湿，辛甘有毒，大热纯阳。能引补气药以复散之元阳，引补血药以滋不足之真阴，以逐在表之风寒（同干姜、桂枝，温经散寒发汗），引温暖药达下焦，以祛在里之寒湿。"

参考文献

[1] 杨广民，张志国. 川乌 草乌 附子[M]. 北京：中国中医药出版社，2001.

[2] 国家中医药管理局《中华本草》编委会. 中华本草[M]. 上海：上海科学技术出版社，1999.

[3] 肖培根. 新编中药志：第一卷 [M]. 北京：化学工业出版社，2002：536-541.

[4] 严永清，余传隆，黄泰康，等. 中药辞海：第二卷 [M]. 北京：中国医药科技出版社，1996：466-474.

[5] 赵润怀，王继勇，孙成忠，等. 基于TCMGIS-I的道地药材附子产地适宜性分析[J]. 中国现代中药，2006，8（7）：4-7.

[6] 杨千千，梁宗锁. 附子规范化生产技术规程[J]. 安徽农业科学，2018，46（7）：51-53.

[7] 罗意，陈兴福，杨文钰，等. 温度及种根大小对附子萌发及苗期性状的影响[J]. 中草药，2010，41（11）：1893-1895.

[8] 梁士宜. 附子施用氮磷钾化肥的效果[J]. 中药材科技，1981，3（2）：5-8.

[9] 耿新翠. 不同土壤水分对附子耗水特性和有效成分含量的影响[D]. 杨凌：西北农林科技大学，2007.

[10] 陈芳. 附子病虫害的发生发展规律及防治研究[D]. 杨凌：西北农林科技大学，2007.

[11] 拓亚琴. 乌头附子采收时间和加工方法及除草活性初步研究[D]. 杨凌：西北农林科技大学，2007.

[12] Zhou GH，Tang LY，Zhou XD，et al. A review on phytochemistry and pharmacological activities of the processed lateral root of *Aconitum carmichaelii* Debeaux [J]. Journal of Ethnopharmacology，2014，160：173-193.

虎杖

<small>hu zhang</small>

本品为蓼科植物虎杖*Polygonum cuspidatum* Sieb. et Zucc.的干燥根茎和根。

一、植物特征

多年生草本。根状茎粗壮，横走。茎直立，高1～2米，粗壮，空心，具明显的纵棱，具小突起，无毛，散生红色或紫红斑点。叶宽卵形或卵状椭圆形，长5～12厘米，宽4～9厘米，近革质，顶端渐尖，基部宽楔形、截形或近圆形，边缘全缘，疏生小突起，两面无毛，沿叶脉具小突起；叶柄长1～2厘米，具小突起；托叶鞘膜质，偏斜，长3～5毫米，褐色，具纵脉，无毛，顶端截形，无缘毛，常破裂，早落。花单性，雌雄异株，花序圆锥状，长3～8厘米，腋生；苞片漏斗状，长1.5～2毫米，顶端渐尖，无缘毛，每苞内具2～4花；花梗长2～4毫米，中下部具关节；花被5深裂，淡绿色，雄花花被片具绿色中脉，无翅，雄蕊8，比花被长；雌花花被片外面3片背部具翅，果时增大，翅扩展下延，花柱3，柱头流苏状。瘦果卵形，具3棱，长4～5毫米，黑褐色，有光泽，包于宿存花被内。花期8～9月，果期9～10月。（图1）

二、资源分布概况

产于陕西南部、甘肃南部、华东、华中、华南、四川、云南及贵州；生长在山坡灌丛、山谷、路旁、田边湿地，海拔140～2000米。

三、生长习性

喜温和湿润气候，耐寒、耐涝。对土壤要求不严，但以疏松肥沃的土壤生长较好。

图1　虎杖

四、栽培技术

1. 种植材料

分为种子繁殖和分根繁殖。分根繁殖将母株分为上面带有2～3个子芽的根段作为材料。

2. 选地与整地

（1）选地　选择土层深厚，排水良好，疏松肥沃的土壤较好。

（2）整地　施堆肥1500千克，耙入土中，稍黏重的土壤可掺入炉灰渣，使土质疏松，土地翻耕深度20～30厘米，翻耕后整土作床，做成宽1.2米的畦。（图2）

3. 播种

（1）种子繁殖　一般春季4月上旬播种，按行距20～30厘米开沟，深1厘米，将种子均匀撒入沟内，覆土后稍压，浇水。20℃时，10天左右出苗。

（2）分根繁殖　早春植物萌发前刨起母株，将根茎截成10～12厘米的小段，按行距60厘米开8～10厘米深的沟，每隔40厘米横放根茎2段，覆土压实。保持土表湿润，直至萌芽齐全方可少浇水或不浇水。（图3）

图2　虎杖栽培田整地

4. 田间管理

（1）中耕除草　播后第一年易生杂草，可在春、夏、秋季各中耕除草1次，注意锄头等农具要浅耕，勿伤根；冬季将植株地上部分连同杂草一起除去。第二年当虎杖达到一定生长量后，除去高大杂草即可。（图4）

图3　虎杖分根繁殖

（2）合理施肥　虎杖生长对肥料需求较大，应多施用有机肥。在虎杖幼苗前期不宜施用尿素等速效肥料。虎杖出芽和拔节期施用鸡粪（100克/株）或油菜枯（50克/株）可使茎秆更粗壮，生长中后期施用鸡粪或油菜枯可使产量和有效成分含量增加。叶面可喷施

图4　虎杖中耕除草

0.1%～0.3%磷酸二氢钾等钾肥以防止地上部分徒长，少用氮肥；越冬期追施腐熟农家肥。

（3）水分管理　虎杖喜湿润，在干旱期或施肥后应及时浇水，保证土壤湿润。但在多雨或高温高湿季节，要注意及时通风和排水，以防渍害发生。

5. 病虫害防治

（1）根腐病　在苗床时期，将哈茨木霉菌根部型按每平方米2～4克预防使用，定植时或定植后，将哈茨木霉菌根部型稀释1500～3000倍液灌根，每株200毫升，每隔3个月使用1次，或以65%代森锰锌防治，每周喷施1次，连续喷施2～3次。

（2）金龟子、叶甲　用氯化乐果2000倍液喷雾杀死金龟子、叶甲成虫，防治效果达90%以上。或施放"林丹"烟剂，用药量每公顷22.5～37.5千克，防治效果达80%以上。

（3）蚜虫　使用稀释500～1000倍的80%敌敌畏乳油在下雨的间隙抢施，防治效果好，可达90%以上；利用瓢虫、草蛉等天敌防治。

五、采收加工

1. 采收

春季萌发前或者秋季地上茎叶枯萎时将根挖出。

2. 加工

除去芦头、须根即可鲜售。除去须根，洗净后切段或者切片，晒干。

六、药典标准

1. 药材性状

本品多为圆柱形短段或不规则厚片，长1～7厘米，直径0.5～2.5厘米。外皮棕褐色，有纵皱纹和须根痕，切面皮部较薄，木部宽广，棕黄色，射线放射状，皮部与木部较易分离。根茎髓中有隔或呈空洞状。质坚硬。气微，味微苦、涩。（图5）

2. 鉴别

本品粉末橙黄色。草酸钙簇晶极多，较大，直径30～100微米。石细胞淡黄色，类方形或类圆形，有的呈分枝状，分枝状石细胞常2～3个相连，直径24～74微米，有纹孔，胞腔内充满淀粉粒。木栓细胞多角形或不规则形，胞腔充满红棕色物。具缘纹孔导管直径56～150微米。

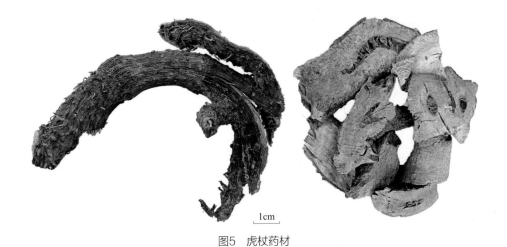

1cm

图5 虎杖药材

3. 检查

（1）水分　不得过12.0%。

（2）总灰分　不得过5.0%。

（3）酸不溶性灰分　不得过1.0%。

4. 浸出物

照醇溶性浸出物测定法项下的冷浸法测定，用乙醇作为溶剂，不得少于9.0%。

七、仓储运输

1. 仓储

置阴凉、干燥、通风、清洁、遮光处保存，温度30℃以下，相对湿度70%～75%为宜。高温高湿季节前，要按件密封保藏。不宜保存时间太久（小于6个月最好），否则有效成分含量会降低。

2. 运输

运输工具必须清洁、干燥、无异味、无污染，具有良好的通气性，运输过程中应注意防雨淋、防潮、防曝晒。同时不得与其他有毒、有害、有污染、易串味的物质混装。

八、药材规格等级

分为选货和统货。

选货：直径1.5～2.5厘米，杂质<1%。

统货：直径0.5～2.5厘米，杂质<3%。

九、药用价值

1. 水火烫伤

虎杖150克，冰片10克，将二药共研成细末，装入铝制盆内，后再加适量的凡士林混合调成软膏，高压消毒后密封备用。烫伤部位用0.9%氯化钠注射液冲洗，再将药膏涂敷在创面上。

2. 牙痛

虎杖30克，冰片1克，酒或75%乙醇30毫升。装瓶2周后滤取净液密封待用。用时取药棉蘸取小量药液点压患处。

3. 病毒性肺炎

治疗可用虎杖60克，鱼腥草30克，瓜蒌子20克，水煎分服，每日一剂，一般3～6日即可取得明显疗效。

4. 感染伤口

取虎杖100克，枯矾10克，冰片5克，加蒸馏水1000毫升煎煮，制成的液体过滤后备用。换药时先对伤口周围常规消毒，用0.9%氯化钠注射液洗净伤口分泌物后覆以备用虎杖混合液纱布2～3层，外层再敷2～3层无菌敷料，胶布固定，效果显著。

参考文献

[1] 中国科学院中国植物志编委会. 中国植物志[M]. 北京：科学出版社，1993：18.

[2]　胥雯. 虎杖高产栽培技术[J]. 林业与生态, 2020 (10): 41.

[3]　王宝清, 徐鸿涛. 虎杖人工栽培技术[J]. 中国林副特产, 2011 (5): 99.

[4]　潘标志, 王邦富. 虎杖规范化种植操作规程[J]. 江西林业科技, 2008 (6): 33-35+38.

[5]　孙伟. 虎杖栽培技术[J]. 特种经济动植物, 2005 (4): 25.

[6]　李敏. 中药材规范化生产与管理（GAP）方法及技术[M]. 北京: 中国医药科技出版社, 2005.

[7]　梁明辉. 中药虎杖的研究进展[J]. 中国医药指南, 2019, 17 (10): 47+54.

[8]　王大来. 虎杖的临床应用与栽培管理[J]. 湖南中医药导报, 1997 (Z1): 87.

南五味子

本品为木兰科植物华中五味子 *Schisandra sphenanthera* Rehd. et Wils. 的干燥成熟果实。

一、植物特征

落叶木质藤本，全株无毛，很少在叶背脉上有稀疏细柔毛。冬芽、芽鳞具长缘毛，先端无硬尖，小枝红褐色，距状短枝或伸长，具颇密而凸起的皮孔。叶纸质，倒卵形、宽倒卵形，或倒卵状长椭圆形，有时圆形，很少椭圆形，长（3）5～11厘米，宽（1.5）3～7厘米，先端短急尖或渐尖，基部楔形或阔楔形，干膜质边缘至叶柄成狭翅，上面深绿色，下面淡灰绿色，有白色点，1/2～2/3以上边缘具疏离、胼胝质齿尖的波状齿，上面中脉稍凹入，侧脉每边4～5条，网脉密致，干时两面不明显凸起；叶柄红色，长1～3厘米。花生于近基部叶腋，花梗纤细，长2～4.5厘米，基部具长3～4毫米的膜质苞片，花被片5～9，橙黄色，近相似，椭圆形或长圆状倒卵形，中轮的长6～12毫米，宽4～8毫米，具缘毛，背面有腺点。雄花：雄蕊群倒卵圆形，径4～6毫米；花托圆柱形，顶端伸长，无盾状附属物；雄蕊11～19（23），基部的长1.6～2.5毫米，药室内侧开裂，药隔倒卵形，两药室向外倾斜，顶端分开，基部近邻接，花丝长约1毫米，上部1～4雄蕊与花托顶贴生，无花丝。雌花：雌蕊群卵球形，直径5～5.5毫米，雌蕊30～60枚，子房近镰刀状椭圆形，长2～2.5毫米，柱头冠狭窄，仅花柱长0.1～0.2毫米，下延成不规则的附属体。聚合果果

托长6～17厘米，径约4毫米，聚合果
梗长3～10厘米，成熟小浆果红色，长
8～12毫米，宽6～9毫米，具短柄；种
子长圆体形或肾形，长约4毫米，宽
3～3.8毫米，高2.5～3毫米，种脐斜V
字形，长约为种子宽的1/3；种皮褐色
光滑，或仅背面微皱。花期4～7月，
果期7～9月。（图1）

图1　华中五味子

二、资源分布概况

华中五味子主要分布于我国山西、陕西、甘肃、山东、江苏、安徽、浙江、江西、福建、河南、湖北、湖南、四川、贵州、云南东北部等省区。

三、生长习性

在生长过程中喜肥沃、湿润及含腐殖质多的土壤，野生华中五味子主要生长于林间、林缘或山间的灌木丛中。喜光及凉爽，耐极寒，不耐干旱和低湿。在进行人工种植时可选择分布于溪流两侧的林间交织地带、林间空地等，并注意空气温度和光照环境，为华中五味子的生长保留一定数量的阔叶树，以提高其花芽的形成数量。

四、栽培技术

1. 种植材料

从野生或栽培园中采种育苗，要选择果穗大、产量高的单株采果做种，在秋季果实呈红色并稍变软时，从藤上摘取果穗。堆沤、捣碎，用水漂出果皮、果肉及空瘪浮于水面的种子，将沉底的饱满的种子捞出，稍阴干后去杂，即可得纯净的种子。出种率为2.8%～8%，净度90%～98%，千粒重21～25克，每千克为3.3万～4.7万粒，晾晒至含水量10%～11%时储存。低温0～5℃干藏可保存1～2年。

2. 选地与整地

（1）选地　选择丘陵坡地或地势较高的平地，以生荒地或与禾本科作物轮作3年以上的地为宜，土壤应为土层深厚、肥沃、疏松、排水良好的砂质壤土或腐殖质壤土，土壤中性或微偏酸性。

（2）整地　移栽前先对地块进行整理，以选择土壤肥沃且不积水的地块为最佳。因华中五味子在生长过程中根系穿透能力强，且依靠不定根进行生长过程中的养分吸收，所以地块要选择类似野生华中五味子的原生态生长环境。整地时可按照长150厘米左右、宽50厘米左右、深40厘米左右进行整理，挖出来的表层土和中心土要分开放置。挖好地块后，在坑底先放一层5厘米厚的秸秆，目的是防涝和排水。之后在上面施加农家肥，在农家肥上放置一层中心土，按照此种循环进行回填到多半时，再将农家肥和生物肥与表层土混合进行填埋。回填后的土层要高于地表大概20厘米，目的是防止回填的土层下沉。

3. 播种

（1）有性繁殖　在华中五味子果实成熟后，将成熟的果实采摘下来，用水进行浸泡，待果实膨胀后将果肉去除，再将种子清理出来后用清水浸泡3天左右。浸泡后将种子捞出，与沙子以1∶3的比例搅拌均匀后放入透气性良好的木箱中，再将木箱放到土坑中用细土覆盖好，之后在覆盖的细土上盖一层秸秆，目的是防御严寒，保证种子可安全过冬。待木箱在土壤中放置100天后将其取出，放到温度适宜的室内，到种子裂开时即可进行播种。

（2）无性繁殖　华中五味子新梢长到10厘米时，将枝条压入到15厘米深的沟内，压好后填入大概5厘米厚的土层，等新压入的枝条长出新枝到20厘米左右时，再将沟填满。秋季时将枝条取出并剪成小段，转到营养土中，目的是保证枝条的湿度与温度，为扦插做准备。

4. 田间管理

（1）肥水管理　华中五味子喜湿润，在生长过程中要保持土壤的湿度，特别是在干旱季节，要保证水量充足。华中五味子的药用部位是果实，在生长过程中对肥料的需求量较大，为了保证华中五味子的健康生长发育，需要满足其不同生长时期的肥料需求。在水肥管理过程中，要根据华中五味子的生长需求进行水肥施加时间、水肥施加次数及水肥施加量的控制，以使水和有机肥、无机肥进行结合。在施肥过程中要保证N、P、K三种肥料的科学配比，在减少盲目施肥的基础上降低肥料成本。华中五味子的根系比较浅，在开花期和坐果期都要浇水，防止花和果萎落。在雨季雨水较多时要及时进行排涝处理，以免影响华中五味子的生长发育。

（2）立杆搭架　华中五味子在生长过程中藤比较柔软，不能自行直立，需要人工进行搭架，以帮助其枝藤缠绕生长。正常情况下当年夏天进行人工搭架处理，有支架的帮助，华中五味子在移栽当年的高度大概可达50厘米，在移栽的第二年可达130厘米。搭支架时一般选择主支架和辅助支架协同，主支架杆长大概3米，主支架之间用铁线进行连接，各株间距10厘米左右，在主藤处立一主支架，人工将华中五味子的藤绑在支架上，之后藤会自行缠绕生长。

（3）修剪　华中五味子的修剪分冬季修剪和夏季修剪两种。冬季修剪主要是在植株落叶、气温变冷后，华中五味子进入休眠期时进行修剪，一般在3月前完成。修剪时应注意的事项是距离地面30厘米的高度，支架上不能留侧藤，剪口和眼之间要保留大概2厘米左右。主藤隔25厘米左右就要对未成熟的侧枝进行修剪。夏季修剪主要在5～8月进行，主要修剪一些病枝或基生枝，并保留新的主藤。而多余的新生枝要及时进行清理，保证华中五味子生长环境的透光性，减少植株的养分消耗。在立秋时要勤做打尖处理，以促进新梢快速生长。

5. 病虫害防治

（1）苗期猝倒病、白粉病和叶斑病　可用代森锌、波尔多液、多菌灵等进行防治。

（2）叶枯病　在发病初期，优先用井冈霉素水剂，稀释为有效成分含量为50毫克/升浓度的药液喷雾，隔7天后再喷1次；也可以采用化学农药50%甲基托布津1000倍液，或50%代森锰锌500～1000倍液喷雾，隔7天后再喷1次。

（3）卷叶虫　在幼虫3龄前，用90%敌百虫防治；对3龄后卷叶并在卷叶内危害的幼虫，用内吸性杀虫剂40%乐果乳油1000～1500倍液喷雾防治。

（4）根腐病　症状为根部与地面交界处变黑腐烂，根皮脱落，叶片枯萎，甚至全株死亡。该病是田间积水多造成的，要及时排水，保持土壤湿度40%左右。发病期用50%多菌灵500～1000倍液浇灌根部来处理病区土壤。

华中五味子大田栽培示范如图2所示。

图2 华中五味子大田栽培示范

五、采收加工

1. 采收

8月中旬至9月上旬采收，可在树上自然风干，也可人工采收晒干，但以人工采收晒干为主，以减少损失。

2. 加工

人工采收后，摊在水泥地面上或用苇席等做铺垫（注意不能接触泥土）进行晾晒，并要勤翻动，防雨，以免发霉变质。使其自然风干，风干后要捡净杂物及果柄和黑粒，用干净编织袋进行定量包装，每袋以10～15千克为宜，放通风干燥处保存。同时，要防止鼠害和污染，以免造成损失。

六、药典标准

1. 药材性状

本品呈球形或扁球形，直径4～6毫米。表面棕红色至暗棕色，干瘪，皱缩，果肉常紧

1cm

图3　南五味子药材

贴于种子上。种子1～2，肾形，表面棕黄色，有光泽，种皮薄而脆。果肉气微，味微酸。
（图3）

2. 检查

（1）水分　不得过12.0%。

（2）总灰分　不得过6.0%。

（3）杂质　不得过1%。

七、仓储运输

1. 仓储

药材仓储要求符合NY/T 1056—2006《绿色食品 贮藏运输准则》的规定。仓库应具有防虫、防鼠、防鸟的功能；要定期清理、消毒和通风换气，保持洁净卫生；不应与非绿色食品混放；不应和有毒、有害、有异味、易污染物品同库存放；在保管期间如果水分超过14%、包装袋打开、没有及时封口、包装物破碎等，导致南五味子吸收空气中的水分，发生返潮、结块、褐变、生虫等现象，必须采取相应的措施。

2. 运输

运输车辆的卫生合格，温度在16～20℃，湿度不高于30%，具备防暑防晒、防雨、防潮、防火等设备，符合装卸要求；进行批量运输时不应与其他有毒、有害、易串味物质混装。

八、药材规格等级

选货：干货，呈不规则球形或扁球形颗粒。干瘪皱缩，果肉常紧贴种子上。内含肾形种子1~2粒，表面棕黄色，有光泽，种皮薄而脆。果肉气微，味酸。无枝梗，无泛油，无虫蛀，无霉变。直径≥0.5厘米。表面棕红色至暗棕色。

统货：干货，呈不规则球形或扁球形颗粒。干瘪皱缩，果肉常紧贴种子上。内含肾形种子1~2粒，表面棕黄色，有光泽，种皮薄而脆。果肉气微，味酸。无枝梗，无泛油，无虫蛀，无霉变。直径0.4~0.5厘米。表面棕红色至暗棕色。

九、药用价值

南五味子味酸，性甘、温。归肺、心、肾经。具有收敛固涩，益气生津，补肾宁心的功效。

1. 镇静催眠作用

我国传统中医常建议患者日常饮用南五味子水，或将南五味子浸泡于白酒中一段时间后每日适量饮用，用于治疗失眠及神经紧张等病症，南五味子醇提取物与水提取物都对机体有镇静催眠作用，且作用效果相近，具有镇静催眠作用的成分主要集中于木脂素。

2. 对肝脏的作用

南五味子中某些药理组分对肝脏有许多作用，如抗氧化、抗肝损伤、增强肝脏解毒功能及改善肝脏脂质等。

3. 抗肿瘤作用

目前，对南五味子抗肿瘤作用的研究日趋深入，研究了南五味子水溶性低分子多糖的体内和体外抗肿瘤及免疫调节活性，发现这种成分可以提高机体免疫功能，进一步可以表现出抗肿瘤的特性。

4. 对心血管的作用

目前，医学研究中常见的是将南五味子入药用于高血压、高血脂、冠心病、心力衰竭等疾病的防治。

参考文献

[1] 黄小兰，吴定红，徐声法，等. 野生果树南五味子特征特性及驯化栽培技术[J]. 现代园艺，2020，43（13）：64-66.

[2] 鲍英杰，许梅，戴丽红，等. 不同搭架方式对南五味子生长及产量的影响[J]. 江苏林业科技，2020，47（5）：40-42+55.

[3] 齐永平. 华中五味子种子发育生理生化动态研究[D]. 西安：陕西师范大学，2009.

[4] 李宝岩. 五味子资源调查与品质评价[D]. 沈阳：辽宁中医药大学，2008.

[5] 董文雪，舒永志，刘意，等. 南五味子属植物化学成分及药理作用研究进展[J]. 中草药，2014，45（13）：1938-1959.

[6] 刘宇灵，付赛，樊丽姣，等. 南北五味子化学成分、药理作用等方面差异的研究进展[J]. 中国实验方剂学杂志，2017，23（12）：228-234.

[7] 亓新柱，刘佳宝，陈佳宝，等. 南五味子根中木脂素和三萜类化学成分的研究[J]. 中草药，2017，48（11）：2164-2171.

[8] 黄得栋，何微微，马晓辉，等. 南五味子药材商品规格等级标准研究[J]. 中兽医医药杂志，2019，38（1）：14-16.

[9] 李会娟，车朋，魏雪苹，等. 药材南五味子与五味子的本草考证[J]. 中国中药杂志，2019，44（18）：4053-4059.

[10] 赖光勤，张媚. 五味子种植技术及发展前景[J]. 农家参谋，2019（18）：86.

厚朴

hou po

本品为木兰科植物厚朴*Magnolia officinalis* Rehd. et Wils.或凹叶厚朴*Magnolia officinalis*

Rehd. et Wils. var. *biloba* Rehd. et Wils.的干燥干皮、根皮及枝皮。

一、植物特征

1. 厚朴

　　落叶乔木，高5～20米，树皮粗厚，外皮灰褐色，枝粗壮，开展，灰棕色，皮孔圆形或椭圆形，凸起而显著；幼枝绿色。冬芽粗大，圆锥形，芽鳞被浅黄色绒毛。单叶互生，大形，7～9片集生枝顶；叶片革质，椭圆状倒卵形，长20～45厘米，宽10～25厘米，先端钝圆或短尖，基部楔形或圆形，全缘或微波状，幼叶下面被灰白色短绒毛，老叶上面光滑，下面有明显白粉，有20～40对平行而显著的侧脉；叶柄粗壮，长2.5～4厘米；托叶痕长约为叶柄的2/3。花与叶同时开放，单生枝顶，白色，有香气，直径10～15厘米；花梗粗壮而短；花被片9～12枚或更多，外轮3片绿色，盛开时向外反卷，内两轮白色，倒卵状匙形，厚肉质；雄蕊多数，花丝红色；雌蕊心皮多数，分离，雌蕊群与雄蕊群螺旋状着生于延长的花托上。聚合果长椭圆状卵形，长9～12厘米，直径5～6.5厘米，成熟后木质；蓇葖果木质，顶端有弯尖头，每室常具种子1枚；种子三角状倒卵形，外种皮鲜红，内种皮黑色。花期4～5月，果期9～10月。（图1）

图1　厚朴

2. 凹叶厚朴

与厚朴相似，主要区别是：叶片顶端凹缺成2钝圆浅裂片，裂片深2～6厘米，叶下表面几无白粉。聚合果基部较狭窄，为圆柱状卵形。花期4～5月，果期10月。

二、资源分布概况

厚朴分布于陕西、甘肃、浙江、江西、湖北、湖南、四川、贵州等地；凹叶厚朴分布于江西、安徽、浙江、福建、湖南、广西及广东北部。厚朴与凹叶厚朴多有交叉分布，且都有大面积人工栽培。

厚朴主产于四川广元、青川、平武、旺苍、北川、安县、绵阳、梓潼、盐亭、茂县、汶川、通江、南江、万源、白沙、纳溪、达县、都江堰、彭州、大邑、什邡、绵竹、崇州、邛崃、浦江、芦山、宝兴、天全、荥经、岷山、洪雅、峨眉、峨边、马边、沐川、雷波、美姑、宜宾、高县等，重庆开县、城口、巫溪、酉阳、黔江，湖北恩施、鹤峰、宣恩、巴东、建始、长阳、神农架、咸丰、来风、林归、兴山，贵州开阳、黔西、遵义、桐梓、赫章。尤以四川都江堰、彭州，湖北恩施、鹤峰，重庆酉阳、黔江等地最适宜。

福建浦城、福安、尤溪、政和、沙县、松溪、崇安、大田、建颐，浙江龙泉、景宁、云和、松阳、庆元、遂昌，湖南安化、资兴、东安、慈利、桃源，广西贺州、资源、龙胜、兴安、全州、富川等地均适宜凹叶厚朴生产。

三、生长习性

厚朴属喜光树种，喜凉爽、湿润、光照充足的环境，怕严寒、酷暑、水涝。要求年平均气温15～18℃，最低温度不低于-8℃，气温在15℃以上持续期在160～220天，年降水量在800～2000毫米，尤其在相对湿度大（70%以上，最好是在80%左右）、雾霭重重的地方生长最佳。土壤以疏松、肥沃、排水良好、含腐殖质较多的微酸性至中性的黄壤、红壤以及山地夹砂泥、细砂泥和石灰岩形成的冲积土为好。宜生于海拔600～1800米的向阳山坡、林缘处，尤以600～1500米的山区生长较好。

四、栽培技术

1. 生物学特性

厚朴种子具有后熟性和硬实性，种子寿命短，其种皮坚硬，发芽困难。冬播出苗率高，春播出苗率低，干种子出苗很少。厚朴生长较缓慢，但在幼树阶段生长较快。厚朴树龄8年以上进入成年树，花期4～5月，果熟期9～10月，凹叶厚朴6年以上就进入成年树，花期4～5月，果熟期10月。（图2）

图2　厚朴种子

2. 育种技术

选择生长健壮、无病虫害、皮厚实的植株留种。8～9月当果鳞露出红色种子时，选果大、种子饱满、无病的作种用。取出种子即可播种，也可用湿沙贮藏至次年春季播种。

3. 栽培技术

（1）整地

①造林地：宜选择海拔在600～800米，向阳避风的地带，以疏松肥沃、排水良好、含腐殖质较多的酸性至中性坡地为宜。造林可不用全翻耕，直接开穴亦可。

②育苗地：冬季深耕25～30厘米，让其休闲熟化，春季每亩施饼肥500千克、厩肥

1000千克作基肥，浅翻耙匀后开厢作床，床宽1.2米左右，床高20厘米，四周开好排水沟。

（2）播种育苗　厚朴多采用种子播种育苗移栽，此外还可以采用压条育苗和分蘖的方法。

①种子处理：将种子置清水中浸泡2天，捞出后与适量砂或粗糠混合，搓擦至红色蜡质全部去掉为止，再用清水冲洗干净，置于通风处晾干即可播种。

②播种期：冬播宜在当年10月中旬至12月，春播宜在翌年3月下旬至4月上旬，以春播为好。

③播种方法：在苗床上按行距20～30厘米开深约5厘米的浅沟，按株距6厘米左右播种，每粒盖细土2～3厘米，再铺盖一层稻草以保湿，约30天左右即可出苗。每亩用种量5～6千克。

④苗圃管理：出苗后选择适宜的天气揭去盖草，若覆盖地膜，温度过高时应揭膜通风降温。播种后25天左右厚朴幼苗根长4～5厘米，35～40天有50%～70%幼苗出土。齐苗后白天揭去地膜炼苗，晚上盖上地膜保温，反复4～6天后即可揭去地膜。苗期杂草易滋生，要经常除草。土壤较干旱时及时浇水，育苗地最好搭棚遮荫保湿。根据苗的长势追肥3～5次，第一次在苗长出2片真叶、苗高约5厘米左右时，以后几次一般间隔1个月左右。雨季加强排水。培育1～2年后苗高可长至60～80厘米，此时即可移到造林地定植。

（3）移栽定植　宜在早春雨水前后进行。厚朴按株行距（1.6～2）米×2米，凹叶厚朴按株行距2米×2.5米移植。种植穴以宽55厘米，深45厘米为宜，每穴施厩肥、土杂肥10～15千克作基肥。将苗挖起，剪短主根，蘸上磷肥，每穴栽1株，使根部自然舒展，栽后覆土压实，浇透定根水，盖一层松土。

4. 田间管理

（1）中耕除草　种植前期，每年冬、夏两季各进行1次中耕除草，每次中耕除草时在树基培土，并除去基部长出的小分株苗。

（2）追肥　追肥应结合中耕除草进行，每年夏初中耕之后，施腐熟粪水、尿素、过磷酸钙一次，冬季则施堆肥或土杂肥等培于根际。

（3）灌溉排水　定植时遇干旱应及时浇水。雨季及时排出积水。

（4）除蘖、整枝、截顶　经常除蘖。厚朴成林后应及时修剪弱枝、下垂枝和过密的枝条。定植10年后，树高9米左右时，可将主干顶梢截除。

（5）间伐　随着厚朴幼树长大，逐渐拥挤郁蔽，需要及时间伐，间伐宜在树木萌动前进行。

（6）斜割树皮　春季用刀从第一分枝下15厘米处起一直到基部围绕树干将树皮等距离斜割4～5刀，并用100毫克/升ABT2号生根粉溶液向刀口处喷雾。

5. 病虫害防治

（1）叶枯病　主要危害叶片。发病初期叶上病斑黑褐色，逐渐扩大呈灰白色布满叶片，最后叶片干枯死亡。

防治方法　发病初期及时摘除病叶，喷洒1∶1∶100波尔多液，7～10天1次，连续2～3次。

（2）根腐病　苗期发病，根部发黑腐烂，呈水渍状，全株枯死。

防治方法　注意及时排水；发现病株立即拔除，病穴用石灰消毒，或用50%多菌灵1000倍液浇灌病穴。

（3）褐天牛　幼虫在树皮下筑坑道，蛀食枝条。

防治方法　捕杀成虫；树干刷涂白剂防止成虫产卵；用80%敌敌畏浸棉球塞入蛀孔毒杀。

（4）褐边绿刺蛾和褐刺蛾　以幼虫蚕食叶片，常将叶片咬成孔洞。

防治方法　可喷90%敌百虫800倍液或Bt乳剂300倍液毒杀。

五、采收加工

1. 采收

（1）传统砍树剥皮法　选择定植后20～25年的树开始剥皮，采收时间一般在4～8月，以5～6月最好，因为此时树皮与木质部较易分离。这种方法对资源的破坏性较大。厚朴与凹叶厚朴采收方法略有不同。

①厚朴采收：在离地面10～15厘米处环切树皮一周，再在向上40～80厘米处环切一周，并在两环间沿树干纵切一刀，用扁竹刀剥下树皮，然后砍倒树木，去掉枝条，按规格的需要，从下往上分段剥下树皮。枝条和根条也按相同的方法剥取。剥下的皮自然卷成筒状，再以大套小，平放容器内，以待加工。

②凹叶厚朴采收：在离地面约66厘米处环切一周，再向地下挖3～6厘米，环切一周，并在两圈间纵切一刀，用扁竹刀剥下树皮。其余同厚朴的采收。

（2）现代环状剥皮技术　选择定植20年以上，树径达20厘米以上，树干较直的树开始剥皮，采收时间随海拔和气温而定，低海拔的地方，一般在5月中旬开始剥皮，而在海拔1500米以上的地方要在6月下旬才能进行。最好选择大气相对湿度为70%～80%的阴天采收。首先在距地面20厘米以上的地方用利刀环割一圈，再根据商品规格需要的长度向上再环割一圈，并在两圈间纵割一刀，切口斜度以45°～60°为宜，深度以不伤及形成层和木质部为准。用木刀将树皮撬起，慢慢剥下，剥皮后，马上用10毫克/升吲哚乙酸溶液、10毫克/升萘乙酸加10毫克/升赤霉素处理剥面，以加速新皮形成的速度，并用薄膜包扎起来，包扎时应上紧下松，利于雨水排出，并减少薄膜与木质部的接触面积，以后每周松绑通风一次，一个月后逐渐形成新皮。

2. 产地加工

（1）阴干法　将剥下的厚朴干皮、枝皮、根皮放在室内通风处搭好的木架上，按大小厚薄分别堆放，经常翻动，以加速干燥。阴干的厚朴油性足，味香，且不易破裂，比晒干的质量好。

（2）烫淋法　置沸水中微煮（3～5分钟），不断翻动，使其变软，转为黄色后，取出，置稻草上，上面用草覆盖，适当加压，堆放4～5天，发汗，至内皮变成紫褐色，气芳香时取出，撑开，晒至柔软，卷成筒状再晒干或烘干，再用水发湿，蒸软，趁热取出全面展开，卷成筒状，晒干或烘干即可。

（3）晒干法　即不经发汗，直接晒干而成。

六、药典标准

1. 药材性状

（1）干皮　呈卷筒状或双卷筒状，长30～35厘米，厚0.2～0.7厘米，习称"筒朴"；近根部的干皮一端展开如喇叭口，长13～15厘米，厚0.3～0.8厘米，习称"靴筒朴"。外表面灰棕色或灰褐色，粗糙，有时呈鳞片状，较易剥落，有明显椭圆形皮孔和纵皱纹，刮去粗皮者显黄棕色；内表面紫棕色或深紫褐色，较平滑，具细密纵纹，划之显油痕。质坚硬，不易折断，断面颗粒性，外层灰棕色，内层紫褐色或棕色，有油性，有的可见多数小亮星。气香，味辛辣、微苦。

（2）根皮（根朴）　呈单筒状或不规则块片；有的弯曲似鸡肠，习称"鸡肠朴"。质硬，较易折断，断面纤维性。

1cm

图3 厚朴药材

（3）枝皮（枝朴） 呈单筒状，长10～20厘米，厚0.1～0.2厘米。质脆，易折断，断面纤维性。

厚朴药材如图3所示。

2. 鉴别

（1）横切面 木栓层为10余列细胞；有的可见落皮层。皮层外侧有石细胞环带，内侧散有多数油细胞和石细胞群。韧皮部射线宽1～3列细胞；纤维多数个成束；亦有油细胞散在。

（2）粉末特征 粉末棕色。纤维甚多，直径15～32微米，壁甚厚，有的呈波浪形或一边呈锯齿状，木化，孔沟不明显。石细胞类方形、椭圆形、卵圆形或不规则分枝状，直径11～65微米，有时可见层纹。油细胞椭圆形或类圆形，直径50～85微米，含黄棕色油状物。

3. 检查

（1）水分 不得过15.0%。

（2）总灰分 不得过7.0%。

（3）酸不溶性灰分 不得过3.0%。

七、仓储运输

1. 仓储

药材仓储要求符合NY/T 1056—2006《绿色食品 贮藏运输准则》的规定。仓库应具有防虫、防鼠、防鸟的功能；要定期清理、消毒和通风换气，保持洁净卫生；不应与非绿色食品混放；不应和有毒、有害、有异味、易污染物品同库存放；在保管期间如果水分超过14%、包装袋打开、没有及时封口、包装物破碎等，导致厚朴吸收空气中的水分，发生返潮、结块、褐变、生虫等现象，必须采取相应的措施。

2. 运输

运输车辆应卫生合格，温度在16～20℃，湿度不高于30%，具备防暑防晒、防雨、防潮、防火等设备，符合装卸要求；进行批量运输时不应与其他有毒、有害、易串味物质混装。

八、药材规格等级

厚朴商品分为川朴、温朴、蔸朴、耳朴、根朴五种规格，其规格等级要求如下。

1. 川朴

一等：干货。卷成单筒或双筒状，两端平齐，表面黄棕色，有细密纵纹，内面紫棕色，平滑，划之显油痕。断面外侧黄棕色，内面紫棕色，显油润，纤维少。气香，味苦、辛。筒长40厘米，不超过43厘米，重500克以上。无青苔、杂质、霉变。

二等：筒长40厘米，不超过43厘米，重200克以上。其余同一等。

三等：筒长40厘米，重不少于100克。其余同一等。

四等：凡不符合上述规格者及碎片、枝朴，不分长短大小，均属此等。无青苔、杂质、霉变。

2. 温朴

一等：干货。卷成单筒或双筒，两端平齐。表面灰棕色或灰褐色，有纵皱纹，内面深紫色或紫棕色，平滑，质坚硬。断面外侧灰棕色，内侧紫棕色，颗粒状。气香，味苦辛。筒长40厘米，重800克以上。无青苔、杂质、霉变。

二等：筒长40厘米，重500克以上。其余同一等。

三等：筒长40厘米，重200克以上。其余同一等。

四等：凡不符合上述规格者及碎片、枝朴，不分长短大小，均属此等。无青苔、杂质、霉变。

3. 蔸朴

一等：干货。为靠近根部的干皮和根皮，似靴形，上端呈筒状。表面粗糙，灰棕色或灰褐色；内面深紫色，下端呈喇叭口状，显油润。断面紫棕色颗粒状，纤维性不明显。气香，味苦、辛。块长70厘米以上，重2千克以上。无青苔、杂质、霉变。

二等：块长70厘米，重2千克以下。其余同一等。

三等：块长40厘米，重500克以上。其余同一等。

4. 耳朴

统货。干货。为靠根部的干皮，呈块片状或半卷形，多似耳状。表面灰棕色或灰褐色，内面淡紫色。断面紫棕色，显油润，纤维少。气香，味苦、辛。大小不一。无青苔、泥土、杂质。

5. 根朴

一等：干货。呈卷筒状长条，表面土黄色或灰褐色，内面深紫色，质韧，断面显油润。气香，味苦、辛。条长70厘米，重400克以上。无木心、须根、杂质、霉变。

二等：长短不分，每枝重在400克以下。其余同一等。

九、药用价值

1. 临床常用

（1）湿阻中焦，脘闷腹胀　本品苦燥辛散，能燥湿，又下气除胀满，为消除胀满的要药，常与苍术、陈皮等同用，如《太平惠民和剂局方》平胃散。寒湿并重者，与干姜、附子配伍，如《全生指迷方》朴附丸，或《苏沈良方》健脾丸。

（2）食积气滞，腹胀便秘　本品可下气宽中，消积导滞，常与大黄、枳实同用，如《金匮要略》厚朴三物汤。若热结便秘者，配大黄、芒硝、枳实，以达峻下热结，消积导滞之效，如《伤寒论》大承气汤。

（3）痰饮喘咳　本品能燥湿化痰，下气平喘。若痰饮阻肺，肺气不降，咳喘胸闷者，可与紫苏子、陈皮、半夏等同用，如《太平惠民和剂局方》苏子降气汤；治湿痰阻肺，肺气上逆，咳喘痰多，与麻黄、石膏、杏仁等同用，如《金匮要略》厚朴麻黄汤；若素有喘病，因外感风寒而发者，可与桂枝、杏仁等同用，如《伤寒论》桂枝加厚朴杏子汤。

此外，本品可治七情郁结，痰气互阻，咽中如有物阻，咽之不下，吐之不出的梅核气证，配伍半夏、茯苓等药，如《金匮要略》半夏厚朴汤。

2. 现代医学应用

（1）慢性咽炎　用半夏厚朴汤合威灵仙治疗慢性咽炎50例。组成：半夏10克、厚朴10克、紫苏叶9克、茯苓10克、生姜5克、黄芩10克、威灵仙20克，随证加减。每日1剂，水煎4次服，30天一疗程，观察2疗程。结果：痊愈42例，好转7例，无效1例；总有效率98.0%。

（2）萎缩性胃炎　用半夏厚朴汤加味治疗萎缩性胃炎68例。组成：半夏12克、厚朴9克、茯苓12克、生姜9克、紫苏叶6克、延胡索9克、香附12克、郁金12克，随证加减。每日1剂，水煎3次服，4周1疗程，共3疗程。结果：显效23例，有效37例，无效8例；总有效率88.2%。

（3）慢性浅表性胃炎　用半夏厚朴汤加味治疗慢性浅表性胃炎98例。组成：半夏10克、厚朴15克、茯苓15克、生姜10克、紫苏叶12克、苍术15克、重楼20克。每日1剂，水煎3次服，7日为1疗程，连续服用时间最长5个疗程，最短1个疗程，一般为2～3个疗程。结果：治愈58例，好转37例，无效3例；总有效率96.9%。

（4）胆汁反流性胃炎　用自拟厚朴降逆汤治疗胆汁反流性胃炎32例。组成：厚朴15克、马齿苋25克、车前草25克、地锦草15克、代赭石（先煎）25克、干姜10克、半夏10克、甘草10克，随证加减。每日1剂，水煎3次服，20日为1疗程。结果：痊愈8例，显效9例，有效12例，无效3例；总有效率90.6%。

（5）胃轻瘫　用半夏厚朴汤加味治疗胃轻瘫38例。组成：法半夏10克、制厚朴10克、茯苓10克、紫苏梗10克、生甘草3克，随证加减。每日1剂，水煎2次服。结果：治愈15例，好转19例，无效4例；总有效率89.5%。

（6）轻中度胃下垂　用厚朴生姜半夏甘草人参汤加味合神阙膏治疗轻中度胃下垂35例。组成：厚朴12克、生姜6克、半夏10克、甘草6克、西洋参6克、乌药10克、木香10克。每日1剂，用开水200毫升冲化，分早晚2次温服，3剂为1疗程。结果：治愈19例，有效14例，无效2例；总有效率94.3%。

（7）肠麻痹　在非胃肠吻合术后6小时口服厚朴排气合剂50毫升，4小时后再服厚朴排气合剂50毫升，摇匀，温服，治疗腹部非胃肠吻合术后早期肠麻痹87例。结果：痊愈70例，显效8例，有效3例，无效6例；总有效率93.1%。

（8）消化性溃疡　用加减泻心汤治疗消化性溃疡48例。组成：半夏、干姜、甘草、党参、枳壳、厚朴各12克，黄连6克，吴茱萸9克，随证加减。每日1剂，水煎2次服。结果：治愈9例，好转35例，无效4例；总有效率91.7%。

（9）食管炎　用加味半夏厚朴汤治疗反流性食管炎180例。组成：姜半夏、厚朴、紫苏叶、陈皮、枳壳各10克，茯苓、白芍各15克，甘草3克，随证加减。水煎服，疗程最长者2月，最短者10日。结果：痊愈125例，好转47例，无效8例；有效率95.6%。

用自拟半夏厚朴汤治疗食管炎57例。组成：半夏15克，厚朴10克，茯苓13克，生姜16克，紫苏叶7克，随证加减。每日1剂，水煎2次空腹服，20天为1个疗程，联合西药杜灭芬片、溶菌酶含片、含碘喉症片治疗。结果：痊愈50例，好转5例，无效2例；总有效率96.5%。

（10）功能性消化不良　用半夏厚朴汤加味治疗功能性消化不良66例。组成：法半夏12克，厚朴、茯苓各15克，紫苏梗、莪术各10克，枳实6克，随证加减。每日1剂，水煎2次服，空腹服用，3周为1疗程。结果：痊愈31例，显效21例，有效13例，无效1例；总有效率98.5%。

（11）胆道手术后消化不良　用自拟桂枝厚朴汤治疗胆道手术后消化不良86例。组成：桂枝12克、厚朴15克、薏苡仁30克、苍术12克、木香8克、莪术10克、豆蔻6克、枳壳10克、青皮3克。每日1剂，水煎3次服。结果：治愈70例，好转12例，无效4例；总有效率95.3%。

（12）支气管哮喘　用桂枝加厚朴杏子汤治疗支气管哮喘46例。组成：桂枝9克、芍药6克、厚朴6克、杏仁9克、炙甘草6克、生姜9克、大枣12枚。每日1剂，水煎服用，用药2个月。结果：临床控制22例，显效13例，有效9例，无效2例；总有效率95.7%。

（13）咳嗽变异型哮喘　用桂枝加厚朴杏子汤加减治疗咳嗽变异型哮喘37例。组成：桂枝9克、芍药6克、厚朴6克、杏仁9克、炙甘草6克、生姜9克、大枣12枚。每日1剂，水煎服，用药2个月。结果：临床控制13例，显效11例，有效9例，无效4例；总有效率89.2%。

（14）急性支气管炎　用桂枝加厚朴杏子汤治疗急性支气管炎37例。组成：桂枝、白芍、生姜、大枣、杏仁各10克，厚朴15克，炙甘草6克，随证加减。每日1剂，水煎3次服。结果：治愈25例，好转12例；总有效率100%。

参考文献

[1]　谢宗万. 中药材品种论述（上册）[M]. 上海：上海科学技术出版社，1990：257–258.

[2] 彭成. 中华道地药材（中册）[M]. 北京：中国中医药出版社，2011：1784-1808.

[3] 张永太，吴皓. 厚朴药理学研究进展[J]. 中国中医药信息杂志，2005，12（5）：96-99.

[4] 王承南，夏传格. 厚朴药理作用及综合利用研究进展[J]. 经济林研究，2003，21（3）：80-81.

[5] 李棣华. 厚朴研究进展[J]. 辽宁中医药大学学报，2012（9）：220-222.

[6] 吕雪斌，罗安东，胡家敏，等. 厚朴药材研究进展[J]. 安徽农业科学，2011，39（16）：9614-9615.

[7] 雷虓，杨志玲，段红平，等. 药用植物厚朴种子研究进展[J]. 安徽农业科学，2013，41（10）：4324-4326.

[8] 龚建明，林勇. 厚朴的现代研究与进展[J]. 东南国防医药，2008，10（2）：125-126.

[9] 张林，王洪. 厚朴的现代药理研究进展[J]. 内蒙古中医药，2010，29（8）：105-107.

[10] 熊璇，于晓英，魏湘萍，等. 厚朴资源综合应用研究进展[J]. 林业调查规划，2009，34（4）：88-92.

[11] 廖朝林，郭杰，林先明. 恩施紫油厚朴规范化种植研究及产业发展对策[J]. 现代农业科技，2010（23）：376-377.

独活

du　huo

本品为伞形科植物重齿毛当归*Angelica pubescens* Maxim. f. *biserrata* Shan et Yuan的干燥根。

一、植物特征

多年生高大草本。根类圆柱形，棕褐色，长至15厘米，直径1～2.5厘米，有特殊香气。茎高1～2米，粗至1.5厘米，中空，常带紫色，光滑或稍有浅纵沟纹，上部有短糙毛。叶二回三出式羽状全裂，宽卵形，长20～30（～40）厘米，宽15～25厘米；茎生叶叶柄长达30～50厘米，基部膨大成长管状、半抱茎的厚膜质叶鞘。开展，背面无毛或稍被短柔毛；末回裂片膜质，卵圆形至长椭圆形，长5.5～18厘米，宽3～3.6厘米，先端渐尖，基部楔形，边缘有不整齐的尖锯齿或重锯齿，齿端有内曲的短尖头，顶生的末回裂片多3深裂，基部常沿叶轴下延成翅状，侧生的具短柄或无柄，两面沿叶脉及边缘有短柔毛；序托叶简化成囊状膨大的叶鞘，无毛，偶被疏短毛。复伞形花序顶生和侧生，花序梗长

5～16（～20）厘米，密被短糙毛；总苞片1，长钻形，有缘毛，早落；伞辐10～25，长1.5～5厘米，密被短糙毛；伞形花序有花17～28（～36）朵；小总苞片5～10，阔披针形，比花柄短，先端有长尖，背面及边缘被短毛；花白色；无萼齿；花瓣倒卵形，先端内凹；花柱基扁圆盘状。果实椭圆形，长6～8毫米，宽3～5毫米，侧翅与果体等宽或略狭，背棱线形，隆起，棱槽间有油管（1）2～3，合生面有油管2～4（～6）。花期8～9月，果期9～10月。（图1）

图1　重齿毛当归
（来源于《新编中国药材学》第四卷）

二、资源分布概况

产于安徽、浙江、江西、湖北、四川等地。以四川产者品质为优。

三、生长习性

重齿毛当归喜阴凉潮湿气候，耐寒，宜生长在海拔1200～2000米的高寒山区。以土层深厚，富含腐殖质的黑色发泡土、黄砂土栽培，不宜在土层浅、积水地和黏性土壤上种植。独活种植一般以三年为一个周期，第一年育苗、第二年移栽收获、第三年育种，如此循环反复。

四、栽培技术

1. 种植材料

选取健壮、无病的植株，挂上留种标签，待花期时除去一些倒梢及残花，并施入磷钾肥，促果实饱满，10月份左右果实成熟时收取种子干燥即可。

2. 选地与整地

重齿毛当归耐寒、喜潮湿环境，适宜生长在海拔1200～2000米的高寒山区，可选择处于半阴坡的土层深厚、土质疏松、富含腐殖质、排水良好的砂壤土或黑色发泡土。而土层浅、积水坡和黏性土壤均不宜种植。一般深翻30厘米以上，每亩施圈肥或土杂肥3000～4000千克作基肥，肥料要捣细，撒匀，翻入土中，然后耙细整平，作成高畦，四周开好排水沟。(图2)

图2　独活栽培田整地

3. 播种

（1）种子繁殖　一般采用直播。冬播在10月采鲜种后立即播种，春播在清明前后。分条播或穴播：条播按行距50厘米，开沟3～4厘米深，将种子均匀撒入沟内；穴播按行距50厘米，穴距20～30厘米点播。开穴要求口大底平，每穴播种10～15粒，覆土2～3厘米，稍压，每亩用种子约1千克。出苗前后保持土壤湿润。

（2）根芽繁殖　秋后地上部分枯萎时挖出母株，切下带芽的根头（不宜选大条），在畦内按行距30厘米，株距20厘米开穴，每穴放根头1～2个，芽立直向上，原已出芽的芽头栽出土，未出土的牙尖应在土表下3～4厘米。栽后稍压实表土，再浇水稳根。第2年春季出苗。此法较少应用。

4. 田间管理

（1）中耕除草　春季苗高20～30厘米时进行中耕除草，头年5～8月每月1次，除草后结合施清水粪肥以提苗壮苗。(图3)

（2）定苗　苗高20～30厘米时及时间苗，通常每30～50厘米的距离内留1～2株大苗就地生长，余苗另行移栽。春栽2～4月，秋栽9～10月，以春栽为好。

（3）追肥　一般结合中耕除草时施入。春夏季施入人畜粪水或尿素，冬季施入饼肥，

图3 中耕除草图

每亩40～50千克，过磷酸钙30～50千克，堆肥1000～1500千克，在堆沤腐熟之后施入，施肥后培土，防止倒伏，并促进安全越冬。

（4）摘花 由于生殖生长与营养生长存在着竞争关系，生殖生长旺时，营养生长就偏差，则植株根部营养少，根干瘪，使药材质量下降，甚至不能作为药用。

（5）追肥壅蔸 一般在春、秋、冬三季，结合除草追施猪粪或牛粪、堆肥各1次。冬季可混合高山森林腐殖质土追肥，根部壅蔸，以防止倒伏，安全越冬。

（6）良种培育 这是提高产量和质量的重要措施之一。收获时，选择中等、无分支、无破伤的完整根，按行株距50厘米移栽到另一块田里培育，并在冬季和第2年加强田间管理，待成熟后采下种子。待播。

独活大田栽培如图4所示。

5. 病虫害防治

（1）根腐病 高温多雨季节在低洼积水处易发生。

防治方法 注意排水，选用无菌种苗；用1∶1∶150波尔多溶液浸种后，晾干再播种；发病初期，用50%多菌灵1000倍液喷施，忌连作。

（2）蚜虫和红蜘蛛 蚜虫、红蜘蛛吸食茎叶汁液，造成危害。

防治方法 害虫发生期可喷50%杀螟松1000～2000倍液，每7～10天1次，连续数

图4 独活大田栽培

次。还可用1∶2000乐果剂防治。

（3）黄凤蝶 以幼虫危害叶、花蕾、花梗。

防治方法 害虫发生期可用90%敌百虫800倍液喷雾，每5～7天1次，连续2～3次。还可用青虫菌（每克含100亿孢子）300倍液喷雾。

五、采收加工

1. 采收

育苗移栽的当年10～11月就可收获；直播的重齿毛当归2年后采收，霜降后割去地上茎叶，挖出根部，挖时忌挖伤挖断，挖出后抖掉泥土。（图5）

2. 加工

独活加工时先切去芦头和细根，摊晾，待水分稍干后，堆放于炕房内，用柴火熏炕，经常检查并勤翻动，熏至六七成干时，堆放回潮，抖掉灰土，然后将独活理顺扎成小捆，再入炕房，根头部朝下，用温火炕至全干即可。（图6）

图5 独活采收 图6 独活晾晒

六、药典标准

1. 药材性状

本品根略呈圆柱形，下部2～3分枝或更多，长10～30厘米。根头部膨大，圆锥状，多横皱纹，直径1.5～3厘米，顶端有茎、叶的残基或凹陷。表面灰褐色或棕褐色，具纵皱纹，有横长皮孔样突起及稍突起的细根痕。质较硬，受潮则变软，断面皮部灰白色，有多数散在的棕色油室，木部灰黄色至黄棕色，形成层环棕色。有特异香气，味苦、辛、微麻舌。（图7）

图7 独活药材

2. 鉴别

本品横切面：木栓细胞数列。栓内层窄，有少数油室。韧皮部宽广，约占根的1/2；

油室较多，排成数轮，切向径约至153微米，周围分泌细胞6～10个。形成层成环。木质部射线宽1～2列细胞；导管稀少，直径约至84微米，常单个径向排列。薄壁细胞含淀粉粒。

3. 检查

（1）水分　不得过10.0%。

（2）总灰分　不得过8.0%。

（3）酸不溶性灰分　不得过3.0%。

七、仓储运输

1. 仓储

鲜独活在阴凉干燥处，0～20℃条件下贮存，可保存60天。

干独活在密封、干燥、低温、阴凉处贮存，可保存6个月。

2. 运输

运输产品时应避免日晒雨淋，不得与有毒、有害、有异味或影响产品品质的物品混装运输，运输工具应清洁、干燥、无污染。

八、药材规格等级

根据市场流通情况，对药材进行等级划分，将独活分为"选货"和"统货"两个规格。

选货：无支根或切除直径1厘米以下的须根。

统货：下部2～3分支或更多。

九、药用价值

1. 镇静、催眠、镇痛和抗炎作用

独活煎剂或流浸膏给大鼠或小鼠口服或腹腔注射，均可产生镇静乃至催眠作用。独活

能明显抑制中枢神经，发挥安神与镇静作用。与牡丹皮、酸枣仁等有中枢抑制作用的中药相比，独活的毒性较大。独活可防止士的宁对蛙的惊厥作用，但不能使其免于死亡。独活煎剂腹腔注射，可明显延长小鼠热板法造成的动物疼痛反应时间，表明其有明显镇痛作用。独活寄生汤同样有镇静、催眠及镇痛作用，对大鼠甲醛性脚肿有一定抑制作用，能使炎症减轻，肿胀消退加快。

2. 对心血管系统的作用

独活对离体蛙心有明显抑制作用，随剂量加大最终可使心脏停止收缩。从独活中分离出γ-氨基丁酸可对抗多种实验性心律失常，并影响大白鼠心室肌动作电位。

用独活酊剂或煎剂对麻醉犬静脉注射均有明显降压作用，但不持久。酊剂作用大于煎剂，切断双侧迷走神经不影响独活降压效果，但注射阿托品后，降压作用受到部分或全部抑制。

动物实验表明：独活醇提取物能抑制ADP体外诱导的大鼠血小板聚集，聚集抑制率随药物浓度提高而增加；对血栓的形成有非常显著的抑制作用；对Chandler法形成的体外血栓有抑制作用，既能后延"雪暴"发生时间、特异性血栓形成时间和纤维蛋白血栓形成时间，亦能使血栓长度缩短，湿重减轻，对小鼠尾出血时间有明显延长作用。

3. 抗菌作用

独活煎剂对人型结核杆菌有抗菌作用；独活中的伞形花内酯对布鲁菌有明显抑制作用；独活所含花椒毒素等呋喃香豆素类化合物一般无明显抗菌活性，但它们与金黄色葡萄球菌、大肠埃希菌等一起曝光，则也发生光敏感作用，使细菌死亡。

4. 解痉作用

独活中的佛手柑内酯、花椒毒素、异虎耳草素等对兔回肠有明显的解痉作用；异虎耳草素、虎耳草素、白芷素能显著对抗氯化钡所致的十二指肠段痉挛。

5. 其他作用

独活能使离体蛙腹直肌发生收缩；独活静脉注射时可兴奋呼吸，使其加深加快，用奴弗卡因封闭血管壁化学感受器不能使其作用减弱；独活中的佛手柑内酯及虎耳草素对大鼠实验性胃溃疡有中等强度的保护作用，异虎耳草素与花椒毒素作用较弱。

参考文献

[1] 谢宗万. 中药材品种论述（上册）[M]. 上海：上海科学技术出版社，1990：84-86.

[2] 彭成. 中华道地药材（下册）[M]. 北京：中国中医药出版社，2011：3611-3626.

jiao gu lan

绞股蓝

本品为葫芦科植物绞股蓝 *Gynostemma pentaphyllum*（Thunb.）Makino的干燥地上部分。

一、植物特征

草质攀缘植物；茎细弱，具分枝，具纵棱及槽，无毛或疏被短柔毛。叶膜质或纸质，鸟足状，具3～9小叶，通常5～7小叶，叶柄长3～7厘米，被短柔毛或无毛；小叶片卵状长圆形或披针形，中央小叶长3～12厘米，宽1.5～4厘米，侧生叶较小，先端急尖或短渐尖，基部渐狭，边缘具波状齿或圆齿状牙齿，上面深绿色，背面淡绿色，两面均疏被短硬毛，侧脉6～8对，上面平坦，背面凸起，细脉网状；小叶柄略叉开，长1～5毫米。卷须纤细，2歧，稀单一，无毛或基部被短柔毛。花雌雄异株。雄花圆锥花序，花序轴纤细，多分枝，长10～15厘米，分枝广展，长3～4厘米，有时基部具小叶，被短柔毛；花梗丝状，长1～4毫米，基部具钻状小苞片；花萼筒极短，5裂，裂片三角形，长约0.7毫米，先端急尖；花冠淡绿色或白色，5深裂，裂片卵状披针形，长2.5～3毫米，宽约1毫米，先端长渐尖，具1脉，边缘具缘毛状小齿；雄蕊5，花丝短，联合成柱，花药着生于柱之顶端。雌花圆锥花序远较雄花之短小，花萼及花冠似雄花；子房球形，2～3室，花柱3枚，短而叉开，柱头2裂；具短小的退化雄蕊5枚。果实肉质不裂，球形，径5～6毫米，成熟后黑色，光滑无毛，内含倒垂种子2粒。种子卵状心形，径约4毫米，灰褐色或深褐色，顶端钝，基部心形，压扁，两面具乳突状凸起。花期3～11月，果期4～12月。（图1）

图1　绞股蓝

二、资源分布概况

产陕西南部和长江以南各省区。生于海拔300～3200米的山谷密林中、山坡疏林、灌丛中或路旁草丛中。

三、生长习性

绞股蓝具有顽强的生命力和对生态环境的广泛适应性，喜阴凉湿润，忌高温干旱。气温达35℃以上时停止生长。

四、栽培技术

1. 种植材料

大田生产可用种子播种和扦插繁殖两种方式。扦插材料，一是剪取株的茎蔓进行扦插；二是利用根状茎作无性繁殖。

2. 选地与整地

（1）选地 土壤应为疏松、通气、排水条件好的砂土或砂壤土。土壤pH值应在5.5～7.5。应选择郁闭度小于0.7的天然林或人工林地。清除灌丛、草丛和过密乔木；也可与树木间作。

（2）整地 在大田作畦，畦宽1～1.3米，畦高15～20厘米，畦沟宽30厘米，以便排水以及田间管理。林下生地可带状整地，保留带宽2～4米。清除整地带内灌木杂草，保留乔木，翻土20厘米深。每亩施农家肥2000～4000千克，配施过磷酸钙和草木灰各100千克作为基肥。

3. 播种

（1）种子繁殖 播种期为3月下旬至4月上旬。先用冷水将去年采的种子浸泡28小时然后温水浸泡1～2小时。采用条播方式，条幅15厘米，每隔5厘米点播种子1粒，覆土1～2厘米。播种后畦上盖一层薄草，淋水，保持土壤湿润。日平均气温10℃以上，播种后20～35天发芽出土。一般野生种子出苗率约为84%。出苗后注意保持湿润，拔除杂草，20～25天长出2～3片真叶，即可移栽定植。

（2）扦插繁殖 在植株的整个营养生长期间均可进行扦插。在气候温暖的地区，植株春季发芽早，茎蔓延伸快，扦插时间可从3月下旬至4月上旬开始；在气候冷凉地区，植株休眠期较长，早春发芽迟，6～8月，采集野生或人工栽培的绞股蓝植株，从距基部60厘米处剪下，截成若干段，每段保证至少2节，约10厘米长。剪去下部叶片。在整好的畦地上，按株距5厘米、行距15厘米用小棍扎孔，将插穗按原来生长的方向，把茎蔓下部1～2节插入孔内，稍压紧，及时浇水并保持阴湿即可，两周左右生根成活。

4. 田间管理

（1）定植 宜选在日平均气温稳定在15℃以上的阴天移栽。定植密度各地差异较大，从每亩200～15 000株不等，定植宜密不宜稀，密植封行早，抑制杂草生长，茎叶相互荫蔽，生长旺盛，采收早，产高质优。绞股蓝定植次年产量最高，为持续高产，最好3～4年更新一次。挖出地下茎，换地块重新种植。绞股蓝不宜连作，连作不但病虫害加重，也不利持续高产。

（2）中耕除草 在幼苗未封行前要经常中耕除草，若发现缺苗断垄需及时补苗。

（3）追肥 绞股蓝以收获茎叶为目的，追肥要多施促进茎叶旺长的氮素肥料，兼顾氮、磷、钾三要素的平衡。定株成活后，每亩施腐熟粪水1000千克，以促苗壮。15天后第2次追肥，每亩施腐熟粪水1500千克，以促茎叶旺盛生长，早封行。亦可追施饼肥及复合肥料，同时结合根外施肥，尿素250克，磷酸二氢钾100克，加水50千克，搅拌后均匀喷洒于叶面、叶背，喷肥时间选择阴天傍晚最佳。以后追肥多在采收后立即进行，每次每亩施充分腐熟的粪水2500千克、尿素20千克、复合肥料20千克。在绞股蓝旺盛生长期，适时适量施好追肥是增产的关键。

（4）灌溉排水　绞股蓝需水较多，喜湿怕干旱，但不耐渍，整个生育过程宜保持土壤湿润。

（5）搭架引蔓　当茎蔓长20～30厘米或封行前，用细竹竿或树枝，引导藤蔓攀绕生长，利于通风透气，便于采收和提高产量。

5. 病虫害防治

（1）花叶病　可用50%多菌灵或1∶1∶100波尔多液喷洒，7天1次，连喷2～3遍。建立无病留种田，加强田间管理，保证肥水供应，尽量避免高温干旱出现，促使植株生长健壮，可减轻发病。

（2）白粉病　拔除病株、清洁田园。及时割除发病中心病株，以免扩散。收割后，及时清除病残株及落叶，烧毁或沤肥，堆肥要充分腐熟后，方可施入地内。发病初期用20%甲基托布津可湿性粉剂1000～1500倍液或50%托布津可湿性粉剂500～800倍液喷药，以后每隔7～10天喷1次，连喷2～3次，效果较好。用可湿性硫黄300倍悬浮液，先将硫黄粉包于粗布内，在水中用力搓洗，使之成为良好的悬浮液，即可喷洒，一般每隔5～7天1次，连喷2～3次。发病初、盛期用15%粉锈宁可湿性粉剂1500倍液各喷1次。

（3）虫害　主要为三星黄萤叶甲。多发生于6～10月，咬食近地叶片，严重时使叶片造成缺刻，影响生长和产量。虫害发生时，用40%乐果乳剂1000倍液或90%敌百虫1500倍液喷杀，7天1次，连续喷洒2～3次。

绞股蓝栽培如图2所示。

五、采收加工

1. 采收

绞股蓝一年采收2次，多在6月下旬和10月下旬。收割时留茬高5～10厘米，除去杂

图2 绞股蓝栽培

草、泥土，切成10厘米长的小段，置阴凉通风处，风干后，密封贮藏待售。注意防止受潮变色，切忌强光暴晒。（图3）

2. 加工

采收后去掉杂质，扎成小把，架空挂在竹竿上，置通风干燥处晒干，不可曝晒，晾至半干时，用刀切成10厘米左右

图3 绞股蓝采收

的小段，继续摊晾至充分干燥。如遇雨天，则采用低温烘干。干后装入塑料袋或麻袋内，放通风干燥处贮藏。一般亩产干品200～300千克，高产可达400千克以上。折干率20%左右。

六、地方标准

绞股蓝未被《中国药典》收录，此处按山西省中药材、中药饮片质量标准执行。

1. 药材性状

本品呈皱缩卷曲状，茎呈棱柱形，纤细，多分枝，表面黄绿色或褐绿色，有短柔毛，质韧，不易折断。叶腋具黄棕色卷须，顶端不分叉或2分叉。叶互生，大多数脱落或破碎，完整者呈鸟足状复叶，叶柄长2～4厘米，被柔毛；小叶膜质，通常5～7片，卵状矩圆形，中间者较长，先端渐尖，基部楔形，叶缘有锯齿；圆锥花序，总花梗细，长10～20厘米。浆果球形，种子1～3枚，宽卵形，两面有小疣状凸起。气微香，味微苦、甘。（图4）

1cm

图4 绞股蓝药材

2. 鉴别

（1）茎横切面 表皮细胞长方形，单列，外被薄的角质层，上有多细胞及单细胞非腺毛。皮层窄，外方角隅处有厚角组织，老茎内方有成环的纤维束，幼茎纤维束不明显。维管束双韧型，排列成环。髓部由薄壁细胞组成，薄壁细胞内含有淀粉粒，有的薄壁细胞解体中空。

（2）粉末特征 粉末灰绿色。叶表皮细胞不规则形，壁微波状弯曲，气孔不定式，副卫细胞4～6个。茎表皮细胞黄绿色，表面观呈类方形或类长方形。腺毛头部多由4个细胞组成，腺柄由1～2个细胞组成。非腺毛有多细胞和单细胞两种，多细胞非腺毛表面具角质线状纹理。具缘纹孔、螺纹或环纹导管。纤维多碎断。石细胞棕黄色，成群或单个散在，呈类方形、类长方形或纤维状，壁厚，层纹明显，孔沟清晰。淀粉粒存在于薄壁细胞中。

3. 检查

（1）水分　不得过12.0%。

（2）总灰分　不得过16.0%。

（3）酸不溶性灰分　不得过3.0%。

（4）杂质　不得过2.5%。

（5）重金属　照重金属检查法测定，不得过百万分之十。

（6）有机氯农药残留量　照农药残留量测定法测定，六六六（总BHC）不得过千万分之二；滴滴涕（总DDT）不得过千万分之二。

4. 浸出物

照醇溶性浸出物测定法项下的热浸法测定，用乙醇作溶剂，不得少于7.0%。

七、仓储运输

1. 仓储

仓储环境必须干燥，同时要保证适宜的温度（一般0～5℃较合适），通风情况良好。

2. 运输

运输工具必须清洁、干燥、无异味、无污染，具有良好的通气性，运输过程中应注意防雨淋、防潮、防曝晒。同时不得与其他有毒、有害、有污染、易串味的物质混装。

八、药材规格等级

统货。以色暗绿、枝叶完整者为佳。

九、药用食用价值

1. 临床常用

（1）治疗高脂血症　绞股蓝总苷可显著降低高脂血症模型三酰甘油、胆固醇含量，绞股蓝总苷对高粘血症的血液流变学指标也具有非常显著的改善作用。临床研究发现，绞股蓝总苷不仅具有明确的降脂作用，而且能显著改善临床症状、体征。

（2）治疗老年脑血管性痴呆　绞股蓝总苷胶囊具有较显著的降低三酰甘油、低密度脂蛋白，升高高密度脂蛋白的作用，对治疗脑动脉硬化，增加脑血流量，改善脑血管性痴呆症状具有确切的效果。

（3）治疗肿瘤　绞股蓝总苷对胃癌、直肠癌、子宫癌、食管癌及胆、胰、肾、肺、肝、舌癌及肉瘤等均有效。绞股蓝可使瘤体缩小，缓解症状，控制病变范围及转移途径。临床观察提示该药可增强癌症患者T淋巴细胞的免疫功能，与化疗药并用有增效作用，同时绞股蓝可防治因化疗引起的白细胞减少。

2. 食疗及保健

（1）绞股蓝茶　具有降血脂，调节脂肪代谢、减肥、护肝、调整血压、镇静、抗紧张、催眠、镇痛的功效。目前市场上的绞股蓝同类产品多达20余种。绞股蓝茶一般按照包装或加工工艺分类，有袋泡茶、珠型茶、片型茶，按照加工程度可分为粗加工茶、再加工茶和深加工保健茶，按照产品形态分类有固态茶、半固态茶和液态茶。

（2）绞股蓝酒　将绞股蓝鲜叶用100℃的水蒸气蒸101～120秒，使能分解绞股蓝皂苷的酶失去活性，又可对原料起杀菌消毒作用，确保所配制的绞股蓝酒质稳定。绞股蓝酒每100毫升含绞股蓝皂苷120毫克，该酒含有18种氨基酸，其中包括人体必需的8种氨基酸，微量元素也很丰富。

参考文献

[1]　中国科学院中国植物志编委会. 中国植物志[M]. 北京：科学出版社，1993：18.
[2]　彭炎辉. 绞股蓝栽培技术要点[J]. 农村百事通，2020（21）：40-41.
[3]　李品汉. 绞股蓝及其人工栽培技术[J]. 科学种养，2016（6）：19-21.
[4]　吴正芝. 绞股蓝栽培技术[J]. 农村新技术，2013（3）：7-8.

[5] 李敏. 中药材规范化生产与管理（GAP）方法及技术[M]. 北京：中国医药科技出版社，2005.

[6] 沈子琳，王振波，侯会芳，等. 绞股蓝的化学成分和药理作用及应用研究新进展[J]. 人参研究，
     2020，32（5）：59-64.

[7] 王晓晨，白广德. 绞股蓝药理研究进展[J]. 首都食品与医药，2019，26（14）：7-8.

[8] 周建华，张兴亚. 绞股蓝开发研究新进展及应用[J]. 食品科技，2010，35（2）：74-77.

柴 胡
chai   hu

本品为伞形科植物柴胡*Bupleurum chinense* DC.或狭叶柴胡*Bupleurum scorzonerifolium* Willd.的干燥根。按性状不同，前者习称"北柴胡"，后者为"南柴胡"。

一、植物特征

1. 柴胡

多年生草本，高50～85厘米。根分支，主根较粗大，棕褐色，质坚硬。茎单一或数茎，表面有细纵槽纹，上部多回分枝，稍呈"之"字形弯曲。叶互生，基生叶线状披针形或披针形，先端具突尖，基部渐狭成长柄；茎生叶近无柄，长圆状披针形至倒披针形，长4～12厘米，宽5～16（20）毫米，最宽处常在中部，先端渐尖，基部渐狭，上面绿色，下面粉绿色，具平行脉7～9条。复伞形花序腋生或顶生，伞辐4～10；总苞片1～2，披针形，常脱落；小总苞片5～7，披针形，通常比小花短；花瓣5，黄色，先端向内反卷；雄蕊5；花柱2，花柱基扁平。双悬果广椭圆形至椭圆形，左右扁，长2.5～3毫米，果棱明显，棱槽中通常具油管3条，合生面有油管4条。花期7～9月，果期10月。（图1、图2）

2. 狭叶柴胡

与柴胡的主要区别是：主根较发达，常不分支，表面红褐色。基生叶有长柄，叶片线形至线状披针形，平行脉5～7条；伞梗较多，小伞梗10～20。

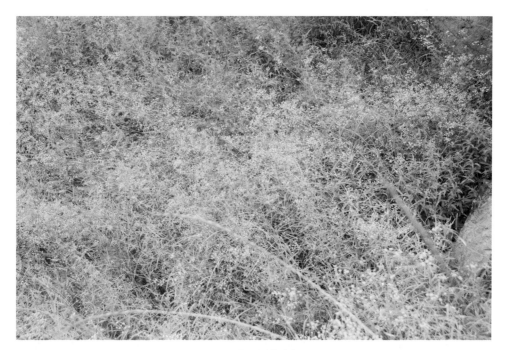

图1 柴胡野生群落

图2 柴胡花序

二、资源分布概况

北柴胡主产于河北、河南、辽宁、湖北等省，南柴胡主产于湖北、四川、安徽、黑龙江等省。

三、生长习性

多野生于阳坡和半阳坡或林间草地及干燥的草原，喜欢生长于林缘、林中隙地、草丛及沟旁等地，对土壤的要求并不严格。喜温暖、阳光充足、营养丰富的环境。

四、栽培技术

1. 选地整地

选择避风向阳，地势平坦，排灌方便，土层深厚的夹砂土或砂壤土为佳，土壤pH 6.5～7.5，盐碱地、低洼易涝地段和黏重土壤不适宜种植柴胡。育苗地整地要精细，耕翻深度25厘米以上，清除石块、根茬和杂草，做到精耕细作；直播田整地，深翻30厘米以上。一般每亩施入腐熟农家肥5000千克，配施过磷酸钙50千克，耙平作畦，畦宽1.3米，坡地可只开排水沟不作畦。

2. 播种和移栽

柴胡主要采取种子繁殖，分为直播和育苗移栽。

（1）种子的播前处理　柴胡种子出苗率低，播种前半个月常用浓度0.8%～1%高锰酸钾水溶液或0.3%～0.5%生长调节剂（如6-BA浸泡液）浸种，或用超声波处理种子3～5分钟，可有效地提高种子出苗率。（图3）

（2）育苗移栽　育苗田要施入充足的农家肥作底肥，每亩用优质农家肥

图3　柴胡种子

2500～3000千克，磷酸二铵10～12千克，充分混合均匀后施入20厘米耕层中，作1.2～1.5米宽的畦。3月下旬在已整好的畦面上，将处理好的种子撒播或条播。条播按行距10厘米开沟撒种，每亩用种子500～750克，覆土0.5～1厘米，浇水，覆盖稻草、麦秆或塑料薄膜。播种10天左右出苗。苗高5～6厘米时挖取带土秧苗，在整好的畦面上，按株距6～10厘米定植，定植后及时浇水，做好保墒保苗工作。亦可秋季回苗后移栽。

（3）直播　大面积生产采用直播。一般在3～4月上旬，当土壤表层温度稳定在10℃以上时播种。在整好的畦面上按15～18厘米的行距开浅沟，沟深3～4厘米，将处理后的种子撒入沟内，覆盖薄土，浇透水，覆草保温保湿，播种量为每亩1.5千克左右。

3. 田间管理

（1）中耕除草　苗期勤除草，生长期要进行3～4次中耕，有利于改善柴胡根系生长环境，促根深扎，增加粗度，减少分支。

（2）间苗定苗　当幼苗长到3～5厘米高时进行疏苗，并除去弱苗、病苗。苗长到5～7厘米高时进行定苗，每平方米留苗50株左右。

（3）追肥浇水　定苗后施清淡腐熟粪水1次，或用1%过磷酸钙溶液进行根外施肥。每年结合中耕追肥2次，每次每亩施尿素10～12千克，追肥后浇一次透水。

（4）摘蕾促根　不作留种田的地块，在柴胡花蕾期，进行2～3次摘蕾，减少植株营养消耗，有利于提高根的产量和质量。

柴胡种植基地如图4所示。

图4　柴胡种植基地（王平　摄）

4. 病虫害防治

（1）根腐病　为柴胡的主要病害，多发生于二年生植株，高温多雨季节易发病。

防治方法　选择未被污染的土壤，使用充分腐熟的农家肥和磷肥，少用氮肥；忌连作，与禾本科植物轮作；注意排水，种植前进行土壤消毒；定植、选苗时严格剔除病株弱苗，选壮苗。种苗用50%托布津1000倍液浸根5分钟，晾干后栽种；收获前增施磷、钾肥，促进植株生长健壮，增强抗病能力。

（2）锈病　为真菌感染，多发生在5～6月份。

防治方法　清洁田园，消灭病残株和田间杂草；开花前喷敌锈钠300倍液，7天1次。

（3）斑枯病　为真菌感染，夏秋季易发生，8月为发病盛期。

防治方法　入冬前彻底清园，及时清除病残体并集中烧毁或深埋；7月上旬用1：1：160波尔多液防治。8月上旬用50%代森锰锌600倍液、50%多菌灵500倍液或70%甲基托布津800～1000倍液等药剂，视病情喷3～4次，间隔10～15天。

（4）黄凤蝶　幼虫危害叶、花蕾。

防治方法　用90%晶体敌百虫800倍液、BT 300倍液或50%杀螟松乳油500倍液喷雾防治，每10天1次，连续2～3次；青虫菌300倍液喷雾防治幼虫。

（5）蚜虫　吸取嫩叶、茎的汁液，造成苗株枯萎。

防治方法　喷40%乐果乳油1500～2000倍液或800～1500倍液，每周1次，连续2～3次。

（6）赤条蝽象　成虫或若虫吸取茎叶汁液，使植株生长不良。

防治方法　喷90%敌百虫800倍液防治。

五、采收加工

1. 采收

柴胡春秋均可采挖，以秋季采挖为宜。春季采挖的柴胡叫"春柴胡""牙胡"或"草柴胡"，在播后第二、三年春季幼苗出土6厘米左右时刨出全根，晒干供药用。秋季采挖是在播后第二、三年9～10月植株开始枯萎时，用药叉采挖。

2. 加工

采挖后剪去残茎和须根，抖去泥土，将根晒至半干，捆成0.5千克重的小捆，再晒干或切片晒干供药用。

两年生柴胡亩产100～150千克，三年生柴胡亩产150～200千克。折干率为30%～40%。

六、药典标准

1. 药材性状

（1）北柴胡　呈圆柱形或长圆锥形，长6～15厘米，直径0.3～0.8厘米。根头膨大，顶端残留3～15个茎基或短纤维状叶基，下部分枝。表面黑褐色或浅棕色，具纵皱纹、支根痕及皮孔。质硬而韧，不易折断，断面显纤维性，皮部浅棕色，木部黄白色。气微香，味微苦。

（2）南柴胡　根较细，圆锥形，顶端有多数细毛状枯叶纤维，下部多不分枝或稍分枝。表面红棕色或黑棕色，靠近根头处多具细密环纹。质稍软，易折断，断面略平坦，不显纤维性。具败油气。

柴胡药材如图5所示。

1cm

图5　柴胡药材

2. 检查

（1）水分　不得过10.0%

（2）总灰分　不得过8.0%

（3）酸不溶性灰分　不得过3.0%

3. 浸出物

照醇溶性浸出物测定法项下的热浸法测定，用乙醇作溶剂，不得少于11.0%。

七、仓储运输

1. 仓储

置通风干燥处，防止受潮、霉变及虫蛀。雨季前后多晾晒，生虫亦可用氯化钴或硫黄熏。温度30℃以下，相对湿度65%～75%。

2. 运输

运输中注意防雨、防潮、防虫、防污染。

八、药材规格等级

（1）栽培北柴胡　本品呈圆柱形或长圆锥形。上粗下细，顺直或弯曲，多分支。头部膨大，呈疙瘩状，下部多分支。表面灰褐色至浅棕色，有纵皱纹。质硬而韧，断面黄白色。显纤维性。微有香气，味微苦辛。分为选货和统货两个等级。

选货：中部直径＞0.4厘米，无残茎。

统货：中部直径＞0.3厘米，偶见残茎。

（2）野生北柴胡　本品呈圆柱形或长圆锥形。上粗下细，顺直或弯曲，多分支。头部膨大，呈疙瘩状，下部多分支。表面黑褐色，有纵皱纹、支根痕及皮孔。质硬而韧，不易折断，断面纤维性较强，皮部浅棕色，木部黄白色。气微香，味微苦辛。本品为统货。

（3）南柴胡　本品呈类圆锥形，少有分支，略弯曲。顶端有多数细毛状枯叶纤维。表面浅棕色或红褐色，有纵皱纹及须根痕。断面淡棕色。微有香气，味微苦辛。统货，大小不分，残留苗茎不超过0.5厘米。具败油气，不显纤维性，质稍软，易折断。

九、药用价值

柴胡味辛、苦，性微寒。归肝、肺经。具有疏散退热，疏肝解郁，升举阳气的功效。用于感冒发热，寒热往来，胸胁胀痛，月经不调，子宫脱垂，脱肛。现代研究表明其具有以下功效。

1. 解热

柴胡具有解热功效，其退热的有效成分是挥发油。它可以抑制或杀灭病原体，如疟疾、回归热以及急性血吸虫病等。柴胡可以对外感、内伤等导致的高热起效，并且平稳退热不反弹，也可以安全用于孕妇及儿童，因此柴胡制成的注射液在临床上广泛应用。

2. 抗炎

柴胡具有明显的抗炎作用，主要是通过刺激肾上腺，促进肾上腺皮质合成、分泌糖皮质激素来发挥作用。柴胡的有效成分柴胡皂苷和柴胡挥发油腹腔注射对由角叉菜胶所引起的大鼠足肿胀有明显抑制作用；柴胡粗皂苷肌内注射能明显抑制由右旋糖酐引起的大鼠足肿胀；给豚鼠灌服柴胡，每天1次，连续4周，对由柯萨奇病毒B诱导的多发性肌炎有良好的治疗作用。临床以柴胡为主的复方搽剂外用也有很好的抗炎作用。

3. 保肝、利胆

药理研究表明，柴胡具有一定的疏肝作用，在临床上运用柴胡治疗各种急、慢性肝炎均取得良好的效果。醋炙柴胡有很强的泌胆作用。柴胡及含柴胡的复方对多种原因如四氯化碳、伤寒疫苗、D–半乳糖胺所致实验动物肝损伤有一定的防治作用，使转氨酶降低，肝细胞损害减轻，而柴胡复方保肝作用更佳，如逍遥散、小柴胡汤、甘柴合剂等，能明显减轻四氯化碳引起的大鼠肝损害，使肝细胞内蓄积的肝糖原及核糖核酸含量恢复正常，使血清氨基转氨酶活性降低，使肝硬度减少，有抑制纤维增生及促进纤维吸收的作用。近年来，还采用电镜、免疫细胞化学及图像分析仪、流式细胞仪等从体外实验进一步研究了柴胡皂苷防治肝损伤和抗肝纤维化的作用，说明柴胡皂苷对肝细胞有保护作用。柴胡中的黄酮成分有利胆作用，能增加犬胆汁排泌，使胆汁中胆酸、胆色素和胆固醇浓度降低。

4. 抗病原微生物

试验证明，柴胡及其复方制剂对溶血性金黄色葡萄球菌、链球菌、霍乱弧菌、钩端螺旋体和结核杆菌有一定的抑制作用。北柴胡注射液及其蒸馏出的油状物对流感病毒有强烈抑制作用。柴胡皂苷A的体外实验也表明其对流感病毒有抑制作用。此外，柴胡还有抗结核菌作用，其注射液可治疗单孢病毒角膜炎，能促进溃疡愈合、后层褶皱及实质层浸润水肿消失，同时也有助于视力恢复。柴胡皂苷能抑制乙醇诱导的脂质过氧化反应对肝组织的损伤，对酒精性肝损伤有明显的保护作用，而且在对其抗肝炎病毒的研究中发现，柴胡对肝炎病毒有明显的抑制作用。柴胡煎剂对红色毛癣菌、铁锈色毛癣菌和犬小芽孢菌也有一定的抑制作用。

5. 镇痛、镇静

小鼠灌胃柴胡皂苷有镇静作用，能减少其自发活动，并延长环己巴比妥的催眠时间。人口服柴胡皂苷则有较强的催眠作用，能使睡眠加深。柴胡挥发油及柴胡皂苷部分均有抗戊四唑阈值发作模型和最大电休克模型的作用，且二者以有效剂量合理配伍后则显示出较强的抗戊四唑阈值发作模型作用。柴胡对热致痛小鼠可明显延长其痛阈时间，对小鼠醋酸所致的疼痛，有显著的拮抗作用。

6. 对胃肠的影响

柴胡有较强的抗溃疡作用，柴胡粗皂苷能降低胃酸度，减少胃液分泌，降低胃蛋白酶活性，对大鼠幽门结扎、拘束应激性胃溃疡有一定的治疗作用，其作用机理可能与柴胡皂苷元抑制类固醇灭活酶有关。近年报道柴胡提取物还对胰蛋白酶有明显抑制作用。

7. 降血脂

柴胡能使实验性高脂血症动物胆固醇、三酰甘油和磷脂水平降低，其主要成分是柴胡皂苷A、D，此外，研究发现柴胡中的α–菠菜甾醇也能使饲喂高胆固醇动物的血浆胆固醇水平降低。

参考文献

[1] 肖培根. 新编中药志：第一卷[M]. 北京：化学工业出版社，2002.
[2] 国家中医药管理局《中华本草》编委会. 中华本草精选本（下册）[M]. 上海：上海科学技术出版社，1998.
[3] 康廷国. 中药鉴定学[M]. 北京：中国中医药出版社，2007.

[4] 高丽萍. 柴胡有效成分与药理作用探究[J]. 临床医药文献电子杂志, 2017, 4 (70): 13853-13854.

[5] 舒文将, 姚昕利, 陈宗游, 等. 中药柴胡的药理研究与临床应用[J]. 广西科学院学报, 2017, 33 (4): 268-273.

[6] 杨天鸣, 盖静, 赵萌. 柴胡水提取物抗菌作用研究[J]. 中兽医药杂志, 2011, 30 (2): 49-51.

[7] 李云静. 小柴胡汤及其拆方抗流感病毒作用的体外实验研究[D]. 武汉: 湖北中医药大学, 2010.

[8] 戈宏焱, 陈博, 刘会龙, 等. 柴胡皂苷对酒精性肝病大鼠的治疗作用[J]. 中国老年学杂志, 2011, 31 (4): 662-663.

[9] 陈亚双, 孙世伟. 柴胡的化学成分及药理作用研究进展[J]. 黑龙江医药, 2014, 27 (3): 630-633.

dang shen

党参

本品为桔梗科植物党参*Codonopsis pilosula*（Franch.）Nannf.、素花党参*Codonopsis pilosula* Nannf. var. *modesta*（Nannf.）L. T. Shen或川党参*Codonopsis tangshen* Oliv.的干燥根。

一、植物特征

1. 党参

多年生草本，高1～2米。具1纺锤状或纺锤状圆柱形主根，较少分枝或中部以下略有分枝，长10～15厘米，直径1～3厘米，表面灰黄色，肉质。茎缠绕，直径2～4毫米，有多数分枝，侧枝15～50厘米，小枝1～5厘米，具叶，不育或先端着花，黄绿色或黄白色，无毛。叶在主茎及侧枝上的互生，在小枝上的近于对生，叶柄长0.5～2.5厘米，有疏短刺毛，叶片卵形或狭卵形，长1.0～6.5厘米，宽0.8～5.0厘米，端钝或微尖，基部近于心形，边缘具波状钝锯齿，分枝上叶片渐趋狭窄，叶基圆形或楔形，上面绿色，下面灰绿色，两面疏或密地被贴伏的长硬毛或柔毛，少为无毛。花单生于枝端，与叶柄互生或近于对生，有梗。花萼贴生至子房中部，筒部半球状，裂片宽披针形或狭矩圆形，长1～2厘米，宽6～8毫米，顶端钝或微尖，微波状或近于全缘，其间弯缺尖狭；花冠上位，阔钟状，长1.8～2.3厘米，直径1.8～2.5厘米，黄绿色，内面有明显紫斑，浅裂，裂片正三角形，端尖，全缘；花丝基部微扩大，长约5毫米，花药长形，长5～6毫米；柱头有白色刺毛。蒴果下部半球状，上部短圆锥状。种子多数，卵形，无翼，细小，棕黄色，光滑无毛。花果期7～10月。（图1）

图1 党参

2. 素花党参

本变种与党参的主要区别在于：叶片长成时近于光滑无毛；花萼裂片较小，长约为宽的2倍；花冠直径1.7～2厘米，长1.5厘米以上。

3. 川党参

本种与前两种的区别在于：茎叶近无毛，或仅叶片上部边缘疏生长柔毛，茎下部的叶基部楔形或较圆钝，仅偶尔呈心脏形；花萼仅基部与子房合生，子房下位。花、果期7~10月。

二、资源分布概况

党参主要分布于我国西藏东南部、四川西部、云南西北部、甘肃东部、陕西南部、宁夏、青海东部、河南、山西、河北、内蒙古及东北等省区。

党参最初主产区在山西长治，称为潞党，在20世纪60年代，引种到甘肃并迅速发展成功，被称为白条党，现在白条党产量占全国总产量的90%。长治地区种植面积已经很少。2003年以来，甘肃党参种植发展较快，现种植面积达1.3万公顷。国内销售以白条党为主，占销量的85%，年销量约3万吨左右。

三、生长习性

党参一年生苗呈蔓生，极少开花。二年以上植株具有缠绕性，普遍开花。野生党参垂直分布于海拔1200~3100米之间，多在海拔1400~2100米的半阴半阳或阴坡，坡度在15°~20°的地带生长。党参是深根性植物，宜生长在土层深厚、疏松、排水良好、富含腐殖质的砂质壤土中，土壤酸碱度以中性或偏酸性土壤为宜，一般pH在5.5~7.5之间。喜温和、凉爽气候，怕热，较耐寒，在各个生长期，对温度要求不同。对水分的要求不甚严格，一般在年降水量500~1200毫米，平均相对湿度70%左右的条件下即可正常生长。对光的要求较严格，幼苗喜荫，成株喜光。幼苗期需适当遮荫，在强烈的阳光下幼苗易被晒死，或生长不良。随着苗龄的增长对光的要求逐渐增加，二年生以上植株需移植于阳光充足的地方才能生长良好。

四、栽培技术

1. 种植材料

党参生产分直播和育苗移栽两种，以育苗移栽为主。无论是直播还是育苗移栽，均

以母本纯正、生长健壮、无病虫害、生长
整齐一致植株的成熟种子作为种植材料。
（图2）

2. 选地与整地

（1）选地

①育苗地：平原地区育苗地宜选地势
平坦、靠近水源、无地下病虫害、无宿根
杂草、土质疏松肥沃、排水良好的砂质壤
土。在山区应选择排水良好，土层深厚、
疏松肥沃、坡度15°～30°半阴半阳的山坡
地和三荒坡地，地势不应过高，一般以海
拔2200米以下为宜。不宜选前茬杂草多、
地下害虫和鼠害严重的地块。

图2　党参种子

②栽植地：丘陵坡地或地势较高的平地，以生荒地或与禾本科作物轮作3年以上的地
为宜，土壤应为土层深厚、肥沃、疏松、排水良好的砂质壤土或腐殖质壤土，pH值中性
偏微酸性。

（2）整地

①育苗地：应根据不同地块特点采用不同方法。平原地区荒地育苗，应于头年冬
季犁起树根草皮，晒干堆起，烧成熏肥，撒在地面，深耕整平，作畦；熟地育苗，宜选
富含腐殖质的背阳地，前茬以玉米、水稻、马铃薯为好。前茬作物收后翻犁1次，使土
壤充分风化，减少病虫害，提高肥力。播前再翻耕1次，每亩施入基肥（堆肥、厩肥）
1500～3000千克，耙细整平作畦。山区在7～8月砍除杂木草丛，然后由坡下向上深翻1
次，深20～25厘米，捡去石块、树根，打碎土块，整平地面，按坡形开排水沟，每亩地施
厩肥或堆肥2500～5000千克作基肥，均匀撒入地内，再深耕1次，整平作畦。作畦因地势
而定，一般坡度不大，地势较为平坦的地可以作成平畦或高畦，坡度大较陡的地一定要
作成高畦。畦宽1～1.3米，畦长因地势而定，畦四周开排水沟，沟宽24厘米，深15～20厘
米。也可作成宽25～35厘米的小垄或宽50～60厘米的大垄。

②栽植地：若选用生荒地，先铲除杂草，拣除石块、树枝、树根，将杂草晒干后
堆起烧成熏土，再均匀撒在土表。熟地施足基肥，常用厩肥、坑土肥、猪羊粪等，每亩
3000～5000千克。深耕30厘米以上，耙细，整平，做成畦或作成垄。山坡地应选阳坡

地，整地时只需做到坡面平整，按地形开排水沟，沟深21～25厘米即可。（图3）

图3　党参栽培田整地

3. 播种

（1）种子处理　春夏播种时可对种子进行催芽处理，其方法是：将头年收获的种子在播种前用40～45℃温水浸种，边搅拌边放种，待搅拌至水温降到感觉不烫手为止。再放5分钟，然后移至纱布袋内，用水冲洗数次，移至砂堆上面，放于温度15～20℃处，每隔3～4小时用水淋洗1次，在5～6天内种子开口即可播种。种子进行催芽处理，一是使种子灭菌并除去表面油脂，播后种子易吸收水分，能防病害；二是提高了种子的发芽率，加速了出苗，从而缩短了出苗期，增加了生长期。用处理过的种子播种后，要特别注意防旱。因种子已萌动，若遇干旱会造成种子死亡。防旱的常用方法是用麦糠、谷草、玉米秆、麦草或塑料薄膜等覆盖。

（2）播种　播种期从早春解冻后直到冬初封冻前均可。春播在地解冻后，3～4月份进行，春播宜早，如果播种太晚，伏天时苗太小，易被太阳晒死，同时应注意防干旱。在低海拔和低纬度地区，由于气温较高，春播可在2月份。春播在干旱地区宜在雨后进行，在有灌溉条件的地方，可先将整好的畦面浇透，然后播种。夏播多在5～6月雨季进行，夏季温度高，要特别注意幼苗期的遮荫与防旱，以防幼苗因日晒或干旱而死亡。秋播以10～11月上中旬地上冻前为宜，秋播当年不出苗，到第二年清明前后出苗，秋播宜迟不宜早，太早怕种子发芽出苗，小苗难以越冬。

播种方法常有撒播或条播。撒播是将种子与细土（或草木灰及腐熟粪水）拌匀后，均匀撒于地表，覆一层薄土，以盖住种子为宜；每亩用种量2～2.5千克。条播是先在整好的畦上横开浅沟，行距25～30厘米，播幅10厘米左右，深4～6厘米，然后将种子与细土拌匀，均匀播于沟内，微盖细土，稍加镇压，使表土与种子结合；每亩用种量1.5～2千克。若土地肥沃，可适当加大播种量。后一种播法便于田间管理。

（3）移栽定植　党参栽和秋栽两种。春季移栽于芽苞萌动前，即3月下旬至4月上旬；秋季移栽在10月中、下旬。春栽宜早，秋栽宜迟，以秋栽为好。移栽最好选阴天或早晚进行。在平原地区或低海拔山区多采用育苗一年的秧苗移栽；在高海拔山区多采用二年生的秧苗移栽。亩用参苗30～40千克。

自育自栽或就地移栽的，无论春栽或秋栽，都应随起苗随移栽，以免幼苗干枯，影响成活。边起苗边移栽，移栽后易成活，且生长健壮。移栽挖苗时，不要伤害根系，否则易生侧根，影响质量。挖起的苗集中挑选，以苗长条细者为佳。移栽时，将参条顺沟的倾斜度放入，使根头抬起，根梢伸直，覆土要以使参头不露出地面为宜，一般高出参头5厘米左右。参秧以斜放为好，这样参的产量高，品质优。不能做到随挖苗随移栽的，就必须保管好参苗。

栽植密度，坡地或畦栽，应按行距20～30厘米，开深21～25厘米的沟，山坡地应顺坡横行开沟，以株距5～10厘米栽植；垄栽，小垄单行栽，大垄双行栽。一般每亩栽大苗16 000株左右，栽小苗2万株左右。密植栽培每亩栽参苗4万株左右。

4. 田间管理

（1）苗圃管理　党参幼苗生长细弱，怕旱、怕涝、怕晒，喜阴凉，苗期管理极为关键。（图4）

图4　党参苗圃管理

①遮荫：党参幼苗期喜湿润，怕旱涝，喜阴，怕强光直射，必须进行遮荫。常用的遮荫方法有盖草遮荫、塑料薄膜遮荫和间作高秆作物遮荫等方法。盖草遮荫就是春季播种或秋冬播种后在第二年4月初，天气逐渐转热时，用谷草、树枝、苇帘、麦草、麦糠、玉米秆等物覆盖畦面，保湿和防止日晒。一般开始全遮荫，主要以保湿为目的，待参苗发芽出土后，使透光率达到15%左右，至苗高10厘米时逐渐揭去覆盖物，不可一次揭完，以防苗被烈日晒死。待苗高15厘米时可将盖草等覆盖物揭完。塑料薄膜遮荫，其方法是春播后，搭塑料棚，苗出齐后放风，待长至2～3片真叶时，把塑料棚掀去，白天用草帘子覆盖，夜间揭去（风天除外）或改用盖草覆盖。

②除草松土：育苗地要做到勤除杂草，防止草荒，撒播地见草就拔，条播地松土除草同时进行。苗高5～7厘米时注意适当间苗，保持株距1～3厘米，分次除去一部分过密的弱苗。若是直播，苗高15厘米左右时，按株距3～5厘米定苗。松土宜浅，避免伤根。拔草要选阴天或早晨、傍晚进行。

③灌水排水：幼苗期根据地区、土质等自然条件适当浇水，不可大水浇灌，以免冲断参苗。出苗期和幼苗期畦面保持潮湿，以利出苗。参苗长大后可以少灌水，不追肥，苗期适当干旱有利于参根的伸长生长。雨季特别注意排水，防止烂根烂秧，造成参苗死亡。

④起苗：在低海拔山区或平原地区，育苗1年即可收参苗；在高海拔山区一般育苗2年才可收参苗。起苗时注意从侧面挖掘，防止伤苗。边刨边拾，同时去掉病残参苗，最好将参苗按大、中、小分档，以便分别定植。起苗不应在雨天进行。

（2）栽植后管理

①中耕除草：封行前应勤除杂草、松土，并注意培土防止芦头露出地面。松土宜浅，以防损伤参根，封行后不再松土。一般移栽后第一年除草3次，即4～6月各1次，栽植后两年以上，每年早春出苗后除草1次。

②追肥：移栽成活后，每年5月上旬当苗高约30厘米时，追施腐熟粪水1次，每亩1000～1500千克，然后培土。或结合第一次除草松土，每亩施入氮肥10～15千克；结合第二次松土每亩施入过磷酸钙25千克，肥施入根部附近；在冬季每亩地施厩肥1500千克左右，以促进党参次年苗齐、苗壮。

据报道，亩施纯氮11.03～13.09千克，五氧化二磷4.81～6.27千克，钾2.58～3.52千克。氮、磷、钾的配比为1∶0.46∶0.25可以明显获得增产。且氮肥施量在较大范围内与鲜产量和根径呈正相关，而在较低施肥水平时，三因素对鲜产量和平均根径的效应表现为K＞P＞N。

另外，栽培党参施用Mo、Mn、Zn、Fe等微肥均有一定的增产增收作用，其中Mo对产量及亩纯收益的影响最大，Zn能改善和提高党参内在质量，Mo、Zn微肥配合施用增效显著，可在党参生产中推广应用。为了合理施用微肥，应和土壤微量元素监测结合起来，微肥应施在土壤缺乏微量元素或含量低的田块，提倡微肥与大量元素肥料配合施用，以充分发挥微肥的增产效果，提高经济效益。

③排灌：出苗前和苗期要经常保持畦面湿润，幼苗出土后浇水时要让水慢慢流入畦内，苗长到15厘米以上时一般不需浇水。注意保持地表疏松，下面湿润。雨季注意排水，以防烂根。

④搭架：当参苗高约30厘米时要搭架，以使茎蔓攀缘，以利通风透光，增强光合能力，促进苗壮苗旺，减少病虫害，否则会因通风透光不良造成雨季烂秧，易染病害，并影响参根与种子的产量。搭架方法可就地取材，因地而异。可在行间插入竹竿或树枝，两行合拢扎紧，成"人"字形或三角形棚架。

⑤遮荫：在我国南方气温较高的地区，种植党参在春秋和冬季生长均很好，但到了夏季，由于气温高雨水多，地上部分枯萎，而且病虫害较重。为了让其安全越夏，有些地方采取搭棚遮荫的措施，以达到降温的目的。

⑥疏花：党参长花较多，非留种田及当年收获的参田，要及时疏花，防止养分消耗，以利根部生长。实践证明疏花比不疏花亩产要高30%～50%，且收获的根部含水溶性物多，质量好。

5. 病虫害防治

（1）根腐病　5～6月发生，发病初期下部须根或侧根首先出现暗褐色病斑，接着变黑腐烂，随后扩展至主根。

防治方法　培育和选用无病健壮参秧，在播种前用清水漂洗种子，去掉不饱满和成熟度不够的瘪种；苗床用25%多菌灵粉剂1：500倍液或38%～40%福尔马林1：50倍液处理土壤后播种，用福尔马林处理土壤必须用塑料薄膜覆盖3～5天，揭膜透气1周后方可播种；发病高峰季节要勤检查，发现病株立即用25%多菌灵1：500倍液或50%甲基托布津1：1500倍液浇灌病蔸及其周围的植株以控制病害蔓延。

（2）锈病　7～8月发生。危害叶、茎、花托等部位。

防治方法　及时拔除并烧毁病株，病穴用石灰消毒；收获后清园，消灭越冬病源；发病初期喷50%二硝散200倍液、敌锈钠200倍液或用25%粉锈宁1000倍液，每7～10天喷1次，连续2～3次；发病期喷0.2～0.3波美度石硫合剂，每7天1次，连用2～3次。

（3）蚜虫　蚜虫吸取植物汁液，使植株萎缩，生长不良，严重时影响开花结果。

防治方法　进行彻底清园，清除附近杂草，消灭越冬虫源；蚜虫危害期喷洒40%乐果、灭蚜松乳剂1500倍液或2.5%鱼藤精1000～1500倍液。

（4）蝼蛄　危害幼苗。咬断根茎或刚出土的幼苗，造成缺苗。

防治方法　施用腐熟有机肥，以防止成虫产卵；施用毒土，每亩用90%晶体敌百虫100～150克，或50%辛硫磷乳油100克，拌细土15～20千克做成毒土；用1500倍辛硫磷溶液浇植株根部，也有较好的防治效果。

（5）红蜘蛛　秋季天旱时危害严重。

防治方法　冬季清园，清除枯枝落叶，并集中烧毁。清园后喷1～2波美度石硫合剂；4月开始喷0.2～0.3波美度石硫合剂，或50%杀螟松1000～2000倍液。每周1次，连续数次。

五、采收加工

1. 采收

党参的合理采收期应以3～4年为好。平原地区及低海拔山区，如管理得当，土地肥沃且施肥有保障，可适当缩短一年采挖。山西及全国各地引种栽培的党参，多采用育苗1年移栽，第二年采收的方法，即从播种到收获仅需2年时间。党参的采收季节，可从秋季党参地上部分枯萎开始，直到次年春季党参萌芽前为止。以秋季采收的粉性充足，折干率高，质量好，其原因是秋天采收的党参根部有机物积累多，充实，肉厚，同时秋天采收时间长，气温较高易于加工，但秋天采收不宜太早，要等到地上部分完全枯死后进行，否则会影响地上部分有机物向根内的运输，影响产量和质量。春季采收要及早动手，土壤解冻后应立即进行，否则地温很快回升，党参萌发，消耗根内较多的贮藏物质，影响党参的质量和产量。采收时要选择晴天，先除去支架、割掉参蔓，再在畦的一边用镢头开深约30厘米的沟，小心刨挖，扒出参根，鲜参根脆嫩、易破、易断裂，一定要小心免伤参根；否则会造成根中乳汁外溢，影响根的品质。较大的根条运回加工，较细小的参根可作移栽材料，集中栽培于大田里让其再生长1～2年。党参挖出后，先抖掉泥土或用水冲掉泥沙，再按其粗细、长短分等晾晒，准备加工。

2. 加工

将挖出的党参，剪去藤蔓，抖去泥土，用水洗净，先按大小、长短、粗细分为老、大、中条，分别晾晒至三四成干后，在沸水中略烫，再晒或烘（烘干只能用微火，温度以60℃左右为宜，不能用烈火，否则易起鼓泡，使皮肉分离）至表皮略起润发软时（绕指而不断），将党参一把一把地顺握或放木板上，用手揉搓，如参梢太干可先放水中浸一段时间再搓，握或搓后再晒，反复3～4次，直至晒干。南方多

图5　党参晾晒

雨，可用炭火炕，炕内温度控制在60℃左右，经常翻动，炕至根条柔软时，取出揉搓，再炕，同样反复数次直到炕干。揉搓的目的是使根条顺直，干燥均匀。应注意，搓的次数不宜过多，用力也不宜过大，否则会变成油条，影响质量。每次搓过后不可放于室内，应置室外摊晒，以防霉变，晒至八九成干后即可收藏。党参亩产250～400千克。折干率50%。（图5）

六、药典标准

1. 药材性状

（1）党参　呈长圆柱形，稍弯曲，长10～35厘米，直径0.4～2厘米。表面灰黄色、黄棕色至灰棕色，根头部有多数疣状突起的茎痕及芽，每个茎痕的顶端呈凹下的圆点状；根头下有致密的环状横纹，向下渐稀疏，有的达全长的一半，栽培品环状横纹少或无；全体有纵皱纹和散在的横长皮孔样突起，支根断落处常有黑褐色胶状物。质稍柔软或稍硬而略带韧性，断面稍平坦，有裂隙或放射状纹理，皮部淡棕黄色至黄棕色，木部淡黄色至黄色。有特殊香气，味微甜。

（2）素花党参（西党参）　长10～35厘米，直径0.5～2.5厘米。表面黄白色至灰黄色，根头下致密的环状横纹常达全长的一半以上。断面裂隙较多，皮部灰白色至淡棕色。

（3）川党参　长10～45厘米，直径0.5～2厘米。表面灰黄色至黄棕色，有明显不规则的纵沟。质较软而结实，断面裂隙较少，皮部黄白色。

党参药材野生品、栽培品见图6、图7。

1cm

图6 党参药材（野生品）

1cm

图7 党参药材（栽培品）

2. 鉴别

本品横切面：木栓细胞数列至10数列，外侧有石细胞，单个或成群。栓内层窄。韧皮部宽广，外侧常现裂隙，散有淡黄色乳管群，并常与筛管群交互排列。形成层成环。木质部导管单个散在或数个相聚，呈放射状排列。薄壁细胞含菊糖。（图8）

3. 检查

（1）水分 不得过16.0%。

图8 党参药材横切面

（2）总灰分　不得过5.0 %。

（3）二氧化硫残留量　照二氧化硫残留量测定法测定，不得过400毫克/千克。

4．浸出物

照醇溶性浸出物测定法项下的热浸法测定，用45%乙醇作溶剂，不得少于55.0%。

七、仓储运输

1．仓储

药材仓储要求符合NY/T 1056—2006《绿色食品 贮藏运输准则》的规定。仓库应具有防虫、防鼠等功能；要定期清理、消毒和通风换气，保持洁净卫生；不应与非绿色食品混放；不应和有毒、有害、有异味、易污染物品同库存放；在保管期间如果水分超过16%、包装袋打开、没有及时封口、包装物破碎等，导致党参吸收空气中的水分，发生返潮、生虫等现象，必须采取相应的措施（例如定期翻开晾晒）。另外，党参糖分含量高，在贮藏期间还存在成分从支根断落处流出的现象，应定期熏制，堵塞断落孔。

2．运输

运输车辆应卫生合格，温度在16～20℃，湿度不高于30%，具备防暑防晒、防雨、防潮、防火等设备，符合装卸要求；进行批量运输时不应与其他有毒、有害、易串味物质混装。

八、药材规格等级

1．潞党参、白条党参

共同点：呈长圆柱形。表面灰黄色、黄棕色至灰棕色，有"狮子盘头"。质稍柔软或稍硬而略带韧性。断面稍平坦，有裂隙或放射状纹理，皮部淡棕黄色至黄棕色，木部淡黄色至黄色。有特殊香气，味微甜。等级分为：一等、二等、三等、统货。

一等：芦头下直径≥0.9厘米。

二等：芦头下直径0.6～0.9厘米。

三等：芦头下直径0.4～0.6厘米。

统货：芦头下直径大小不等。

2. 纹党参

共同点：呈圆锥形。表面黄白色至灰白色，有"狮子盘头"。质稍柔软或稍硬而略带韧性。断面稍平坦，裂隙较多，有放射状纹理，皮部灰白色至淡棕色。有特殊香气，味微甜。等级分为：一等、二等、三等、统货。

一等：芦头下直径≥1.3厘米。

二等：芦头下直径1.0～1.3厘米。

三等：芦头下直径0.5～1.0厘米。

统货：芦头下直径大小不等。

3. 板桥党参

共同点：呈圆锥形。表面灰黄色至黄棕色，有"狮子盘头"。质稍柔软或稍硬而略带韧性。断面稍平坦，裂隙较少，有放射状纹理，皮部黄白色。有特殊香气，味微甜。等级分为：一等、二等、三等、统货。

一等：芦头下直径≥1.0厘米。

二等：芦头下直径0.7～1.0厘米。

三等：芦头下直径0.5～0.7厘米。

统货：芦头下直径大小不等。

九、药用食用价值

1. 临床常用

（1）代替部分方剂中的人参　用于补中益气，生津养血，因其甘平而不燥不腻，故有补脾肺气和养血生津之效果，但其药效较人参薄弱，且不能持久，故需在临床上加大剂量，但对于气虚欲脱等急救方剂中的人参，则不宜用党参代替。临床上常用于治疗脾肺虚弱，气血两亏，体倦无力，久泄或脱肛患者，以增强机体抗病能力，此外亦常用于治疗缺铁性、营养性贫血等。临床上治疗方剂有四君子汤、八珍汤、十全大补丸等。

（2）防治冠心病　党参液具有以下作用：降低排血前期左室排血时间比值，增强左心功能，抑制血小板黏附和聚集，抑制血栓素B_2合成而不影响$6-keto-PGF_{1\alpha}$的合成。提示本品为较理想的防治冠心病的中药。

（3）治疗高脂血症　党参、玉竹各12.5克，粉碎、混匀、制成4个蜜丸，每次2丸，每日2次，连服45天为1疗程。治疗高脂血症50例，总有效率为84%。

（4）治疗低血压病　党参、黄精各30克，炙甘草10克，每日1剂，治疗贫血性、感染性、直立性、原因不明性低血压10例，均痊愈。

（5）预防急性高山反应　党参乙醇提取物制成糖衣片，每次5片，每日2次，连服5天。预防急性高山反应42例，证实党参片对减轻轻度高山反应急性期症状、稳定机体内环境、改善血液循环、加快对高原低氧环境的早期适应过程均有良好作用，能提高机体对缺氧环境的适应性。

（6）调节免疫　党参及其化学组分能够通过增强淋巴细胞增殖、提高抗体效价、增强单核巨噬细胞系统吞噬能力、影响补体系统等途径发挥免疫调节作用。

2. 食疗及保健

（1）参芪精　对于人体的补益效果非常明显，服用后可以补脾益肺，升阳举陷。适用于肺气虚弱、气短而喘、头晕心悸；脾气虚弱、食少便溏、脏器下垂等症状。原料：250克党参、250克黄芪、500克白糖。做法：将党参、黄芪洗净，以清水浸渍12小时，再加水适量，煎煮30分钟，取药液。药渣加水再煎，共煎煮3次，合并药液。将此合并的药液用文火煎熬至黏稠时停火。待浓缩液冷却后，加入白糖吸进药液，混合均匀，晒干、压碎，装入玻璃瓶内。每次服10克，1日2次，用沸水冲化服。

（2）参杞酒　可以益气补血、宁心安神。适用于心脾两虚、心悸失眠、夜寐多梦、食欲不振、肢体倦怠等，但是参杞酒不可过量饮用，适量饮用才能保证健康。原料：15克党参、15克枸杞子、500毫升米酒。做法：将党参、枸杞子洗净，干燥后研为粗末，放入细口瓶内，加入米酒，密封瓶口，每日振摇一次，浸泡7天以上，每次服15毫升，早晚各服1次。

（3）参米茶　口感清纯，经常饮用可以补脾养胃、益气滋阴，适用于脾胃虚弱、食欲不振、胃脘隐痛等。原料：30克党参，100克粟米。做法：将党参、粟米分别淘洗干净，党参干燥后研碎，粟米炒熟，同置于砂锅内。加入清水1000毫升，浸渍1小时，煎煮20分钟停火，沉淀后倒入保温瓶内，代茶饮用。

（4）党参乌鸡汤　这道药膳可以补气固表，同时补中和胃，对于气虚者有一定的敛汗作用，对于产后虚胖多汗的妇女以及体弱的老人尤其适用。原料：干党参10克，母乌鸡半只，干山药10克，沙参10克，干香菇3枚，大枣2枚，生姜少许。做法：乌鸡先在沸水中焯去血沫，与上述其他原料文火炖2小时即可。每周食用1～2次。

（5）党参熟地瘦肉汤　具有补益气血的功效。原料：党参15克，枸杞15克，熟地黄15克，陈皮5克，瘦肉250克。瘦肉洗净切块，与洗净的党参、枸杞子、熟地黄、陈皮一起放入砂锅，加适量清水，大火煮沸，撇去浮沫，再用小火熬煮1～1.5小时，调入食盐即成。

参考文献

[1] 国家中医药管理局《中华本草》编委会. 中华本草精选本（下册）[M]. 上海：上海科学技术出版社，1998.

[2] 肖培根. 新编中药志：第一卷[M]. 北京：化学工业出版社，2002.

[3] 徐国均，徐珞珊，王峥涛. 常用中药材品种整理和质量研究（南方协作组　第一册）[M]. 福州：福建科学技术出版社，1994 .

[4] 谢宗万. 中药材品种论述[M]. 上海：上海科学技术出版社，1984 .

[5] 康廷国. 中药鉴定学[M]. 北京：中国中医药出版社，2007.

[6] 刘美霞，戚进，余伯阳. 党参药理作用研究进展[J]. 海峡药学，2018，30（11）：36-39.

本品为唇形科植物黄芩*Scutellaria baicalensis* Georgi的干燥根。

一、植物特征

多年生草本；根茎肥厚，肉质，径达2厘米，伸长而分枝。茎基部伏地，上升，高（15）30～120厘米，基部径2.5～3毫米，钝四棱形，具细条纹，近无毛或被上曲至开展的微柔毛，绿色或带紫色，自基部多分枝。叶坚纸质，披针形至线状披针形，长1.5~4.5厘米，宽（0.3）0.5~1.2厘米，顶端钝，基部圆形，全缘，上面暗绿色，无毛或疏被贴生至开展的微柔毛，下面色较淡，无毛或沿中脉疏被微柔毛，密被下陷的腺点，侧脉4对，中脉上面下陷下面凸出；叶柄短，长2毫米，腹凹背凸，被微柔毛。花序在茎及枝上顶生，总状，长7~15厘米，常在茎顶聚成圆锥花序；花梗长3毫米，与序轴均被微柔毛；苞片下部者似叶，上部者较小，卵圆状披针形至披针形，长4~11毫米，近于无毛。花萼开花时长4毫米，盾片高1.5毫米，外面密被微柔毛，萼缘被疏柔毛，内面无毛，果时花萼长5毫米，有高4毫米的盾片。花冠紫、紫红至蓝色，长2.3~3厘米，外面密被具腺短柔毛，内面在囊状膨大处被短柔毛；冠筒近基部明显膝曲，中部径1.5毫米，至喉部宽达6毫米；冠檐2唇形，上唇盔状，先端微缺，下唇中裂片三角状卵圆形，宽7.5毫米，两侧裂片向上唇靠合。雄蕊4，稍露出，前对较长，具半药，退化半药不明显，后对较短，具全药，药室裂口具白色髯毛，背部具泡状毛；花丝扁平，中部以下前对在内侧后对在两侧，被小疏柔毛。花柱细长，先端锐尖，微裂。花盘环状，高0.75毫米，前方稍增大，后方延伸成极短子房柄。子房褐色，无毛。小坚果卵球形，高1.5毫米，径1毫米，黑褐色，具瘤，腹面近基部具果脐。花期7~8月，果期8~9月。（图1）

图1 黄芩

二、资源分布概况

产于黑龙江、辽宁、内蒙古、河北、河南、甘肃、陕西、山西、山东、四川等地，江苏有栽培。常分布于中温带山地草原，常见于海拔600~1500米向阳山坡或高原草原等处，林下阴湿地不多见。

三、生长习性

黄芩多生于中、高山高原等温凉、半湿润、半干旱地区，喜阳光，抗严寒能力较强，在中心分布区常以优势种群与一些禾草、蒿类或其他杂草共生。适宜野生黄芩生长的气候条件一般为年平均气温-4~8℃，最适年平均温度为2~4℃，成年植株的地下部在-35℃低温下仍能安全越冬，35℃高温不致枯死，但不能经受40℃以上连续高温天气。年降水量要求比其他旱生植物略高，400~600毫米。土壤要求中性或微酸性，并含有一定腐殖质层，以栗钙土和砂质壤土为宜，排水不良、易积水的土壤不宜栽培。

四、栽培技术

1. 种植材料

有种子繁殖、分株繁殖和扦插繁殖三种方法。分株繁殖需要在3月下旬或4月下旬黄芩尚未萌发新芽之前，将其全株挖起。切取主根留供药用，然后依据根茎生长的自然形状用刀劈开，每株根茎切成若干块，每块都具有8~12个芽眼，即作繁殖材料。扦插繁殖需要顶端带芽梢的茎作为繁殖材料。

2. 选地与整地

（1）选地　人工栽培宜选择排水良好、阳光充足、土层深厚、肥沃疏松的砂质壤土栽培，忌连作。

（2）整地　于种植之前，每亩施腐熟厩肥2000~2500千克作基肥，深耕细耙，整平做畦。（图2）

图2　黄芩栽培田整地

3. 播种

（1）种子繁殖　生产上分直播和育苗两种，以直播为好，可节省劳力，根条长，又根少，产量较高。直播分春播或秋播，春播北方为4月中旬，江、浙为3月下旬；秋播为8月中旬。

3～4月间一般采用条播法下种，按行距30～40厘米开浅沟，然后将种子均匀撒入沟内，覆土适量，轻轻镇压，每亩播种量为1千克左右，播后经常保持土壤湿润，大约15天即可出苗。待幼苗出齐，分2～3次间掉过密和瘦弱的小苗，保持株距8～12厘米。如小面积栽培，为了精耕细作提高产量，也可以采取先在阳畦中播种育苗，当苗高8～12厘米时，再向大田移栽定植的方法，这样能提早播种，对后期生长发育有利。种子繁殖从播种到收获至少需用2～3年的时间。

（2）分株繁殖　为了缩短栽培年限，可以采用分株繁殖的方法。准备好繁殖材料，再按株行距10厘米×30厘米栽种，每穴1块，埋土3厘米厚。材料若经过生根剂处理后栽于田间，生长较好。

（3）扦插繁殖　从地里剪取茎梢8～10厘米，去掉下半部叶，用IAA（吲哚乙酸）100毫克/升处理3小时，按株行距6厘米×10厘米扦插，搭荫棚，插后浇水保湿，以后根据天气和湿度情况决定喷水次数和喷水量。不宜过湿，防止枝条腐烂，不用盖膜。

4. 田间管理

（1）定植　育苗移栽的幼苗长至6～8厘米高时，选择阴天把苗移栽到大田中去，定植株行距（12～15）厘米×（25～30）厘米，移栽后及时浇水，分根繁殖时其株行距参照播种定植的标准，于定植后7～10天即能萌芽，结合除草松土可向幼苗四周适当培土，以保持表士疏松，无杂草，有利于植株正常生长。

（2）中耕除草　播种或分根繁殖，在出苗期都应保持土壤湿润，适当松土、除草。

（3）追肥　6～7月间为幼苗生长发育的旺盛时期，根据苗情酌施追肥。亩施磷酸二铵15千克、尿素15千克、硫酸钾10千克、硫酸锌1千克。二年生的苗在4月份开始返青，6～7月抽薹开花。如计划采收种子，于开花之前要多施追肥，促进花朵旺盛，结籽饱满。若不需要采种，则应在抽出花序之前，将花梗剪掉，控制养分消耗，以促使根部生长，增加药材产量。

黄芩栽培田如图3所示。

图3　黄芩栽培田

5. 病虫害防治

（1）叶枯病　选择地势高、通风好、土壤疏松的地块种植，与禾本科作物进行3～5年轮作；秋后清园，除净带病的枯枝落叶，消灭越冬菌源；及时挖除病株，并在病穴撒石灰粉消毒；发病初期用50%多菌灵1000倍液喷雾防治，每隔7～10天喷药一次，连续喷洒2～3次。

（2）根腐病　精选种子品种，用甲霜噁霉灵浸种；根部喷施30%甲霜噁霉灵或噁霜嘧铜菌酯，或用噁霜嘧铜菌酯、甲霜噁霉灵灌根；在苗床时期，将哈茨木霉菌根部型按每平方米2～4克预防使用，定植时或定植后，将哈茨木霉菌根部型稀释1500～3000倍液灌根，每株200毫升，每隔3个月使用1次。

（3）虫害　彻底清园，处理枯枝落叶等残株；发生期用9%敌百虫或40%乐果乳油喷雾防治。

五、采收加工

1. 采收

黄芩生长2～3年即可采收，秋末茎叶枯萎后或春季解冻后、萌芽前皆可采挖，但以春季采挖较好。采挖根时要深挖，注意勿刨断根。

2. 产地加工

根挖出后去掉残茎、枝叶及泥土，晒或烘至半干，搓去外皮，又晒至六七成干，再搓一次，如此反复进行，直到外皮全部去掉，再晒至全干。晾晒期间应注意防止水湿雨淋，以免见水变绿，导致最后变质发黑，影响质量。商品黄芩以根长、坚实、表面光滑、色棕黄者为好；根短，中空者质量较次。（图4）

图4　黄芩堆砌干燥

六、药典标准

1. 药材性状

本品呈圆锥形，扭曲，长8~25厘米，直径1~3厘米。表面棕黄色或深黄色，有稀疏的疣状细根痕，上部较粗糙，有扭曲的纵皱纹或不规则的网纹，下部有顺纹和细皱纹。质硬而脆，易折断，断面黄色，中心红棕色；老根中心呈枯朽状或中空，暗棕色或棕黑色。气微，味苦。

栽培品较细长，多有分枝。表面浅黄棕色，外皮紧贴，纵皱纹较细腻。断面黄色或浅黄色，略呈角质样。味微苦。（图5）

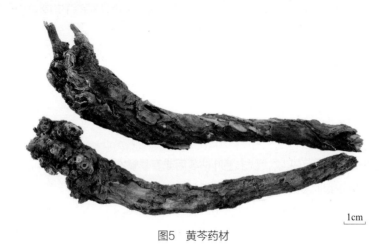

1cm

图5 黄芩药材

2. 鉴别

本品粉末黄色。韧皮纤维单个散在或数个成束，梭形，长60~250微米，直径9~33微米，壁厚，孔沟细。石细胞类圆形、类方形或长方形，壁较厚或甚厚。木栓细胞棕黄色，多角形。网纹导管多见，直径24~72微米。木纤维多碎断，直径约12微米，有稀疏斜纹孔。淀粉粒甚多，单粒类球形，直径2~10微米，脐点明显，复粒由2~3分粒组成。

3. 检查

（1）水分 不得过12.0%。

（2）总灰分 不得过6.0%。

4. 浸出物

照醇溶性浸出物测定法项下的热浸法测定，用稀乙醇作溶剂，不得少于40.0%。

七、仓储运输

1. 仓储

贮藏期间保持环境整洁；高温高湿季节前，按垛或按件密封保藏；发现受潮或轻度霉变品，及时翻垛、通风或晾晒。密闭仓库充氮气（或CO_2）养护，无霉变和虫害，色泽气味正常，对黄芩成分无明显影响。

2. 运输

运输车辆应卫生合格，温度在16～20℃，湿度不高于30%，具备防暑防晒、防雨、防潮、防火等设备，符合装卸要求；进行批量运输时不应与其他有毒、有害、易串味物质混装。

八、药材规格等级

市场上目前分为栽培品和野生品两种。

1. 栽培品

呈圆锥形，上部皮较粗糙，有明显的网纹及扭曲的纵皱。下部皮细有顺纹或皱纹。表面棕黄色或深黄色，断面黄色或浅黄色。质坚脆。气微、味苦。去净粗皮。分为一等、二等、三等及统货。

一等：上端中央出现黄绿色、暗棕色或棕褐色的枯心，直径≥1.5厘米，长度≥10厘米。

二等：直径1.0～1.5厘米，长度≥10厘米。

三等：直径0.7～1.0厘米，长度5～10厘米。

统货：大小不等。

2. 野生品

多为枯芩。表面较粗糙，棕黄色或深黄色。中心多呈暗棕色或棕黑色，枯朽状或已成空洞。气微、味苦。去净粗皮。统货。

九、药用食用价值

1. 临床常用

（1）抗肿瘤　黄芩的叶和茎含有野黄芩苷和黄酮，可以对肿瘤细胞活性进行抑制。另外，黄芩素也有利于防治沙门菌因亚硝胺和黄曲霉毒素等所引发的突变问题，降低黄曲霉毒素所引发的染色体畸变概率，增强肿瘤坏死因子和白介素等细胞递质的抗癌作用。

（2）解热镇痛　黄芩苷可以抑制人体细胞中的DNA的合成，有利于避免产生内生致热原，从而达到解热的作用。与此同时，其浸剂和煎剂可以增强大脑皮层的抑制过程，从而达到镇痛的作用。

（3）治疗小儿腹泻　葛根芩连汤（葛根15克，炙甘草6克，黄芩9克，黄连9克）由医圣张仲景所创，是治疗热泻、热痢的常用方，同时也是治疗小儿湿热泄泻的常用方。

（4）复发性口腔溃疡　复方黄芩含漱液，主要成分：黄芩、丁香、牡丹皮、薄荷、延胡索、厚朴、桃仁、黄柏、西洋参，对于复发性口腔溃疡有良好的治疗效果。

2. 食疗及保健

黄芩叶在东北民间广泛作茶饮，称为"黄芩茶"，有清热解毒的效用。另有报道，黄芩花具有良好的预防感冒作用。

参考文献

[1]　中国科学院中国植物志编委会. 中国植物志[M]. 北京：科学出版社，1993：18.

[2]　李敏. 中药材规范化生产与管理（GAP）方法及技术[M]. 北京：中国医药科技出版社，2005.

[3]　李思锋. 咸阳中药材栽培技术[M]. 西安：陕西科学技术出版社，2020：77.

[4]　李莉. 中药材黄芩的药理分析及临床应用探讨[J]. 基层医学论坛，2017，21（11）：1383-1384.

[5]　李宝军，刘志强. 黄芩的药理分析及临床应用探讨[J]. 当代医学，2015，21（6）：127-128.

[6]　尹辉. 中药黄芩临床应用研究新进展[J]. 齐齐哈尔医学院学报，2014，35（24）：3670-3671.

黄连

本品为毛茛科植物黄连*Coptis chinensis* Franch.、三角叶黄连*Coptis deltoidea* C. Y. Cheng et Hsiao或云连*Coptis teeta* Wall.的干燥根茎。以上三种分别习称"味连""雅连""云连"。在秦巴山区分布的主要品种为黄连*Coptis chinensis* Franch.，以下主要介绍黄连的相关栽培技术。

一、植物特征

多年生草本，株高15~25厘米。根状茎，黄色，常分枝，呈簇状或束状，并密生多数须根。叶基生，具长柄，无毛；叶片卵状三角形，坚纸质（老叶略带革质）；页面绿色，有光泽；3全裂，中央全裂片卵状菱形，长3~8厘米，宽2~4厘米，顶端急尖，具长0.8~1.8厘米的细柄，3或5对羽状深裂，在下面分裂最深，深裂片彼此相距2~6毫米，边缘具锐锯齿，侧全裂片具长1.5~5毫米的柄，斜卵形，比中央全裂片短，不等2深裂，两面的叶脉隆起，除表面沿脉被短柔毛外，其余无毛；叶柄长12~25厘米，无毛。花葶数枝，高12~25厘米；二歧或多歧聚伞花序顶生；花3~8朵，白绿色或黄色；苞片披针形，3或5羽状深裂；花小，萼片5，黄绿色，狭卵形，长9~12.5毫米，宽2~3毫米；花瓣线形或线状披针形，长5~7毫米，顶端渐尖，中央有蜜槽；雄蕊约20，花药长约1毫米，花丝长2~5毫米；心皮8~12，离生；花柱微外弯。聚合蓇葖果6~12枚，蓇葖果长6~8毫米，有细柄，柄约与果等长；每个蓇葖果有种子8~12粒，种子长椭圆形，长约2毫米，宽约0.8毫米，褐色或黑褐色。花期2~4月，果期4~6月。（图1）

二、资源分布概况

毛茛科植物黄连*Coptis chinensis* Franch.，又称川连、鸡爪连，集中产于重庆的石柱、南川、巫溪、城口和陕西南部的镇坪、平利、岚皋、宁强、洋县、南郑等县，质量好、产量高。

在陕西，黄连主要产在安康、汉中海拔1000~1800米的山区。据镇坪县志记载，1936

图1　黄连

年，全省年产黄连约17 500千克，以安康为集散地，销往湖北、河南、西安及西北、华东、华北各省区。陕西黄连又以陕南镇坪所产最为有名、质量最好、产量最多。目前镇坪县的生产基地主要分布于镇坪县华坪镇、钟宝镇和曙坪镇。据顾学裘1939年在《西康药材调查》中记载，中国从唐朝就开始人工种植黄连。1942年《中国土产综览》记载，平利、镇坪两县年产黄连6200余千克，可见镇坪县是黄连的重要道地产区，且总量较大。

三、生长习性

《蜀本草》《图经》云："黄连苗似茶，花黄，丛生，一茎生三叶，高尺许，冬不凋。江左者节高劳连珠，蜀郡者节下不连珠，今秦地及杭州、柳州者佳。"黄连具有喜冷凉、湿润、荫蔽的生理特性。气候和土壤条件对黄连的生长发育和药用价值有较大影响。

1. 地势

黄连一般分布在海拔1000～1800米的高山区。高海拔地区气候寒冷，生长季短，黄连生长缓慢，但根茎坚实，折干率高，质量好。

2. 温度

黄连生长在我国西南中高山地区，适应山区的冷凉气候条件，不耐热，在霜雪下叶片能保持常绿不枯，产区雨雪多，空气湿度大，冬季常有冰雪，对黄连起到保护作用。故-8～-2℃黄连也可正常越冬。一般12月至次年1月气温低于5℃时，植株处于休眠状态，2月中旬至3月上旬为黄连开花期，气温在2.2～7.5℃，未开花的植株在5℃以上时开始发新叶，10℃时新叶生长加快，在25℃以上时，新叶生长缓慢。移栽期的土温对其生长影响较大，适宜土温为地下5厘米处14～21℃，移栽后6天发根，且扎根深，幼苗生长快。

3. 水分

黄连对水分有强烈的要求，相对湿度应在70%～90%，土壤含水量应保持在30%以上对其生长较好。如果在排水不好、积水过多的土壤中栽培黄连，根茎发育不正常易造成其死亡。

4. 光照

黄连为阴生植物，喜弱光，最怕强光，因此栽培时必须遮阴。但其在不同的生长年限对光照有不同要求，随植株的生长应逐渐加强光照，改变遮阴程度，直到收获当年可亮棚。

5. 土壤

黄连栽种于棕色森林土或灰棕色土壤中，适宜栽培黄连的土壤为砂质、微酸性土壤，土壤应具备以下条件：富含有机质的腐殖质土壤；中性或弱酸性；含氮、钾、磷丰富；土壤含水量高；应具有"上泡下实"的特点。

四、栽培技术

1. 种植材料

黄连的繁殖方式主要以种子繁殖为主，通常先播种育苗，再进行移栽；也可以取稍带根茎的连苗进行扦插，但其繁殖系数通常不高。（图2）

2. 选地、修林与整地

（1）选地　选择海拔1000～1300米的高寒冷凉地区，土壤以土层深

图2　黄连种苗

厚、肥沃、疏松、排水良好、富含腐殖质的壤土或砂壤土为好，且以半阴半阳的坡地为宜，忌连作。

（2）修林与整地　在选好连地后，将地面杂草除净，砍去多余的小灌木，在荫蔽过大的地方，剔修部分树枝，保证林内荫蔽适当。

均匀修林后，用锄将林下土翻挖，除净枯枝、树根、杂草，把土地整细，用耙将地耙平，拾去草头及石块等，并做好排水沟。在整地翻挖时均匀施入基肥。

3. 育苗移栽

（1）播前种子处理　将收获的黄连果实经过搓揉去除外果皮后得到种子，因其具有休眠特性，所得种子还应通过沙藏的方法贮藏60～90天，以促使黄连种子通过休眠期完成其形态后熟作用。

准备外观泛白、手握住成团、松手即散的细河沙或腐殖质细土；将黄连种子与腐殖质细土或细河沙拌匀后置于竹制容器或塑料编织袋中，贮藏于洁净、通风的环境。注意：初期3～5天检查一次，发现有发霉的种子应及时用清水滤后重新沙藏，后期每隔30天检查一次，以清除腐烂、霉变的黄连种子，并观察湿度以控制种子发芽。

（2）播种育苗　黄连种子具有休眠特性，9月下旬至10月上旬播种，让种子在自然条件下越冬解除休眠；或低温（0℃左右）沙藏层积，层积应在播种前45～50天进行，过早或过迟均不利于发芽，层积后的种子宜在2月下旬至3月上旬播种，将种子与草木灰拌匀后，距地面约30厘米均匀撒于畦面上。林下黄连撒种量每亩2.5～3千克，播种方法为人工撒播。将种子与细泥土或腐殖土按1：10混好后均匀撒播。每亩用腐殖土或细泥土覆盖0.5～1.0厘米厚，将黄连种子覆盖，以见不到种子为宜。种子在立春前后发芽，故在立春前雪化后的晴天，将地面落叶全部扫除，以免妨碍幼苗生长。

（3）移栽　在5～6月移栽最佳，一般应选择具有4片真叶、株高6厘米以上的壮苗，栽前将须根剪短，留2～3厘米长，可采用生根粉浸根后定植。栽植株行距9厘米×11厘米，每穴1株，亩植6万株左右。栽植深度以不压心叶为准，压紧，使根与土壤充分接触，若栽植过深，影响生长。（图3、图4）

4. 田间管理

（1）苗期除草　苗期第一年：4、6、8、10月各除草一次；苗期第二年：4、6、8月各除草一次；苗期第三年：3月除草一次。除草时要保护弱小连苗，不要损害连苗，松动的连苗随手压紧，禁止使用化学除草剂。

（2）调整荫蔽度 根据树木生长情况应及时修整，调整荫蔽度，保证黄连地的透光适宜、均匀。（图5）

（3）苗期追肥 黄连育苗的肥料施用以有机肥为主。在整地翻挖时均匀施入1000千克/亩腐熟厩肥作为基肥，出苗当年和次年的施肥时间保持一致，均为5月和9月各施肥1次。5月的施肥量为3千克/亩尿素；9月所施肥料为300千克/亩腐熟厩肥。苗期第三年施肥时间为4月，施5千克/亩尿素。施肥时应在晴天或阴天无雨时露水干后撒施，切忌兑水，撒后用小树枝把存留在叶片上的肥料扫落，以免伤苗。

（4）排灌水 定期检查沟和厢面，清除沟中积土，保持厢面平整，大雨后及时疏沟排水。

（5）起挖种苗 可根据移栽时间而定，一般为5月。用自制竹条或木棍削尖后从床面一边向另一边按顺序采挖。如土壤过于干燥板结，应浇一次透水后隔3天再挖。起挖时应避免损伤种苗。受损伤的种苗和受病虫危害的种苗在采挖时应清出田园。

图3 黄连移栽

图4 刚移栽的黄连

图5 黄连林下栽培

（6）补苗　黄连移栽后，一般在第1、2年，每年死苗率达10%～12%，应及时补苗，应在当年秋季和第2年新叶萌发前，采用同龄苗补栽，确保植株生长一致。

（7）生长期追肥　一年生与两年生黄连追肥次数、量和方法一致：第一次追肥时间为5月，每亩施3千克尿素拌土均匀撒施于床面，切忌兑水，撒后用小树枝把存留在叶片上的肥料扫落，以免伤苗。9月为黄连的第二次追肥时期，每亩施腐熟厩肥300千克，人工均匀撒施。

三年生黄连的送嫁肥：4月每亩施尿素5千克均匀撒施于床面。三年生黄连的追肥：黄连幼苗长到第三年五月份，当新叶已经长老便可移栽。移栽当年黄连共需施肥3次，移栽前应施底肥，每亩施腐熟厩肥1500千克，均匀撒施；移栽一个月内施刀口肥，每亩施尿素10千克，拌土均匀撒施；9月，每亩施腐熟厩肥1000千克，拌土均匀撒施。

四至六年生黄连的追肥：每年施追肥2次。5月，每亩施尿素10千克和过磷酸钙25千克，拌土均匀撒施；9月，每亩施腐熟厩肥1000千克，拌土均匀撒施。

六年生黄连种子田和良种繁育田第一次施肥在采种当年的4月，每亩施尿素10千克和过磷酸钙25千克，拌土均匀撒施；第二次施肥与大田保持一致。

七年生黄连的追肥：5月，每亩施尿素10千克和过磷酸钙25千克，拌土均匀撒施。

（8）培土　在移栽后第2、3、4年培土，结合施肥将腐殖质土均匀撒施，促使根茎生长发育得更好。移栽第2年和第3年培土0.5厘米左右，移栽第4年培土1厘米左右，不可过厚，以免徒长"过桥"，降低品质。

（9）调整荫蔽度　林下栽培调整荫蔽度的方法为修剪树枝，三年生黄连荫蔽度保持在70%左右，四年生黄连荫蔽度保持在60%左右，五年生黄连荫蔽度保持在50%左右，六年生黄连荫蔽度保持在30%左右，七年生黄连可以将多余树枝全部砍掉，保持最大光照，提高黄连产量。

（10）去花薹　不需要采种的黄连在4月初人工及时将其花薹去除。黄连开花结实要消耗大量养分，因此，除留种外，应及时除掉花薹，减少养分消耗，使营养物质向根茎集中，以提高产量。

5. 病虫害防治

（1）炭疽病　5月开始发病，叶片发病初期产生油渍状小点，后逐渐扩大成病斑，中间灰白色，边缘紫褐色。后期病斑中间穿孔，叶柄上也产生紫褐色病斑。严重时全叶枯死。

防治方法　收获后清除田间残枝病叶及杂草，集中烧毁，消灭越冬病源；发病初期，用1∶1∶100波尔多液喷洒，7天1次，连喷3～4次；发病后立即摘除病叶，喷50%多菌灵800～1000倍液或60%炭疽福美400～600倍液，7天1次，连续2～3次。

（2）白绢病　夏、秋发生。病原菌菌丝先侵染黄连根茎处，使叶片先在叶脉上出现紫褐色，后逐渐扩大到全叶，枯叶上有白色绢丝状菌丝和油菜籽大小的菌核。菌核初为白色，逐渐变为黄褐色。由于根、茎腐烂，输导组织被破坏，植株逐渐枯死。

防治方法　发现病株，立即拔除，并用石灰粉消毒病穴；发病时用50%退菌特500倍液喷洒，7天1次，连续2～3次；实行与玉米轮作5年以上。

（3）白粉病　5月下旬开始发病，6～8月严重，9月减轻。叶片被害，初期叶背形成圆形黄褐色小斑点，逐渐成为大斑，长出白色粉末，形似冬瓜粉，又称冬瓜粉病，严重时整叶变褐干枯。发病后期，霉层中形成黑色小点，此为病菌子囊壳。在温度较高、通风不良和荫蔽度大时发病较重。

防治方法　调节透光度，生长后期适当增加光照，增强植株抗病力；发病前3个月，喷65%代森锌500倍液，每7～10天1次，连喷2～3次，发病后期喷0.3波美度石硫合剂，或70%甲基托布津1000～1500倍液，每7天1次，连续3次；选育抗病品种，增施磷钾肥，提高植株抗病力；实行轮作。

（4）列当　寄生植物，常寄生于黄连根部，以其吸盘吸取汁液，使黄连生长受阻停滞，严重时全株枯死。

防治方法　发现列当寄生，立即连根带土一起挖除，换填新土，防止蔓延；在7月上、中旬，列当种子尚未成熟前，结合除草，将其铲除干净。

（5）蛞蝓　在3～11月发生。咬食黄连嫩叶，严重时全部被食光，且不发新叶。

防治方法　用蔬菜拌农药做成毒饵诱杀；棚桩附近及畦的四周撒石灰粉防治；每亩用茶饼粉4～5千克撒施防治。

上述药剂和配方应交替使用或合理混用。每两次施药间隔的时间为7～10天，每种农药在一年内使用次数不得超过五次；最后一次施药应距离黄连采挖期20天以上。

五、采收加工

1. 采收

（1）采收期　为黄连生长至第7年的10～11月。

（2）收获工具　采收工具要求干净，清洁，无其他污物。

（3）采挖　用二齿耙或小锄头将黄连整株挖起，抖去泥土，用剪刀剪去地上部分，即得鲜黄连，装箩筐或麻袋运回。采挖时应防止伤根茎，以保证黄连根茎的完好无损。要保持清洁，不能接触有害物质，避免污染用具。

（4）分选除杂　对运回的黄连进行分选，及时清除病、虫黄连，剪下须根，除去叶片和杂质，即得鲜根茎。（图6）

图6　黄连修剪

2. 加工

黄连的干燥采用传统方法进行。鲜根茎不用水洗，直接干燥，炕干，注意火力不能过大，要勤翻动，近干时用木耙敲打抖掉泥土，干到易折断时，趁热放到撞笼里撞去泥沙、残留须根及残余叶柄，即得干燥根茎，含水量不高于14%。（图7、图8）

图7　黄连烘炕

六、药典标准

1. 药材性状

味连：多集聚成簇，常弯曲，形如鸡爪，单枝根茎长3～6厘米，直径0.3～0.8厘米。表面灰黄色或黄褐色，粗糙，有不规则结节状隆起、须根及须根残基，有的节间表面平滑如茎秆，习称"过桥"。上部多残留褐色鳞叶，顶端常留有残余的茎或叶柄。

图8　黄连撞笼

质硬，断面不整齐，皮部橙红色或暗棕色，木部鲜黄色或橙黄色，呈放射状排列，髓部有的中空。气微，味极苦。（图9）

2. 鉴别

本品横切面：味连木栓层为数列细胞，其外有表皮，常脱落。皮层较宽，石细胞单个或成群散在。中柱鞘纤维成束或伴有少数石细胞，均显黄色。维管束外韧型，环列。木质部黄色，均木化，木纤维较发达。髓部均为薄壁细胞，无石细胞。

图9　黄连药材

3. 检查

（1）水分　不得过14.0%。

（2）总灰分　不得过5.0%。

4. 浸出物

照醇溶性浸出物测定法项下的热浸法测定，用稀乙醇作溶剂，不得少于15.0%。

七、仓储运输

1. 仓储

仓库应具有防虫、防鼠、防鸟的功能；要定期清理、消毒和通风换气，保持洁净卫生；不应和有毒、有害、有异味、易污染物品同库存放；在保管期间如果水分超过14%、包装袋打开、没有及时封口、包装物破碎等，导致黄连吸收空气中的水分，必须采取相应的措施。

2. 运输

发运中药材应整车或专车装运，禁止与有毒、有害物品以及易串味、易混淆、易污染的物品同车混装。药材装车前要有专人对车辆的卫生状况及设施情况进行检查，符合规定后，方可装车，运输车辆的卫生合格，常温运输，具备防暑防晒、防雨、防潮、防火等设备，符合装卸要求。

八、药材规格等级

黄连药材规格等级见表1。

表1 黄连（味连）商品规格等级划分表

规格	等级	性状	分级指标	分级标准	断面
单枝连	一等	干货。单支，长不小于3厘米，肥壮坚实，表面无毛须。味极苦。无不到1.5厘米的碎节、残茎、焦枯、杂质、霉变	单枝直径（毫米）	≥5	断面金黄色或黄色，木质部橙黄色，髓部红棕色
			过桥直径（毫米）	>3.5	
			过桥长度（毫米）	≤16	
	二等	干货。单支，微弯曲，较一等瘦小，质坚实，表面无毛须。味极苦，间有碎节、碎渣、焦枯、无残茎、骡质、霉变	单枝直径（毫米）	<5	断面木质部鲜黄色，髓部棕色
			过桥直径（毫米）	≤3.5	
			过桥长度（毫米）	>16	
鸡爪连	一等	干货。多聚成簇，分枝多弯曲，形如鸡爪，肥壮坚实、间有过桥，长不超过2厘米。表面黄褐色，簇面无毛须。味极苦。无不到1.5厘米的碎节、残茎、焦枯、杂质、霉变	鸡爪直径（毫米）	≥24.0	断面金黄色或黄色，木质部橙黄色，髓部红棕色
			鸡爪单枝个数（个）	≥7	
			鸡爪重量（克）	≥9.0	
	二等	干货。多聚成簇，分枝多弯曲，形如鸡爪，分枝较一等瘦小，有过桥。表面黄褐色，簇面无毛须。味极苦，间有碎节、碎渣、焦枯、无残茎、骡质、霉变	鸡爪直径（毫米）	<24.0	断面木质部鲜黄色，髓部棕色
			鸡爪单枝个数（个）	<7	
			鸡爪重量（克）	<9.0	

九、药用价值

黄连大苦大寒，归心、肝、胃、大肠经。清热燥湿力强，既善清中焦湿热，治湿热中阻，脘腹痞满等，为治湿热泻痢要药；又善清心热，泻胃火，为治心热烦躁失眠及胃热呕吐之良品。能泻火凉血，治清盛血热出血。亦常用于痈肿疮毒，皮肤湿疮，目赤肿痛等。有清热燥湿，泻火解毒之效。黄连属于苦味中药材，对于清热解毒祛湿有好处，而且还可以缓解胃火过盛，有解毒之功效。

参考文献

[1] 韩学俭. 黄连病虫害及其防治[J]. 植物医生，2001，14（4）：32-33.

huang bo
黄柏

本品为芸香科植物黄皮树*Phellodendron chinense* Schneid.的干燥树皮。习称"川黄柏"。

一、植物特征

落叶乔木，高达15米。树皮外层灰褐色，甚薄，无加厚的木栓层，内层黄色；小枝通常暗褐色或紫棕色，光滑无毛。单数羽状复叶，叶对生；叶轴及叶柄常密被柔毛，小叶7～15片，有短柄；小叶纸质，长圆状披针形或卵状椭圆形，长8～15厘米，宽3.5～6厘米，先部短尖至渐尖，基部阔楔形至圆形，两侧略不对称，全缘或浅波状，叶脉上被毛，叶面中脉有短毛或嫩叶被疏短毛；小叶柄长1～3毫米，被毛。圆锥花序顶生，花序轴密被短柔毛；花单性，雌雄异株，萼片5，卵形；花瓣5，长圆形；雄花雄蕊5，花丝远超出花瓣之外，基部有白色长柔毛；雌花退化雄蕊短小，雌蕊1，子房上位，5室，花柱短，柱头5裂。浆果状核果球形，多数密集成团，果顶部呈略狭窄的椭圆形或近圆球形，直径1～1.5厘米，熟后紫黑色，常具5核。花期5～6月，果期9～11月。（图1）

二、资源分布概况

主要分布于湖北、湖南西北部、四川东部，生于海拔900米以上杂木林中。重庆巫溪、城口、秀山，四川都江堰、叙永、古蔺、彭州、大邑，贵州湄潭、剑河、务川、印江、凤冈、遵义、道真以及陕西紫阳、镇巴，湖北鹤峰、神农架，湖南龙山、安化，广西蒙山等地均适宜其生长；尤以重庆巫溪与四川都江堰最为适宜。

图1　黄皮树

三、生长习性

喜温和、湿润的气候环境，具有较强的耐寒、抗风能力，苗期稍能耐荫，成年树喜光照湿润，不适荫蔽、不耐干旱，常混生于稍阴蔽的山间河谷及溪流附近或老林及杂木林中。以土层深厚、湿润疏松的腐殖质壤土生长最好，在干旱瘠薄的山谷或黏土层上虽有分布，但生长发育不良，在沼泽地带不宜生长，适宜生长的气候条件一般为：年均气温−1～10℃，年降水量500～1000毫米，最冷月均温−30～−5℃，最热月均温20～28℃，无霜期100～180天。

四、栽培技术

1. 繁殖方法

黄皮树多用种子繁殖、育苗移栽，也可用扦插繁殖、分根繁殖或萌芽更新育苗。选择生长健壮、无病虫害的成年树作采种母株。10～11月，黄皮树果实由青绿色变为紫黑色时采集果实，将果实堆放于屋角或木桶内，盖上席子或稻草堆放2～3周，待果皮果肉腐烂后，捣碎果皮，清水漂洗除去果皮、果肉，捞起种子晒干或阴干，装入麻袋置干燥通风处备用。若翌年春季播种，将新鲜种子与含水量20%的湿砂混合，埋入地下到春季时取出播种。

2. 育种技术

（1）选地整地

①造林地：黄皮树为阳性树种，山区、平原均可种植，宜选土层深厚、排灌方便、腐殖质含量较高的地块为宜。沼泽地、黏重土均不宜栽种。进行穴状整地，按株行距0.8米×（3～4）米开穴，穴深30～50厘米，每穴施腐熟有机肥5～10千克作底肥。

②育苗地：宜选地势比较平坦，排灌方便，肥沃湿润的砂质壤土。深翻20～25厘米，每亩施有机肥2000～3000千克，过磷酸钙25～30千克，耙细整平。开厢作床，床宽1～1.5米，床高20厘米，四周开好排水沟。

（2）播种育苗 生产上均采用种子育苗移栽。播种以春播为宜，长江流域在3月上、中旬，播种宜早不宜迟。在厢上按行距25～30厘米开横浅沟条播，沟深约3厘米，沟内施人畜粪尿作基肥。将种子均匀撒入沟内，每亩用种量2～3千克。上盖细土和细堆肥，厚约3厘米，稍加镇压，浇水。厢面上盖稻草保湿，在种苗出土前揭去。种后40～50天出苗，每亩用种量2～3千克。

（3）苗圃管理 间苗定苗：种子播种者，苗齐后生长较密，及时拔除弱苗和过密苗，苗高7～10厘米时按株距3～4厘米留苗1株，苗高17～20厘米时按株距7～10厘米定苗。

追肥：除施足基肥外，还应结合中耕除草追肥2～3次。每次每亩施腐熟粪水1500～2000千克或硫酸铵5～10千克。

浇水排水：出苗期间经常保持土壤湿润。多雨积水时应及时排除。

（4）移栽定植 黄皮树育苗1～2年后苗高40～70厘米，根茎直径8～12厘米，主根长30厘米左右时即可进行移栽定植。于冬季落叶后到翌年春季新芽萌发前移栽。较温暖的地区以12月中旬至1月中旬较为适宜，在冬季有冰冻的山区，则以落叶后尽早定植为宜。于雨后土壤湿润时起苗，连土挖出，如掘伤根皮，可自损伤处剪去，剪去根部下端过长部分。每穴栽苗一株，填土一半时，将树苗轻轻往上提，使根部舒展开，再填土至平，压紧，浇水，盖上松土略高于地面。

3. 田间管理

（1）中耕除草 苗期根据土壤板结情况和杂草的多少，在树苗周围适当中耕除草2～3次。生长期的前2～3年每年夏、秋二季松土、除草1次。成林期每年进行1次中耕。

（2）追肥 定植后每年入冬前施1次农家肥，株旁开沟环施10～15千克，同时适当增施磷、钾肥。

（3）灌溉排水　定植半月以内经常浇水，保持土壤湿润，以利存活。

（4）间伐　成林后可根据黄柏林的密度，分期间伐，直至最后成为密度适宜的成林。

4. 病虫害防治

（1）锈病　主要危害叶部。发病初期叶片上出现黄绿色近圆形斑，边缘有不明显的小点。发病后期叶背出现橙黄色微突起小疱斑，最后叶片上病斑增多以致叶片枯死。

防治方法　清除枯枝病叶，减少越夏菌源；发病期喷敌锈钠400倍液、0.2～0.3波美度石硫合剂或25%粉锈宁700倍液，每隔7～10天喷1次，连续喷2～3次。

（2）花椒凤蝶　幼虫危害叶。5～8月发生。

防治方法　在幼虫幼龄时期，喷90%敌百虫800倍液，每隔5～7天1次，连续喷1～2次。

（3）蛞蝓　以成、幼体舔食叶、茎和幼芽。

防治方法　发生期用毒瓜皮或蔬菜诱杀；喷1%～3%石灰水防治。

五、采收加工

1. 采收

黄柏采收年限应在20年左右，且以秋季采收为宜。采收方法有传统的砍树剥皮和现代的环剥技术两种。

（1）传统砍树剥皮　先将树砍倒，刮去外层粗皮，再按商品规格需要的长度用刀横切皮层，并在两横切的环间纵切一刀，依次剥下树皮、枝皮及根皮。

（2）现代环剥技术　选择长势旺盛，枝叶繁茂的树进行环剥，先用利刀在树干枝下15厘米处横割一圈，并按商品规格需要向下再横割一圈，在两环切口间垂直向下纵割一刀，切口斜度以45°～60°为宜，深度以不伤及形成层和木质部为宜。然后用竹刀在纵横切口交界处撬起树皮，向两边均匀撕剥，在剥皮过程中要注意手勿接触剥面，以防病菌感染而影响新皮的形成。如法剥皮，直至离地面15厘米处为止。树皮剥下后，用10毫克/升吲哚乙酸溶液、10毫克/升2, 4-D或10毫克/升萘乙酸加10毫克/升赤霉素溶液喷在创面上，以加速新皮形成的速度，并用塑料薄膜包裹，包裹时应上紧下松，利于雨水排出，并减少薄膜与木质部的接触面积，以后每隔一周松开薄膜透风一次，当剥皮处由乳白色变为浅褐色时，可剥除薄膜，让其正常生长。但再生的树皮质量和产量都不如第一次剥取的树皮。

2. 产地加工

将树皮晒到半干，压平，将粗皮刨净至显黄色为度，再用竹刷刷去刨下的皮屑，晒干即可。

六、药典标准

1. 药材性状

本品呈板片状或浅槽状，长宽不一，厚1～6毫米。外表面黄褐色或黄棕色，平坦或具纵沟纹，有的可见皮孔痕及残存的灰褐色粗皮；内表面暗黄色或淡棕色，具细密的纵棱纹。体轻，质硬，断面纤维性，呈裂片状分层，深黄色。气微，味极苦，嚼之有黏性。（图2）

10cm

图2　黄柏药材

2. 鉴别

本品粉末鲜黄色。纤维鲜黄色，直径16～38微米，常成束，周围细胞含草酸钙方晶，形成晶纤维；含晶细胞壁木化增厚。石细胞鲜黄色，类圆形或纺锤形，直径35～128微米，有的呈分枝状，枝端锐尖，壁厚，层纹明显；有的可见大型纤维状的石细胞，长可达900微米。草酸钙方晶众多。

3. 检查

（1）水分　不得过12.0%。

（2）总灰分　不得过8.0%。

4. 浸出物

照醇溶性浸出物测定法项下的冷浸法测定，用稀乙醇作溶剂，不得少于14.0%。

七、仓储运输

1. 仓储

药材仓储要求符合NY/T 1056—2006《绿色食品 贮藏运输准则》的规定。仓库应具有防虫、防鼠、防鸟的功能；要定期清理、消毒和通风换气，保持洁净卫生；不应与非绿色食品混放；不应和有毒、有害、有异味、易污染物品同库存放；在保管期间如果水分超过12%、包装袋打开、没有及时封口、包装物破碎等，导致黄柏吸收空气中的水分，发生返潮、结块、褐变、生虫等现象，必须采取相应的措施。

2. 运输

运输车辆应卫生合格，温度在16～20℃，湿度不高于30%，具备防暑防晒、防雨、防潮、防火等设备，符合装卸要求；进行批量运输时不应与其他有毒、有害、易串味物质混装。

八、药材规格等级

一等：干货。呈平板状，去净粗栓皮，表面黄褐色或黄棕色，内表面暗黄或淡棕色，体轻，质较坚硬，断面鲜黄色，味极苦。长40厘米以上，宽15厘米以上，无枝皮、粗栓皮、杂质、虫蛀、霉变。

二等：干货。树皮呈板状或卷筒状，长宽大小不分，厚度不得薄于0.2厘米，间有枝皮。其余同一等。

九、药用价值

（一）临床常用

1. 湿热病证

本品味苦性寒，归肾、膀胱经，长于清利下焦湿热，故常用于湿热下注之淋浊、带下、脚气等，还常用于泻痢、黄疸等湿热证。

（1）淋浊 本品治湿热蕴结膀胱，小便赤涩淋痛，可与车前子、木通等利水药配伍；

若治血淋，配大小蓟、白茅根煎服以凉血通淋；治小便点滴不通，少腹胀满，宜配知母，除下焦湿热，泄其闭，并反佐肉桂，引入肾经而化气，以滋肾通关，如《兰室秘藏》通关丸；治湿热下注膀胱，下浊不止，常与猪苓、茯苓、益智仁配伍，如《医学正传》治浊固本丸；亦可同珍珠粉共用，如《保命集》珍珠粉丸。

（2）湿热带下，脚气肿痛　治疗湿热下注，带下色黄者，可以本品配白果、芡实、车前子同煮，如《傅青主女科》易黄汤；治湿毒内蕴，秽浊下注，又可与栀子、泽泻、车前子配伍，如《世补斋不谢方》止带汤；治湿热下注之足膝红肿热痛，常与燥湿的苍术合用，如《丹溪心法》二妙散；若下肢疼痛麻木，屈伸不利，与牛膝相配伍，如《医学正传》三妙丸。

（3）湿热痢疾，泄泻　本品治热痢下重，可助黄连、白头翁、秦皮清利大肠湿热、凉血止痢之功，如《伤寒论》白头翁汤；治疗妊娠及产后寒热下痢，可与黄连、栀子合用；《阎氏小儿方论》以之与凉血活血赤芍为丸，治小儿热痢下血；治久痢伤阴，还可与黄连、石榴皮、当归、阿胶、地黄等品同用。

（4）黄疸　本品治湿热黄疸，常与栀子等品同用，清利湿热，如《伤寒论》栀子柏皮汤。

2. 热毒疮疡

本品既清湿热，又具解毒疗疮之功，常用于热毒内蕴所致疮痈肿毒，湿疹瘙痒，目赤肿痛，口舌生疮等证。

（1）疮疡肿毒，湿疮，水火烫伤　治乳痈，《梅师方》以黄柏为末合鸡子白外涂；《子母秘录》取本品合轻粉调猪胆汁，擦敷脓疮、热疮；治痈疽肿毒，《濒湖集简方》用黄柏、川乌为末调涂；治湿疮，可同滑石、甘草为末撒敷，并与荆芥、苦参等同煎。治水火烫伤，本品可与地榆、白及研末，香油调敷。

（2）口舌生疮，目赤肿痛　本品单用即效，亦可配伍，内服或外用。治心脾热、舌颊生疮者，《本草衍义》用蜜炙黄柏与青黛、龙脑同研擦疮上；治小儿重舌，《备急千金要方》则以本品用竹沥汤浸渍，取汁点舌；若治时行赤眼，可单取本品为末，煎汤熏洗，如《世医得效方》五行汤，内服可配白蒺藜、菊花、生地黄等滋补肝肾、清肝明目之品。

（3）痔漏　治疗痔漏下血不止，与酒、蜜、人乳、糯米泔水各浸透，炙干研末为丸服。

3. 肾阴虚骨蒸潮热

本品入足少阴肾经，能泻肾中虚火，以达泻火存阴之效，常用于肾阴虚，虚火亢旺之骨蒸潮热，遗精。若治相火妄动之夜梦遗精，古方有单用黄柏为丸服以取效；若伴心神不安，怔忡不眠症状者，用麦冬浓煎送服；对于阴虚火旺之梦遗，头晕目眩，腰膝无力者，可于《御药院方》封髓丹中加配熟地黄、天冬、人参，如《医学发明》三才封髓丹。

（二）现代医学应用

1. 阿弗他溃疡

外涂药物黄柏散（主要由黄柏组成）治疗阿弗他溃疡36例。嘱患者每日进食前0.5小时和临睡前先用蒸馏水或淡盐水漱洗口腔后，取药物涂在口腔溃疡处。每天涂4次，用药5天为1疗程。结果：显效24人，有效10人；总有效率94.44%。

2. 鼻炎、鼻窦炎

用黄柏滴鼻液（山东中医药大学附属医院制剂室提供）滴鼻治疗急慢性鼻炎、鼻窦炎患者430例。每日滴鼻3次，每次左右鼻腔各滴2～3滴，7天为1个疗程，根据病程连用1～3个疗程。结果：显效206例，有效200例；总有效率94.42%。

3. 流行性腮腺炎

用复方黄柏散治疗流行性腮腺炎720例。组成：黄柏、栀子、大黄、冰片、轻粉、麝香等。每日1剂，连续4周。结果：显效537例，有效180例，无效3例；总有效率为99.58%。

4. 急性、亚急性咽炎

黄柏胶囊治疗急性、亚急性咽炎100例。每次3粒，4次/天。结果：服用黄柏胶囊4日后，大部分病人（86例）取得比较满意的治疗效果。仅有14例因症状无明显改善或因患者要求改用其他药物治疗；总有效率为86%。

5. 慢性结肠炎

用自拟参庆黄柏液保留灌肠治疗慢性结肠炎58例。组成：苦参20克，黄柏研末6克，甘草12克，儿茶研末3克，白芍15克。同时加庆大霉素注射液8万单位；用导尿管或灌肠器徐徐灌入肠腔，每晚1剂，14天为1个疗程，疗程间隔3～4天。结果：总有效率94.83%。

6. 霉菌性肠炎

用苦参黄柏汤治疗霉菌性肠炎46例。组成：苦参15～20克、黄柏12～15克、薏苡仁30克、苍术12克、乌梅15克、白芍15克、生甘草9克。每日1剂，浓煎，分3次服，疗程一般7～15天。结果：痊愈12例，有效33例，无效1例；总有效率97.83%。

7. 慢性非特异性结肠炎

用自拟黄柏散局部喷洒治疗慢性非特异性结肠炎153例。组成：黄柏25克、黄连15克、马齿苋30克、五倍子15克、防风15克、赤芍药15克、金银花15克。每日1次，15天为1个疗程，治疗1～2个疗程，疗程间隔4日。结果：显效46例，好转103例，未愈4例；总有效率为97.39%。

8. 外阴瘙痒

用黄柏洗剂治疗外阴瘙痒77例。取黄柏30克、苦参30克、土茯苓30克、百部30克、川楝子30克、冰片3克、蛇床子30克加水2～3升，煮沸10～15分钟，去渣取汁，热时熏，温时坐浴，每日1剂，早晚各1次，每次20～30分钟，10日为1个疗程，坐浴后更换内裤，平时忌食鱼、虾、辛辣之品，经期停药。合并念珠菌性阴道炎者口服及局部应用制霉菌素7～10日；合并滴虫性阴道炎者用甲硝唑口服及阴道上药7～10日，每天消毒洗浴用具及内裤；外阴干枯者给予涂4%紫草油。结果：治愈75例，好转1例，无效1例；总有效率98.70%。

9. 阴道炎

取黄柏100克烘干研成细末，蛇床子100克，加入500克麻油浸泡1周，去渣留油装入净瓶备用。用药前先用温开水将外阴冲洗干净，拭干，再用消毒棉签蘸黄柏油擦于外阴及阴道，每日2～3次，治疗阴道炎162例。结果：50例霉菌性阴道炎痊愈43例，显效5例，无效2例；80例滴虫性阴道炎痊愈70例，显效8例，无效2例；32例老年性阴道炎痊愈28例，显效4例；总有效率为97.53%。

用中药治疗滴虫性与念珠菌性阴道炎380例。组成：苦参100克、百部50克、黄柏30克、白鲜皮50克、地肤子50克、蛇床子50克、萆薢50克、蒲公英50克，每日1剂，水煎服，连续4周。结果：治愈342例，好转25例，无效13例；总有效率96.58%。

10. 会阴伤口感染

先用过氧化氢及0.9%氯化钠注射液冲洗伤口，再用复方黄柏液擦洗患处，最后将黄柏液浸泡的纱布条放入伤口内，每日换药1次，治疗会阴伤口感染30例。结果：全部有效，总有效率100%。

11. 功能性子宫出血

用黄柏止血胶囊治疗功能性子宫出血42例。每日2粒，每日3次，连续服用3周。结果：治愈25例，好转15例，1例有所改善，1例无明显变化，治愈好转率为95.24%。

12. 急性前列腺炎

在给予常规抗生素药物治疗的基础上加服自拟前列平炎汤治疗急性前列腺炎32例。组成：黄柏15克、栀子12克、龙胆草15克、白花蛇舌草30克、木通6克、车前子15克、琥珀15克。每日1剂，水煎，分3次服，治疗2周。结果：显效23例，有效8例，无效1例；总有效率96.88%。

13. 慢性非细菌性前列腺炎

用黄柏前列汤治疗慢性非细菌性前列腺炎117例。组成：鳖甲（先煎）15克、黄柏15克、木香8克、王不留行12克、牛膝15克、白花蛇舌草20克、甘草5克。诸药用1000毫升清水浸泡30分钟，煎20分钟，取全部汁待用。每日1剂，连用6周。结果：痊愈38例，有效42例，显效27例，无效10例；总有效率91.45%。

14. 慢性淋病

将木通10克、黄柏20克、泽泻15克、山药20克、赤芍10克、半枝莲30克，水煎服，分2次服，10日为1疗程；另将以上药物用水2000毫升，煎成1000毫升，放盆中，先熏后洗，时间约30分钟，每日数次，10日为1疗程，治疗慢性淋病100例。结果：用药1个疗程81痊愈，19例好转，继续治疗1个疗程，全部治愈；总有效率100%。

15. 痤疮

口服黄柏胶囊治疗痤疮96例。每日3次，每次3粒。患处涂维胺酯膏，每日2~3次，4周为1疗程。结果：1个疗程后痊愈78例（81.25%），显效14例（14.58%），有效4例（4.17%）。

16. 神经性皮炎

用黄柏苦参止痒汤治疗神经性皮炎50例。组成：黄柏、生地黄各30克，金银花、苦参、菊花各10克，麦冬、赤芍、蛇床子、土茯苓各15克，甘草3克。每日1剂，分2次煎服，1月为1疗程。结果：痊愈12例，有效35例，无效3例；总有效率94%。

17. 烧伤

黄柏、榆树皮内皮粉末（1∶2），以80%乙醇浸泡加压过滤，将滤液喷或涂于创面，至结痂为止，治疗338例烧伤患者。结果：1周内有130例治愈，第2周有144例治愈，第4周治愈62例，死亡2例。

18. 面部激素依赖性皮炎

用黄柏液治疗面部激素依赖性皮炎85例。将黄柏30克、地榆30克、白鲜皮10克、甘草10克加水2000毫升，浸泡30分钟后中火煮沸，文火煎10分钟，过滤溶液后冷却备用。浸泡单层无菌纱布敷于面部，留出鼻孔，并用该溶液行局部冷喷治疗，每天2次，每次30分钟，治疗完毕外用维生素E霜，连续治疗2周后评价其疗效。结果：治愈45例，显效27例，好转12例，无效1例。

19. 冻疮

感染者用黄柏60克，芒硝30克；未感染者用黄柏30克，芒硝60克。研末，凉开水调成糊，取适量敷于局部，每日敷药1次，无菌敷料包扎，治疗冻疮62例。结果：感染者3～6天愈合，未感染者2～4天愈合。

20. 手足癣

用治手方和治足方治疗手足癣180例。治手方：黄柏22克，生百部20克，蛇床子20克，苦参20克，水杨酸14克，樟脑3克，食醋250毫升（山西醋佳）；治足方：黄柏24克，苦参22克，生百部22克，蛇床子22克，水杨酸16克，樟脑4克，食醋400毫升。上述药研末过筛，用塑料袋分装备用。需治手部病损时，食醋与药物混合，将患手浸泡于内，袋口与手腕处密闭以免漏气，约3小时即可。若需治足，除浸泡时间为4小时外，其余同上。1次为1疗程，未愈者半月后可行第2疗程，浸泡后第3天可涂带油质的软膏，2次/天。结果：治愈136例，有效40例，无效4例；总有效率97.78%。

21. 甲沟炎

用黄柏酊治疗甲沟炎115例。组成：黄柏200克、黄连200克、黄芩200克、大黄200克、苦参200克、龙胆200克、金银花200克、红花200克。将上药于75%乙醇2000毫升中浸泡10日后，密封装入100毫升瓶内，每天洗脚后用棉花擦局部3次，7天为1疗程。结果：治愈51例，显效40例，有效19例，无效5例；总有效率95.65%。

22. 尿布皮炎

取紫草100克、黄柏30克、菜籽油200克，将紫草、黄柏研粉，用纱布袋内装，放入已煮沸过的油温在30～40℃的菜籽油里浸泡7天，7天为1个疗程，治疗尿布皮炎156例。结果：显效有78例，有效75例，无效3例；总有效率97.08%。

23. 静脉炎

取黄连、黄柏各50克，浸泡于3%硼酸溶液500毫升中，15天后滤除药渣取浸泡液备用，治疗静脉炎269例。结果：治愈215例，好转48例，未愈6例；总有效率97.77%。

24. 闭合性软组织损伤

取黄柏、生半夏、五倍子、面粉各等份。先将面粉、五倍子共炒至熟，冷却后与余药共研细末，过筛即成，瓶贮备用。使用时加食醋调成糊状，武火熬熟成膏，涂于损伤的皮肤上，范围略大于损伤面积，上盖白麻纸4～5层，再用胶布或绷带固定，1～2天换药1次，治疗闭合性软组织损伤60例。结果：全部有效，总有效率为100%。

25. 膝骨关节炎

用黄柏五味膏治疗膝骨关节炎90例。将黄柏3份、栀子2份、乳香2份、金银花1份、冰片0.5份共研细末，过120目筛，与凡士林按2∶8的比例混合制成软膏外敷；厚度约2毫米，均匀覆盖患病关节表面，每天2次。结果：有效52例，显效32例，无效6例；总有效率93.33%。

26. 关节扭伤

取黄柏粉3份、石膏粉1份，放入换药碗或水杯，缓慢加入樟脑酒适量，调制成糊状即可应用。使用时先将患部用温水洗净、擦干，敷患部即可，为防止干燥药物失去作用，可上盖油纸，然后用纱布或绷带包扎，每日换药1次，治疗关节扭伤30例。结果：治愈29例。

27. 放射性直肠损伤

用黄柏槐花汤配合重组人表皮生长因子外用溶液（Ⅰ）治疗急性放射性直肠炎26例和晚期放射性直肠损伤11例。将黄柏15克、槐花15克加水250毫升，文火煎30分钟，取汁100毫升晾温，加重组人表皮生长因子外用溶液（Ⅰ）5毫升，用肛管注入直肠。结果：急性放射性直肠炎有效23例，无效3例，总有效率88.46%；晚期放射性直肠损伤有效10例，无效1例，总有效率90.91%。

28. 新生儿天疱疮

在常规治疗基础上，对于大疱采用常规消毒后用注射器抽出疱液，在大疱周围用50%乙醇消毒，避免因大疱破后引起自身传染，然后涂黄柏地榆油膏治疗新生儿天疱疮32例。将黄柏10克、生地榆10克，研成细粉过筛，混合氧化锌粉30克，加入煮沸冷却至30℃的香油中备用，每日3~4次。结果：全部有效，总有效率100%。

参考文献

[1] 谢宗万. 中药材品种论述（中册）[M]. 上海：上海科学技术出版社，1990：319-325.

[2] 彭成. 中华道地药材（中册）[M]. 北京：中国中医药出版社，2011：1904-1925.

[3] 侯小涛，戴航，周江煜. 黄柏的药理研究进展[J]. 时珍国医国药，2007，18（2）：498-500.

[4] 叶萌，徐义君，秦朝东. 黄柏规范化种植技术[J]. 四川林业科技，2006，27（1）：89-92.

[5] 杨仕雷，邢国风，黄可兵. 黄柏的栽培及利用[J]. 四川农业科技，2006（4）：39.

[6] 甘晓冬，戴克敏. 中药黄柏的生药学研究[J]. 上海医科大学学报，1989（6）：441-445.

[7] 吴珊珊. 黄柏不同规格、不同炮制品内在质量研究[D]. 成都：成都中医药大学，2014.

黄精

本品为百合科植物滇黄精*Polygonatum kingianum* Coll. et Hemsl.、黄精*Polygonatum sibiricum* Red.或多花黄精*Polygonatum cyrtonema* Hua的干燥根茎。秦巴山区多分布黄精*Polygonatum sibiricum* Red.，故以下主要介绍黄精相关的栽培内容。

一、植物特征

根状茎圆柱状，由于结节膨大，因此"节间"一头粗、一头细，在粗的一头有短分枝（《中药志》称这种根状茎类型所制成的药材为鸡头黄精），直径1～2厘米。茎高50～90厘米，或可达1米以上，有时呈攀缘状。叶轮生，每轮4～6枚，条状披针形，长8～15厘米，宽（4～）6～16毫米，先端拳卷或弯曲成钩。花序通常具2～4朵花，似成伞状，总花梗长1～2厘米，花梗长（2.5～）4～10毫米，俯垂；苞片位于花梗基部，膜质，钻形或条状披针形，长3～5毫米，具1脉；花被乳白色至淡黄色，全长9～12毫米，花被筒中部稍缢缩，裂片长约4毫米；花丝长0.5～1毫米，花药长2～3毫米；子房长约3毫米，花柱长5～7毫米。浆果直径7～10毫米，黑色，具4～7颗种子。花期5～6月，果期8～9月。（图1）

图1　黄精

黄精由野生变家种有20多年的历史，家种后不仅其生长周期发生改变，形态学特征也发生显著变化，根茎多头分生，由野生状态一头大一头小明显呈"鸡头"状（商品称"鸡头黄精"），变成一头略大的圆柱形，根茎年结分枝多达4节，茎、叶片、果实、种子无变化。

二、资源分布概况

黄精主要分布于我国陕西、河北、山东、辽宁、吉林、黑龙江、内蒙古等省区。栽培黄精产区主要在陕西，陕西是历史悠久的主产区。

陕西略阳民间有在房前屋后菜园地种植黄精食用的传统习惯。2003年开始，略阳多地开展野生变家种规范化种植研究，经过10多年的推广种植，在略阳及其周边地区发展种植数千亩。

三、生长习性

黄精的适应性很强，喜阴湿，耐寒性强，在黏重、土薄、干旱、积水、低洼、石子多的地区生长不良。生长环境选择性强，喜生于土壤肥沃，表层水分充足，上层透光性强的林缘、草丛或林下开阔地带，在湿润隐蔽的环境、排水和保水性能良好的地带生长较好，土壤以肥沃砂质壤土或黏壤土生长较好。土壤酸碱度一般以中性和偏酸性为宜。

四、栽培技术

1. 种植材料

生产以无性繁殖为主，用有性繁殖进行种苗复壮。无性繁殖以无病虫害的根茎作为种栽；有性繁殖以母本纯正、生长健壮、无病虫害、生长整齐一致植株的成熟种子作为种植材料。

2. 选地与整地

（1）选地　种植地选择选择地势平坦、土层深厚疏松（耕作层土厚30厘米以上）、土质肥沃、排水良好（梅雨季节无积水）的砂质壤土，有可灌溉的水源及设施，水质无污染，前茬不是其他根茎类药材的地块。

（2）整地　于10月中旬至11月中旬开始整地。收获农作物后，清除地面和大田四周杂草，深翻，晾晒3～5天后开始旋耕耙细。旋地前对土壤进行杀虫、消毒处理。同时在大田四周挖好排水渠。施入基肥，整细、旋平、做畦，畦宽120厘米，畦高15厘米，畦间距60厘米。

3. 种苗繁育

选择成熟浆果采集，采收回来的黄精浆果后熟处理后，翌年3月下旬将种子播种到整好的畦内。种子在播种后的当年，只萌发成初生根茎，没有真叶出土。播种第二年春季长出单叶幼苗，第三年开始抽地上茎。加强田间管理和追肥，苗高10～12厘米时，便可移栽。秋末或春初均可移栽。（图2）

4. 移栽

用于移栽的种根茎有采用种子培育的幼小根茎，也可选用多年生根茎。用多年生种根茎的，在采挖黄精时，选择近1～2年形成的粗壮、白嫩部分，截成数段，每段有2或3节，伤口稍加晾干，即可栽种。移栽前在整好的畦面上开沟，将挑选过的黄精种根茎依次摆放在开好的沟内，摆放时应尽量避免损害黄精的芽头，芽头需朝上。待种根茎摆放完毕，将细土搂入沟内，覆土至平。（图3）

图2　黄精苗

图3　黄精移栽

5. 遮阴、搭架

4月下旬至5月上旬在畦沟内播种玉米，在夏、秋季为黄精遮阴。当年9月下旬玉米收获后，秸秆粉碎还田，覆在畦面上。黄精栽植后的第二年，为了防止黄精倒伏，可用铁丝给黄精搭架。不采种子的可以打尖、疏花抑制地上部分生长。（图4）

6. 田间管理

黄精生长期间每年应根据杂草生长程度除草4～6次，除草和松土结合。锄草宜浅不易深，过深易伤及黄精，离黄精茎秆较近的杂草应用手拔除，以免锄断黄精。

图4　黄精套种玉米

黄精规范化种植如图5所示。

7. 病虫害防治

黄精在生长期间主要的病虫害有：根腐病、叶斑病、黑斑病、蛴螬、地老虎、蝼蛄。防治应以预防为主，综合防治，合理运用农业、生物、物理方法及其他有效生态手段，创造不利于病菌和虫卵滋生的条件，把病虫害控制在发生前，保护栽培地环境，降低农药对药材的污染。

五、采收加工

1. 采收

采挖野生黄精一般在秋末冬初黄精根

图5　黄精规范化种植

茎停止生长，或早春时节，土壤解冻，根茎还没有萌动时进行。人工种植的，一般生长3～4年即可采挖。栽培的一般于栽植4年后的秋季或春季采挖。采挖时间和方式应因地制宜。（图6）

2. 加工

据文献记载，古时有将采挖的黄精直接晒干药用，也有"蒸过曝干用"。黄精加工最早见于《雷公炮炙论》："凡采得，以溪水洗净后蒸，从巳至子，刀切薄片暴干用。"《本草图经》记载："二月采根，蒸过曝干用。今通八月采，山中人九蒸九曝，作果卖，甚甘美，而黄黑色。"2020年版《中国药典》："除去须根，洗净，置沸水中略烫或蒸至透心，干燥。"

现在通常将采挖的黄精用清水清洗，蒸煮杀青，干燥。干燥过程中要经过搓揉，发汗。根据产地经验，黄精药材的折干率和色泽与搓揉、发汗有很大关系。经过多次搓揉、发汗过程干燥的黄精药材红润、半透明，折干比为1：（3.5～4.5）。而不经搓揉、发汗加工的黄精药材色土黄、干瘪，不油润，折干比常常在1：（7～9）。

搓揉、发汗过程：黄精在晾晒过程中用手或木板反复搓揉，干燥至6～7成时堆放在室内，盖上篷布，让根茎内部的水分逐步散发到根茎外表，再摊开晾晒。这样反复2～3次，直至干燥到符合要求。（图7～图9）

图6　黄精采收

图7　黄精清洗

图8　黄精杀青

六、药典标准

1. 药材性状

（1）大黄精 呈肥厚肉质的结节块状，结节长可达10厘米以上，宽3～6厘米，厚2～3厘米。表面淡黄色至黄棕色，具环节，有皱纹及须根痕，结节上侧茎痕呈圆盘状，圆周凹入，中部突出。质硬而

图9 黄精烘干

韧，不易折断，断面角质，淡黄色至黄棕色。气微，味甜，嚼之有黏性。

（2）鸡头黄精 呈结节状弯柱形，长3～10厘米，直径0.5～1.5厘米。结节长2～4厘米，略呈圆锥形，常有分枝。表面黄白色或灰黄色，半透明，有纵皱纹，茎痕圆形，直径5～8毫米。

（3）姜形黄精 呈长条结节块状，长短不等，常数个块状结节相连。表面灰黄色或黄褐色，粗糙，结节上侧有突出的圆盘状茎痕，直径0.8～1.5厘米。

味苦者不可药用。黄精药材如图10所示。

1cm

图10 黄精药材

2. 鉴别

本品横切面：大黄精，表皮细胞外壁较厚。薄壁组织间散有多数大的黏液细胞，内含草酸钙针晶束。维管束散列，大多为周木型。鸡头黄精、姜形黄精，维管束多为外韧型。

3. 检查

（1）水分　不得过18.0%。

（2）总灰分　取本品，80℃干燥6小时，粉碎后测定，不得过4.0%。

（3）重金属及有害元素　照铅、镉、砷、汞、铜测定法测定，铅不得过5毫克/千克；镉不得过1毫克/千克；砷不得过2毫克/千克；汞不得过0.2毫克/千克；铜不得过20毫克/千克。

4. 浸出物

照醇溶性浸出物测定法项下的热浸法测定，用稀乙醇作溶剂，不得少于45.0%。

七、仓储运输

1. 仓储

药材仓储要求符合NY/T 1056—2006《绿色食品 贮藏运输准则》的规定。仓库应具有防虫、防鼠、防鸟的功能；要定期清理、消毒和通风换气，保持洁净卫生；不应与非绿色食品混放；不应和有毒、有害、有异味、易污染物品同库存放；黄精商品的安全水分为11%～15%。在保管期间如果水分超过18%、包装袋打开、没有及时封口、包装物破碎等，导致黄精吸收空气中的水分，发生返潮、结块、褐变、生虫等现象，必须采取相应的措施。

2. 运输

运输车辆应卫生合格，温度在16～20℃，湿度不高于30%，具备防暑防晒、防雨、防潮、防火等设备，符合装卸要求；进行批量运输时不应与其他有毒、有害、易串味物质混装。

八、药材规格等级

黄精在过去均以"统货"的形式流通，因此1984年3月由国家医药管理局与中华人民共和国卫生部制订试行的《七十六种药材商品规格标准》中没有收录黄精药材。

随着社会对黄精药材的需求量增加，对不同规格等级的黄精药材有不同的需求，2016

年中华中医药学会委托中国中医科学院中药资源中心牵头筛选了200种常用药材，通过文献调研、市场调查、产地调查、饮片生产企业调查，综合四方面药材规格等级内容，起草了《中药材规格等级》团体标准。黄精药材规格等级标准规定如下（表1）。

表1 黄精药材规格等级划分

规格	等级	性状描述		区别点
		共同点		
大黄精	一等	干货。呈肥厚肉质的结节块状，表面淡黄色至黄棕色，具环节，有皱纹及须根痕，结节上侧茎痕呈圆盘状，圆周凹入，中部突出。质硬而韧，不易折断，断面角质，淡黄色至黄棕色，有多数淡黄色筋脉小点。气微，味甜，嚼之有黏性		每千克≤25头
	二等			每千克25～80头
	三等			每千克≥80头
	统货	结节呈肥厚肉质块状。不分大小		
鸡头黄精	一等	干货。呈结节状弯柱形，结节略呈圆锥形，头大尾细，形似鸡头，常有分枝；表面黄白色或灰黄色，半透明，有纵皱纹，茎痕圆形		每千克≤75头
	二等			每千克75～150头
	三等			每千克≥150头
	统货	结节略呈圆锥形，长短不一。不分大小		
姜形黄精	一等	干货。呈长条结节块状，分枝粗短，形似生姜，长短不等，常数个状结节相连。表面灰黄色或黄褐色，粗糙，结节上侧有突出的圆盘状茎痕		每千克≤110头
	二等			每千克110～210头
	三等			每千克≥210头
	统货	结节呈长条块状，长短不等，常数个块状结节相连。不分大小		

九、药用食用价值

1. 临床常用

（1）慢性迁延性肝炎及肝硬化　肝肾阴虚型慢性迁延性肝炎，用丹鸣黄精汤（黄精、丹参、生地黄、女贞子、沙参、川楝子、当归、郁金等）治疗80例，痊愈72例，好转3例。亦有用丹参黄精汤（黄精、丹参、当归、泽泻、茯苓、黄柏、郁金、白术、虎杖、甘草）治疗112例，有效率89.3%。还有以黄芪、丹参、黄精汤（丸）治疗早期肝硬化105例，治愈45例，显效31例，有效19例，无效10例，疗效较好。

（2）血液系统疾病　临床上应用黄精治疗40例单纯性白细胞减少患者（连续2个月，多次白细胞计数小于$4×10^9$/升），作用明显。具体用法：黄精洗净加水煎去渣，制成1克/毫升糖浆溶液，成人每次100毫升，每日3次，4周为一疗程。用宁血煎（含黄精）治疗血小板减少性紫癜7例，基本治愈2例，显效2例，进步3例。

（3）治疗癣菌病　取黄精捣碎，以95%乙醇浸1～2天，蒸馏去大部分酒精，浓缩后加3倍水，沉淀，取其滤液，蒸去其余酒精，浓缩至稀糊状，即成为黄精粗制液。使用时直接搽涂患处，每日2次。一般对足癣、体癣都有一定疗效，尤以对足癣的水疱型和糜烂型疗效最佳。对足癣角化型疗效较差，可能是因为霉菌处在角化型较厚的表皮内，而黄精无剥脱或渗透表皮能力之故。黄精粗制液搽用时无痛苦，亦未见不良反应，缺点是容易污染衣物。另有报道黄精、冰醋酸各500克，浸泡7天，加蒸馏水1500克（糜烂型可适当多加水以降低浓度），每晚睡前洗脚拭干，搽药1～2次。治疗200例，有效率为99%。

（4）流行性出血热　用黄白煎剂（黄精、黄芪各30克，白茅根30～125克，白术15克）每日1剂，水煎分2～3次服。治疗46例，用药后平均少尿持续时间较对照组明显缩短，并有19.4%病例越过多尿期，血压大多在24小时内恢复正常，尿蛋白平均6.3天消失。作者认为黄精能明显提高机体免疫，促进抗体形成提前，从而阻断了病情的发展。

（5）肺结核　以黄精浸膏10毫升，每日4次，疗程2个月。治疗肺结核19例，病灶完全吸收4例，吸收好转12例，无变化3例。6例空洞，2例闭合，4例有不同程度缩小。痰菌多数转阴，血沉大部分恢复正常。尚有用黄及散（黄精、白及、百部、夏枯草、麦冬、杏仁、玄参、沙参、甘草）为主，配合穴位敷贴中药，治疗矽肺合并结核41例，有效率96%。

（6）蛲虫病　黄精、冰糖各60克（小儿减半），将黄精水煎2次。各得药液约100毫升，两次药液混合后加冰糖搅溶化，分3次服，每日1剂，连服2天。治疗百余例均显效。

（7）缺血性中风　本病气虚血瘀型发病率较高，以益气活血，益气补肾法获效明显。有用加减补阳还五汤（黄精、生黄芪、葛根、丹参、桑寄生各30克，当归尾15克，赤芍、地龙、川芎各12克，红花、羌活各9克，炙甘草6克）治疗30例，痊愈、显效各12例，好转5例。亦有用黄精、黄芪、知母、鸡血藤、制首乌、丹参、川芎、僵蚕、赤芍、当归、甘草为主方，随证加减，配合西药治疗100例，痊愈60%，显效30%，好转10%。

（8）自主神经功能失调　有用宁神酊（黄精180克，枸杞子、生地黄、白芍、首乌藤各90克，黄芪、党参、当归、炒枣仁各60克，麦冬、红花、菊花、佩兰、菖蒲、远志各30克，以白酒6000毫升浸2～4周）5～15毫升/次，每日3次，或每晚服10～20毫升。治疗自主神经功能失调175例，94.9%的病例自觉症状减轻或消失，睡眠改善，多梦减轻或消除。亦有用补脑汤（制黄精、玉竹各30克，决明子9克，川芎3克）治疗脑力不足，头痛，眩晕，失眠，健忘等症，每能获效。尚有用黄精补脑剂（制黄精、首乌、玉竹、沙参、白芍、郁金、山楂、泽泻、茯苓、当归、大枣）治疗虚损（主要症状为精神不振，反应迟钝，记忆力减退等）36例，有效率97.2%。

（9）头痛 以黄精为主药（制黄精、生龙骨、生牡蛎、炒党参、当归、山药、细辛、白芷、怀牛膝、麦冬、桑叶）随证加减，治疗内伤头痛，不论新久，均获良效。

（10）冠心病 有用心脉宁注射液（黄精、丹参、生首乌、葛根）静脉滴注，每天250毫升，一疗程20天。治疗42例，心绞痛有效率86.7%，改善心电图有效率64.3%。河南医学院以黄精、赤芍制剂治疗100例，其中有心绞痛者17例，用药后均有不同程度的缓解，心电图多数有所改善。广安门医院等将黄精、黄芪、党参、丹参、赤芍、郁金制成益气活血合剂和注射液，治疗急性心肌梗死215例，疗效满意。

（11）病态窦房结综合征 以通阳复脉汤（黄精50克，黄芪、淫羊藿、麦冬、五味子各20克，人参、甘草、麻黄、附子、鹿角胶、升麻各10克，细辛5克）为基本方，治疗20例，心室率均恢复至60～70次/分以上，临床症状均有明显改善。

（12）高脂血症 有用黄精煎剂（黄精、生山楂、桑寄生）治疗18例，降胆固醇、三酰甘油、β-脂蛋白有效率分别为83.3%、72.2%、64.2%。亦有用降脂片（黄精、何首乌、桑寄生）治疗86例，效果良好。

（13）低血压 黄精、党参各30克，炙甘草10克，每日1剂。治疗贫血性、感染性、直立性、原因不明性低血压10例，均愈。

（14）慢性肾小球肾炎 黄精改善肾功能作用较好。有以黄精、紫草、墨旱莲各50克，生地黄、黄芪各25克，牡丹皮、知母、泽泻、萆薢、鸡内金各15克，治疗尿中红细胞多的阴虚证14例，完全、基本、部分缓解各3例；以黄精、紫草、黄芪、墨旱莲各50克，生地黄25克，附子、肉桂、牡丹皮、泽泻各15克，茯苓20克，治疗无水肿的阴阳两虚证10例，完全缓解1例，部分缓解7例。

（15）慢性支气管炎 有报道以黄精、百部各10克，冬虫夏草、贝母、白及5克，用白酒1斤浸泡1周，去渣，5～10毫升/次，每日3次。治疗134例，服药20天，有效率90.2%。亦有用固本止咳夏治片（黄精、黄芪、陈皮、沙苑子、补骨脂、百部、赤芍）治疗1018例，有效率82.9%。

（16）阳痿 黄精、肉苁蓉各30克，鳝鱼250克，炖服。

（17）糖尿病 有用降糖丸（黄精10份，红参、茯苓、白术、黄芪、葛根各5份，大黄、黄连、五味子、甘草各1份，制成水丸）15克，1日3次，治疗20例，效佳。亦有以三黄消渴汤（黄精、黄芪、生地黄、生石膏、天花粉）随证加减，治疗40例，有效率85%。尚有用降糖甲片（由黄精、黄芪、生地黄、太子参、天花粉组成，每片含生药2.3克）6片/次，每日3次，治疗405例，效果较好，尤以气阴两虚型为佳。

（18）先兆流产，风湿腰痛，胃寒痛　用安胎消痛丸（黄精、紫花前胡、异叶茴香各等份，制蜜丸，每丸9克）共治疗122例，有效率91.8%。

（19）阴道瘘　药用黄精、杜仲各30克，白及24克，益智仁12克，生地黄炭15克，蚕茧18克，炙升麻6克，共装入猪脬内用文火久煎，冲入烊化阿胶12克，分6次服，日服3次。连服20～30剂，待小便基本控制后，再用墨鱼、炒黑芝麻、炒黑豆、当归、川芎和猪肚1只，炖服2剂以巩固疗效。治疗7例，均未经手术获愈。

（20）百日咳　黄精补肺而不补邪，且能抑制百日咳杆菌，故为治疗本病之理想药物。有用黄精、百部、射干、天冬、麦冬、百合、紫菀、枳实组方治疗73例，有效率90.4%。

2. 食疗及保健

以黄精为配方的保健品在市场上有很多，最具代表性的有以下几种。

（1）黄精片（《全国中成药产品集》）　黄精、当归。补气养血，强身，健胃，固精；用于气血不足、气短心悸、精神倦怠。

（2）黄精丸（又名九转黄精丹，《清内廷法制丸散膏丹配本》）　黄精、当归。补气养血。用于气血两亏、身体虚弱、面黄肌瘦、腰腿无力、津液不足、倦怠少食、胎动不安、乳汁短少、舌淡胖嫩、脉散细等症。

（3）黄精糖浆（《全国中成药产品集》）　制黄精、薏苡仁、南沙参。滋养脾肺，益胃生津；用于阴虚咳嗽、咽干神疲、食欲不振。

（4）稳心颗粒　黄精、党参、三七、琥珀、甘松。益气养阴，活血化瘀。用于气阴两虚，心脉瘀阻所致的心悸不宁，气短乏力，胸闷胸痛。

参考文献

[1]　中国科学院中国植物志编委会. 中国植物志：第15卷[M]. 北京：科学出版社，1978：64，65，78，80.

[2]　肖培根，杨世林，刘塔斯，等. 玉竹黄精药用动植物种养加工技术[M]. 北京：中国中医药出版社，2001：76.

[3]　南北朝刘宋·雷敩著，王兴法辑校. 雷公炮炙论（辑佚本）[M]. 上海：上海中医学院出版社，1986：9.

[4]　金世元. 金世元中药材传统鉴别经验[M]. 北京：中国中医药出版社，2010：73.

[5]　崔树德. 中药大全[M]. 哈尔滨：黑龙江科学技术出版社，1989：909.

[6]　陕西省陕南中药产业发展领导小组办公室，陕西省科学院. 陕西中药材GAP栽培技术[M]. 北京：科学出版社，2004：209–212.

猪苓

本品为多孔菌科真菌猪苓*Polyporus umbellatus*（Pers.）Fries的干燥菌核。春、秋二季采挖，除去泥沙，干燥。

一、真菌特征

猪苓为干燥的菌核，全体由菌丝紧密交织而成，呈条形、类圆形或扁块状，长5～25厘米，直径2～6厘米，有的有分枝，稍扁，表面凹凸不平，菌丝棕色，不易分离；内部菌丝无色，弯曲。表面黑色、灰黑色或棕黑色，皱缩或有瘤状突起。体轻，质硬，断面类白色或黄白色，半木质化，较轻，略呈颗粒状。子实体从地下菌核内生出，常多数合生，菌柄基部相连或多分枝，形成一丛菌盖，伞形或伞状半圆形，直径达15厘米以上。菌盖肉质，干后硬而脆，圆形，宽1～8厘米，中部脐状，表面浅褐色至红褐色。菌肉薄，白色。菌管与菌肉同色，与菌柄呈延生；管口多角形。孢子在显微镜下呈卵圆形。（图1）

图1　猪苓

二、资源分布概况

　　猪苓为我国常用的菌类药材，应用历史悠久，在我国分布很广，长江以北至长白山均有分布，其中陕西、云南、四川、山西为主产区，传统认为云南猪苓产量大，陕西的猪苓品质最佳。近年来，由于药农过度采挖，其野生资源已日趋枯竭，国家已将其列为三级重点保护野生药材品种，人工栽培面积迅速扩大。秦巴山区独特的地理位置、气候条件、丰富的森林植被，为野生猪苓的生长创造了良好的环境条件，成为我国野生猪苓最大的适生区和主产区，引种区域主要分布在陕西省汉中、安康、勉县、留坝、洋县、城固、略阳等地。

三、生长习性

　　猪苓宜生长在海拔1200米左右的半阴半阳杂灌林下，喜阴凉湿润、疏松透气、排水良好、富含腐殖质的微酸性山地黑砂壤土或黄棕砂壤土，对温度、湿度等都有严格的要求，在发展猪苓种植生产时应注意环境条件的适宜性。栽培适宜海拔为150～300米。无霜期210天左右，年平均气温14.1～14.9℃，最热为7月，最冷为1月。适宜年平均降水量550～700毫米。适宜土壤为土层深厚、土质疏松、腐殖质多、地势干燥、能排能灌的中性和微酸性壤土或砂质壤土。

四、栽培技术

　　猪苓采用半野生栽培，栽培技术如下。

1. 选地

　　选蜜环菌能够生长的灌木林、薪柴林，不宜选择用材林和经济林。在晋南地区宜选择海拔1000～1500米、地形平坦或为沟槽地及15°左右的缓坡地，土壤为较肥沃的砂壤土。

　　秦巴山区野生猪苓主要生长在一些次生林及青冈、橡、桦、柳等阔叶林下，有蜜环菌生长的衰老或半腐朽阔叶树乔木根部周围，坡向西南、西北均可，但必须有一定的树木遮盖阳光，树下有丰富的腐殖质土或落叶层厚的山坡，才能满足蜜环菌和猪苓生长的基本条件。生产中往往由于场地选择不当，尤其是一些不适宜栽培猪苓的山梁地、迎风地、阳坡地、山顶山嵴等，使得场地土壤中水分、温度、通气性等主要环境因素不容易协调和控制，导致减产或空窝，造成栽培失败。

2. 繁殖技术

应首先培养蜜环菌枝，可采挖生长有蜜环菌的树根、木段作菌种，也可用人工培养的蜜环菌三级生产种来培养菌枝，选直径1～2厘米的壳斗科植物或其他阔叶树的新鲜树枝，斜砍成10厘米小段。挖直径50～60厘米、深30厘米的培养坑，坑底铺一层树叶，在砍好的树枝之间，盖一薄层土。然后按此法再在上面重复摆几层，每坑一般可摆放5～7层，最后于坑顶覆土3～5厘米，土上用树叶覆盖。需常浇水保湿，约两个月后树枝长满蜜环菌菌丝，称菌枝。再选用直径2～3厘米的菌枝砍成长30厘米左右的短节，作为菌种，按培养菌枝的方法扩大培养出菌材，用来伴栽猪苓。

猪苓菌种应选择生活力旺盛、灰褐色的鲜苓作种苓。在灌木树丛旁挖10厘米左右深的小穴，穴内应有树根及纵横交错的毛根，在穴底先铺湿树叶一层，在树根旁放一节菌材，猪苓菌核放在树根与菌材之间，每穴放种苓100～250克，然后盖一层湿润的树叶，覆土填平。穴顶再盖一层较厚的树叶。

3. 田间管理

猪苓下种后不宜翻动，并忌牲畜践踏。夏季如遇干旱，可引水浇灌。每年春季在穴顶加盖一层树叶，这样可减少土壤水分蒸发，补充土壤有机质，提高土壤肥力。

4. 病虫害防治

猪苓栽培过程中的主要病虫害有杂菌污染、菇螨、线虫、菇蝇等。

（1）杂菌污染　主要有鬼伞菌、木霉、青霉等。发生鬼伞菌的主要原因是原料含氮量偏高、pH值偏低、发酵和消毒不彻底等。木霉、青霉主要是发酵不充分等造成的。防治时要选择新鲜无霉变的原料，辅料中含氮量高的原料比例不要超过5%，含水量控制在70%左右，pH值不能小于7，消毒要彻底。

（2）菇螨、线虫、菇蝇　发现菇螨时，可用杀螨醇500～1000倍液喷雾，喷雾前停止喷水。严格控制培养料含水量在70%左右，并在铺床后6～12小时再进行加温消毒，可大大减少线虫的危害。培养料堆制发酵时用薄膜盖严，播种时尽量防止菇蝇进入拱棚内，播种后盖上薄膜再喷洒敌敌畏等杀虫剂可防治菇蝇。

五、采收加工

一般南方全年皆采，北方以夏、秋两季为多。猪苓隐生于地下，寻找较困难。据经验，凡生长猪苓的地方，其土壤肥沃，发黑，雨水渗透也快，小雨后地面仍显干燥。挖出后去掉泥沙，晒干。放干燥通风处。（图2）

图2　猪苓采挖

六、药典标准

1. 药材性状

本品呈条形、类圆形或扁块状，有的具有分枝，长5～25厘米，直径2～6厘米。表面灰黑色或棕黑色，皱缩或有瘤状突起。体轻，质硬，断面类白色或黄白色，略呈颗粒状，气微，味淡。（图3）

2. 鉴别

本品切面：全体由菌丝紧密交织而成。外层厚27～54微米，菌丝棕色，不易分离；内

1cm

图3　猪苓药材

部菌丝无色，弯曲，直径2～10微米，有的可见横隔，有分枝或呈结节状膨大。菌丝间有众多草酸钙方晶，大多呈正方八面体形、规则的双锥八面体形或不规则多面体，直径3～60微米，长至68微米，有时数个结晶集合。

3. 检查

（1）水分　不得过14.0%。

（2）总灰分　不得过12.0%。

（3）酸不溶性灰分　不得过5.0%。

七、仓储运输

1. 仓储

贮藏库应通风、干燥、避光，必要时安装空调及除湿设备，并具有防鼠、防虫的措施。仓库要求符合NY/T 1056—2006《绿色食品 贮藏运输准则》的规定。保持仓库内外的环境卫生，减少病虫来源和滋生场所。控制库房温度在25℃，相对湿度在50%以下，预防虫蛀和霉变。当发现药材水分超过14.0%时，应及时进行干燥处理。

2. 运输

运输车辆应清洁、无污染，具备防暑防晒、防雨、防潮、防火等设备，符合装卸要求；进行批量运输时不应与其他有毒、有害、易串味物质混装。遇阴天应严密防潮。

八、药材规格等级

猪苓以个大、皮黑、肉白、体重者为佳。根据市场流通情况，按照形状大小，将猪苓药材分为"猪屎苓""鸡屎苓"两个规格。

1. 猪屎苓

（1）选货　共同点：多呈类圆形或扁块状、少有条形，离层少，分枝少或无分枝。长5～25厘米，直径2～6厘米。表面黑色、灰黑色或棕黑色，皱缩或有瘤状突起。形如猪屎。体轻，质硬，断面类白色或黄白色，略呈颗粒状。气微，味淡。

一等：每千克＜160个。

二等：每千克160～340个。

三等：每千克＞340个。

（2）统货　多呈类圆形或扁块状、少有条形，离层少，分枝少或无分枝。长5～25厘米，直径2～6厘米。表面黑色、灰黑色或棕黑色，皱缩或有瘤状突起。大小不等，形如猪屎。体轻，质硬，断面类白色或黄白色，略呈颗粒状。气微，味淡。

2. 鸡屎苓

统货：呈条形，离层多，分枝多。长3～9厘米。表面黑色、灰黑色或棕黑色，皱缩或有瘤状突起。形如鸡屎。体轻，质硬，断面类白色或黄白色，略呈颗粒状。气微，味淡。

九、药用价值

猪苓味甘、淡，平。归肾、膀胱经。利水渗湿。用于小便不利，水肿，泄泻，淋浊，带下。

参考文献

[1] 吴普等述. 孙星衍，孙冯翼辑. 神农本草经[M]. 北京：人民卫生出版社，1982：18.

[2]　陶弘景. 本草经集注[M]. 辑校本. 北京：人民卫生出版社，1994：203.

[3]　寇宗奭. 本草衍义[M]. 北京：人民卫生出版社，1990：47.

[4]　黄宫绣. 本草求真[M]. 上海：上海科学技术出版社，1959：19.

[5]　丁立威. 猪苓产销趋势分析[J]. 中国现代中药，2013，15（10）：903-905.

[6]　王惠清. 中药材产销[M]. 成都：四川科学技术出版社，2007，4：583-585.

[7]　丁立威. 猪苓价格上涨后市行情走高——2000～2012年猪苓产销分析及未来行情预测[J]. 中国现代
　　　中药，2009，11（11）：37-38.

[8]　丁乡，丁立威. 猪苓年年缺口价格节节攀升[J]. 特种经济动植物，2012（1）：21.

[9]　王丽娥，李利军，马齐，等. 猪苓栽培技术现状与产业发展对策[J]. 食用菌，2008（4）：4-5.

[10]　夏琴，李敏，周进，等. 不同产地、商品规格及生长年限猪苓麦角甾醇及多糖的含量分析[J]. 中药
　　　材，2015（38）：45-48.

[11]　黄庆林. 汉中市猪苓高效栽培及管理技术[J]. 安徽农业科学，2016，44（8）：144-146.

[12]　李晓东. 略阳猪苓高产栽培口诀[J]. 中国现代中药，2013，15（5）：438.

[13]　国家中医药管理局《中华本草》编委会. 中华本草[M]. 上海：上海科学技术出版社，1999.

[14]　李铜，韩向宁，吕飞，等. 秦岭北麓猪苓无性栽培技术[J]. 西北园艺（综合），2010（4）：40-41.

[15]　关良洲. 猪苓栽培新技术[J]. 食用菌，2004（1）：42.

[16]　周天豫. 天麻猪苓混种高产模式[J]. 江苏食用菌，1995，16（1）：34.

[17]　戚淑威，赵琪，程远辉，等. 猪苓的研究进展[J]. 云南农业科技，2011（5）：7-9.

[18]　许永华，陈晓林，金永善，等. 北方栽培猪苓技术[J]. 人参研究，2009（3）：33-35.

[19]　李香串，梁文仪. 不同产地野生猪苓多糖与麦角甾醇的含量分析[J]. 中国野生植物资源，2014（33）：
　　　11-16.

[20]　刘蒙蒙，邢咏梅，郭顺星. 基于Maxent生态位模型预测药用真菌猪苓在中国潜在适生区[J]. 中国中
　　　药杂志，2015，40（14）：2792-2795.

[21]　邢咏梅，郭顺星. 环境因子对猪苓菌丝体生长发育的影响[J]. 中国药学杂志，2011，46（7）：493-
　　　496.

[22]　李晓东，马永升，朱依娜，等. 陕西略阳猪苓发展评价[J]. 陕西中医学院学报，2015，38（6）：
　　　115-119.

[23]　鲁文静. 猪苓质量标准的完善与干燥加工方法研究[D]. 杨凌：西北农林科技大学，2013.

[24]　段金廒，宿树兰，吕洁丽，等. 药材产地加工传统经验与现代科学认识[J]. 中国中药杂志，2009，
　　　34（24）：3151-3157.

[25]　鲁文静，梁宗锁，吴媛婷，等. 不同干燥方法对猪苓中多糖及麦角甾醇含量的影响[J]. 西北林学院
　　　学报，2013，28（4）：144-148.

葛根

本品为豆科植物野葛*Pueraria lobata*（Willd.）Ohwi的干燥根。习称野葛。

一、植物特征

粗壮藤本，长可达8米，全体被黄色长硬毛，茎基部木质，有粗厚的块状根。羽状复叶具3小叶；托叶背着，卵状长圆形，具线条；小托叶线状披针形，与小叶柄等长或较长；小叶三裂，偶尔全缘，顶生小叶宽卵形或斜卵形，长7～15（～19）厘米，宽5～12（～18）厘米，先端长渐尖，侧生小叶斜卵形，稍小，上面被淡黄色、平伏的疏柔毛。下面较密；小叶柄被黄褐色绒毛。总状花序长15～30厘米，中部以上有颇密集的花；苞片线状披针形至线形，远比小苞片长，早落；小苞片卵形，长不及2毫米；花2～3朵聚生于花序轴的节上；花萼钟形，长8～10毫米，被黄褐色柔毛，裂片披针形，渐尖，比萼管略长；花冠长10～12毫米，紫色，旗瓣倒卵形，基部有2耳及一黄色硬痂状附属体，具短瓣柄，翼瓣镰状，较龙骨瓣为狭，基部有线形、向下的耳，龙骨瓣镰状长圆形，基部有极小、急尖的耳；对旗瓣的1枚雄蕊仅上部离生；子房线形，被毛。荚果长椭圆形，长5～9厘米，宽8～11毫米，扁平，被褐色长硬毛。花期9～10月，果期11～12月。（图1）

图1　野葛

二、资源分布概况

我国大部分地区有产，主要分布于辽宁、河北、河南、山东、安徽、江苏、浙江、福建、台湾、广东、广西、江西、湖南、湖北、重庆、四川、贵州、云南、山西、陕西、甘肃等地。

三、生长习性

野葛对气候的要求不严，适应性较强，多分布于海拔1700米以下较温暖潮湿的坡地、沟谷、向阳矮小灌木丛中。以土层深厚、疏松、富含腐殖质的砂质壤土为佳。

四、栽培技术

1. 品种选择

选择蔓长中等、茎粗壮、块根长圆形、外表皮呈浅黄色、肉质呈白色、环状纤维细嫩、耐旱、抗病虫性强、高产优质的品种。

2. 育苗

（1）育苗主要方式　播种（种子苗）、茎节扦插法（扦插苗）、压蔓法（块根苗）、组织培养法（组培苗）等。

①种子育苗：又称实生苗，如要进行品种提纯或交杂育种时可采用，生产上不用此法。

②扦插育苗：在每年12月左右，葛根收获时，选择节短、生长1~2年的粗壮葛藤，每1~2个节剪成一段，上端保留3~4厘米，下端保留5~6厘米，用60%~65%湿度的细沙埋藏，至翌年开春再扦插或直接扦插于大棚苗床内。

③压蔓育苗：当夏季生长繁茂时，选粗壮、无病而较老的葛藤，每隔1~2节处，把节下的土挖松，将土堆压节上，把节压于土内，如天气过于干旱要浇水，以利生根。生根以后，施0.1%速效氮肥，并注意除去杂草，待次年早春未萌发以前，剪成单株，挖起栽种。

④组培育苗：是指在无菌环境和人工控制条件下，在培养基上培养野葛的离体器官（如根、茎、叶、花、果实、种子等）、组织（如花药、胚珠、形成层、皮层、胚乳等）、

细胞（如体细胞、生殖细胞花粉等）和去壁原生质体，使之形成完整植株的过程。由于培养是在离体条件下的试管内进行，亦可称为离体培养或试管培养。采用此方法培育的葛苗，称为葛组培苗。

（2）苗圃的选择　育苗地应选择背风向阳、交通方便、地势较高、土层深厚（70厘米以上），土质疏松肥沃，排灌较方便的黄砂土、砂壤土，以中性或微酸土壤最好。育苗要求集中成片，苗地四周无林木荫蔽，无畜禽危害。

（3）苗床的准备

①整地：育苗地要精耕细耙、无大泥团、充分晒白，除净杂草和草根，结合耕耙，每667平方米（亩）施腐熟有机肥1000～1500千克。畦面整平整细后再用多菌灵500～600倍液，或托布津600～800倍液喷床面进行消毒。

②起畦：畦宽1～1.5米、高30厘米，沟宽40厘米，畦面呈龟背形。若露地育苗，则在苗圃四周开一条深40厘米，宽35～40厘米的排灌沟。

③防冻：露地育苗，用2米左右的竹片或小竹条，在苗床上搭小拱棚，将竹片插成拱形，每隔35厘米插一根，其上覆盖塑料薄膜，四周用土压实、压严，以达到保温目的。

（4）采种

①采种蔓时间：种蔓采集时间为每年的11月上旬～12月上旬。

②采种蔓方法：采收时，做好采种工作。选品种纯正、枝节粗壮适中的藤条，节间比较密；选择葛块呈纺锤形，大小适中、皮色光滑、无分叉的1～2年生的葛藤；应选择粗细适中、无病、无虫口、芽眼饱满，离头部30～150厘米的部分留作种藤用。

③种蔓的处理：选留好葛蔓，用枝剪剪成长约8厘米左右并带有一个饱满芽的小段，芽上端保留3～4厘米，下端保留5～6厘米，切口保持平整。

剪好的小段葛蔓，用50℃左右的温水浸泡30分钟或用500～700倍甲基托布津浸或用200倍高锰钾溶液浸种10分钟，再用清水冲洗干净；也可用生根粉浸种蔓处理。

采集后的种蔓用杀菌剂处理，清水洗净，以20条为一捆，平放于砂壤田中，堆放高度为15厘米，然后覆盖上一层砂壤土，湿度保持70%以上，上面再盖上稻草或地膜，一段时间（20～30天）后，观察出芽与否，选择发芽良好的种蔓。

（5）种蔓扦插　扦插时间在2月初，宜选择天气晴朗，且气温在10℃以上进行。将选择好的种蔓，用略粗于种蔓的小竹在育苗床中或营养钵中斜插一深孔（以免在插种蔓时擦伤表皮），然后快速插入种蔓，插的深度以枝芽刚好平贴土面为准，插后浇一次水，保持土壤湿润，然后搭拱棚和地膜保温保湿，扦插株行距20厘米×20厘米，每亩苗圃扦插10 000余株种蔓。

（6）苗圃的管理　待种蔓充分成活后，人工除杂草，不能使用除草剂。视土壤墒情及时浇水，保持苗圃土壤湿润，苗床内以保持温度20℃左右为宜。当温度达到30℃以上时，应揭开棚的两侧通风降温或喷水调节。移栽前，揭棚炼苗1周。起苗前应浇透水，以利起苗。用锄具或手轻起种苗，应保持种苗根系完整和减少对芽的伤害。

（7）种蔓出圃

①出圃标准：长不超过5厘米；无病虫危害，无机械损伤；长出部分新根，但长度不超过1.5厘米。

②起苗包装：养钵育苗，可用分层的塑料筐装运。如苗圃育苗，直接用手将扦插苗拔起，放置扦插苗时，注意芽方向一致，叠放整齐。

③种苗运输：遮阳防雨运输。注意轻拿轻放，不能损坏嫩芽。存放不应堆得过高引起扦插苗发热，影响成活率。扦插苗应12小时内定植完毕。

3. 定植

（1）土壤消毒　定植前，每亩用生石灰150千克进行土壤消毒。

（2）整地施肥　11月清除定植地块内杂草、石块等物；进行耕翻，深度30厘米。翌年3月定植前结合施肥，再进行一次精耕、细耙，施充分腐熟的厩肥2000千克/亩。作畦标准：宽100厘米，高40～50厘米。畦间排水沟：宽50厘米、深60厘米。作畦后在畦中间作宽30厘米、高度为20厘米的土墩，用黑色薄膜袋套好，然后整个畦面用黑色地膜覆盖，以防定植前畦面长草。基肥以沟施为主，每亩施农家肥400千克或生物有机肥100千克，离定植点30厘米处起浅沟施用。

（3）种苗定植

①定植时间：在3月下旬至4月上旬，选择天气良好、日均气温稳定在15℃时，选用壮苗定植。

②定植密度：立架栽培，株距50～60厘米、行距100～120厘米，每亩定植800～1200株。爬地栽培，株距为100厘米左右，行距100～150厘米，每亩定植450～500株。

③定植方法：在畦面土墩上打出直径为5厘米洞，每洞施0.1千克左右的钙镁磷肥与土混匀，将种苗同一方向稍为倾斜插入（与地面成45°角），插的深度以种苗芽刚好贴地面为准，然后浇足定根水。

④定植模式：插架模式，离定植种苗30厘米处插一支直径3～5厘米，长2.5米左右的竹竿，藤蔓沿竹竿攀爬。匍匐模式，按株距60厘米、行距150厘米交错定植。藤蔓沿地形匍匐生长。

4. 田间管理

（1）补苗　定植10天后及时检查，发现缺苗、死苗及时补苗。

（2）中耕除草　定植后，通常第一年需中耕除草三次，第一次在齐苗后，第二次在6～7月，第三次在冬季落叶后。若作两年栽培，则第二年再中耕除草两次，第一次为齐芽后，第二次在8月份。人工中耕除去杂草，不能使用除草剂。

（3）灌溉　野葛耐旱怕涝，如遇天气异常干旱，土壤持水量低于25%，可以适量浇水，保持土壤湿润；遇连阴雨天应及时排水防涝。

（4）整枝　整枝是野葛栽培中一个非常重要的环节，直接影响葛根的产量和品质。

①选留主蔓：一般以种芽所伸长的枝条作为主蔓，若主蔓顶芽受风吹折断或者被虫咬断，选择靠近顶部所分生出来的侧枝作为主蔓，及早将侧蔓抹掉。

②引蔓和提蔓：苗生长到70～80厘米高时，要及时进行引蔓，提高葛苗光合作用，增加通风透光和减少虫害，达到高产的目的。离苗30厘米处插一支直径3～5厘米、高2.5～3米的小杉木或竹竿进行引蔓上架并绑好。引蔓的方向从右向左，最好选择天气晴朗、无风的下午进行。若匍匐定植，当藤蔓长到1.2米时，要向同一方向提蔓，防止藤蔓接触地面产生过多的须根，影响块根的形成。

③整枝：整枝的目的是合理调节养分的流向，要求当葛苗在1.5米高时，把所有侧枝全部除去，集中养分供主蔓生长。藤蔓长到1.5～2米时，留1～2条强壮的侧枝，其余摘除，并对主蔓进行摘心，以促进分枝长叶，增强光合作用，促进块根膨大。7～8月野葛开花时，应及时摘除，以免消耗养分。

当主蔓超过4米长后，植株生长相连并接近封行时，人工切除弱枝、过密枝、病虫枝及过密的叶片，同时，喷施生长抑制剂（如多效唑，用量为5克兑水15千克），方法是全面均匀喷施，及时控制茎叶的生长，促进块根迅速膨大。同时要进行固定主蔓工作，用包装带将主蔓绑在支架上，防止风吹导致葛蔓倒塌。若匍匐栽培，在4月、6月和8月进行整枝三次，当主蔓达到1.5米左右时，要适时摘心打顶。

（5）露头、定块根、松土

①第一次露头：时间在葛蔓长度2米左右，目的是控制葛头不膨大，露头最好在雨后进行，通常用农具将葛根头部的泥土小心挖开，注意深度不超过5厘米。

②定块根：葛蔓长至支架顶上，大约有4米长，葛蔓生长达到草帽一样大小，且块根长到手指一样粗时（块根直径约有1.5厘米），迅速把葛根头部泥挖开，挖的深度为葛长2/3，留下1/3不能再挖，小心将呈水平生长和垂直生长的块根切除，留下与地面呈45°，且

形状和长势都较好的块根3～4条（应包含大、中、小三种规格的块根，这样有利于采收早葛），且按品字形分布，同时用锋利的小刀将选定的块根表面上的须根全部切除。及时回填土壤，补充水分，防止葛苗晒伤。定块根最好选择在晴天、无风的下午进行。

③第二次露头：第二次露头的目的是使葛根的形状更加美观。在块根直径在3～5厘米时（呈橄榄状），挖土的深度为葛块根3/4（即块根开始变细），主要切除块根表面的根毛，并将其上分生的粗根及时切除，及时回填土壤，补充水分，防止葛苗晒伤。此操作最好选择在晴天、无风的下午进行。

④松土：10月上中旬，若土壤过于板结，则用农具围绕块根将其周围土壤耙松，深度在30厘米左右。

（6）施肥　以施有机肥为主，适当补充少量的化肥，化肥不能施用含氯元素的复合肥。苗期每年6月中旬施速效氮肥作催苗肥，并配施少量的磷钾肥。6月中旬以后，以含有磷、钾的有机质肥为主，配施少量的氮肥，以促进块根的膨大。

①基肥：以沟施为主，每亩施腐熟的农家肥1000～2000千克，钙镁磷肥100千克，石灰100千克和硫酸钾型复合肥15千克，距离野葛种植点30厘米处起沟施用。

②追肥：在藤蔓长到20厘米左右时，结合选用主蔓，勤施薄施有机肥或每亩施5.0～7.5千克尿素；当藤蔓达到1米时，每亩施10千克的硫酸钾型复合肥；葛根膨大时，约6月下旬后，重施有机肥，配以20千克的硫酸钾型复合肥。要求肥料施用的位置距离主蔓30厘米左右，前期以开沟淋施或者开穴淋施为主，开沟或者开穴深度10～15厘米，后期以开沟或者开穴干施为主，深度15～20厘米。干施时要充分混合土壤，施用于株与株之间的中部位置，而且每次施肥的位置不能重复。

5. 病虫害防治

（1）锈病　锈病主要在野葛生长的中、后期发生，造成一定损失。昼夜温差大、结露时间长或常有大雾时易流行，浇水多、排水不良等易发此病。主要侵叶片，严重时茎、蔓、叶柄及荚均可受害。叶上初生褪绿小黄斑，不久隆起褐色小斑点，表皮破裂后飞散出红褐色粉末。后期病斑周围产生紫黑色疱斑，不久散发褐色粉末。有时叶面或背面略凸起白色疱斑，即病菌锈子腔。叶片病斑多，常引起干枯落叶。

防治方法　加强田间管理，搞好田园的排水，防止葛园积水，同时要多施有机质，增施P、K肥，提高野葛的抗病性。及时摘除老叶、病叶，压低病源基数。药剂防治，发病初期喷洒10%世高1000倍液或25%敌力脱乳油3000倍液等，隔15天左右喷1次，防治1～2次，叶面叶背都喷匀。

（2）枯萎病　此病在野葛的全生育期均可感染，雨水多的季节危害特别严重，一般减产15%～20%，严重者可导致失收。4月开始发生，尤以春雨连绵期发生严重，发病初期，病株基部粗糙变黄褐色，常有纵裂，裂口处有褐黄色的胶状物流出，将病茎纵剖，可见维管束变成黄褐色，葛苗会逐步死亡。

防治方法　目前，对于野葛的枯萎性病害还没有一种比较有效的药剂，因此，栽培性预防是主要的手段。

种苗的处理：指导农民在选种时避免选用带病原菌的葛种苗，已选用的葛种苗，要严格消毒，用2.5%适乐时3000倍液浸种20～30分钟。

土壤消毒、改良处理：由于长年的连作，造成土壤累积病菌的基数多，土壤酸化、板结严重，因此，应用药剂进行土壤的初步消毒，减少土存病菌的数量，同时要进行土壤的改良，调整好土壤的pH值，增加土壤的疏松性。

施足有机肥，增施磷钾肥，实行严格的轮作制度。轮作时间3年以上。

药剂防治：对病害提前进行药物预防，发病前或病害刚刚发生，用2.5%适乐时2000倍液或农抗120的200倍液进行灌根，隔7～10天灌1次，连灌2～3次，若加上营养液，效果更佳。

（3）天牛　在野葛的虫害中，天牛为害最为严重，防治不及，会导致植株枯黄甚至失收。成虫直接咬食葛蔓的韧皮部，然后在伤口处产卵，之后幼虫会蛀入木质部危害，危害严重的会使葛蔓形成肿瘤状突起，影响野葛的生长和发育。

防治方法　人工捕捉成虫，在4～6月份晴天中午检查葛蔓，发现成虫要及时进行捕杀。刮除虫卵，在6～8月份加强葛园的检查，特别是曾被天牛咬食过的地方，要认真检查是否产有虫卵，如发现要立即清除。药物防治，在葛蔓呈肿瘤状的地方，注入敌敌畏500倍液进行毒杀，并且要及时堵住虫口。

（4）黄守瓜　成虫黄守瓜危害叶片时，常以身体为半径旋转咬食一圈，然后再在圈内咬食，造成叶片呈现干枯的环形或者半环形的食痕和孔洞，同时会将野葛幼苗的嫩茎咬断。

防治方法　主要以生物农药防治为主。每亩用100～150克Bt乳剂，加水50千克喷雾可有效防治黄守瓜。

（5）红蜘蛛　红蜘蛛是杂食性害虫，危害野葛时，以若虫和成虫在叶背吸汁液为主，形成枯黄色细斑，叶片逐渐由绿变黄，并有蛛丝在上面，严重时全叶干枯脱落，对产量和品质造成很大的影响。

防治方法　减少连作，连作的田地，螨源丰富，是造成螨害的重要因素。保护天敌，捕捉红蜘蛛的天敌很多，如捕食性螨、捕食性蓟马、草蛉等，它们如有一定数量存在，对红蜘蛛数量有明显的抑制作用。生物防治，利用大蒜、洋葱、丝瓜叶、番茄叶的浸出液制成农药，防治红蜘蛛。

（6）金龟子　蛴螬是金龟子的幼虫，可危害多种植物，危害野葛时，常咬断幼苗的根、茎，断口整齐，而成虫喜食野葛的叶片、嫩芽，夏季危害叶片，严重者仅余叶脉。

防治方法　对于幼虫蛴螬，除冬季深翻消灭越冬虫口外，可在危害期用敌敌畏1000～2000倍液喷施或者浇注。成虫可利用金龟子具有假死性的特点人工捕捉，于清晨成虫不活泼时捕杀。

（7）地老虎　3月中旬至4月中旬为危害盛期。

防治方法　做好田间清洁，消灭卵和幼虫寄生场所。可于早春成虫产卵前，用红糖6份，酒1份，醋4份，水2份，加少量敌百虫配成诱杀液，用盆盛放置于田间诱杀成虫。

五、采收加工

1. 采收

根据品种特性，可当年采收，采收期以12月中下旬为宜；若两年生野葛，则宜在田间生长18个月后采收，采收期以11月底至翌年2月为宜。

采收时将整株挖起，切除主茎上所有分枝，不要伤及块根表皮。鲜葛根采收时，避免淋雨。采收后要及时运至加工厂并在36小时内加工完毕。（图2）

2. 加工

将采收的葛根除去杂质、洗净、润透，切厚片或小方块，晒干。

图2　刚挖出的葛根

六、药典标准

1. 药材性状

本品呈纵切的长方形厚片或小方块，长5～35厘米，厚0.5～1厘米。外皮淡棕色至棕色，有纵皱纹，粗糙。切面黄白色至淡黄棕色，有的纹理明显。质韧，纤维性强。气微，味微甜。（图3）

1cm

图3 葛根药材

2. 鉴别

本品粉末淡棕色。淀粉粒单粒球形，直径3～37微米，脐点点状、裂缝状或星状；复粒由2～10分粒组成。纤维多成束，壁厚，木化，周围细胞大多含草酸钙方晶，形成晶纤维，含晶细胞壁木化增厚。石细胞少见，类圆形或多角形，直径38～70微米。具缘纹孔导管较大，具缘纹孔六角形或椭圆形，排列极为紧密。

3. 检查

（1）水分　不得过14.0%。

（2）总灰分　不得过7.0%

（3）重金属及有害元素　照铅、镉、砷、汞、铜测定法测定，铅不得过5毫克/千克；镉不得过1毫克/千克；砷不得过2毫克/千克；汞不得过0.2毫克/千克；铜不得过20毫克/千克。

4. 浸出物

照醇溶性浸出物测定法项下的热浸法测定，用稀乙醇作溶剂，不得少于24.0%。

七、仓储运输

1. 仓储

置通风干燥处，防潮湿霉变，防虫蛀。因葛根在贮藏中易吸潮生霉，引起总黄酮含量下降，故贮藏温度不宜超过30℃，相对湿度在70%～75%为宜，安全储存水分范围为10.0%～14.0%。

有资料报道，将葛根应用充N_2降O_2法进行气调贮藏。库内温度23～35℃，相对湿度62%～100%，O_2浓度2%，经514小时后启封鉴定，成虫及幼虫全部死亡。

2. 运输

运输中应特别注意防潮、防雨，以免受潮霉变，引起有效成分含量下降。

八、药材规格等级

1. 葛根丁

本品具有较多纤维，气微，味微甜，口尝无酸味。分为选货和统货两种等级。

选货：大部分呈规则的边长为0.5～1.0厘米的方块。切面整齐，切面颜色浅灰棕色，外皮颜色灰棕色至棕褐色；微具粉性，质坚实。

统货：呈规则或不规则块状，切面平整或不平整，粉性较差，表面黄白色或棕褐色。

2. 葛根片

本品呈不规则厚片状，切面不平整，可见同心性或纵向排列的纹理，粉性较差。表面黄白色或黄褐色，纤维较多，质坚实。间有破碎、小片。气微，味微甜，口尝无酸味。

九、药用食用价值

葛根味甘、辛，性凉。归脾、胃、肺经。具有解肌退热，生津止渴，透疹，升阳止泻，通经活络，解酒毒的功效。现代研究表明有以下药理作用。

1. 对心脑血管系统的影响

（1）降低血压、减慢心率、降低心肌耗氧量　葛根对正常和高血压动物均有一定的降压作用，静脉注射葛根浸膏、总黄酮、葛根素及其脂溶性部分PA和水溶性部分PM，均能使正常麻醉狗的血压短暂而明显的降低，口服葛根水煎剂或酒浸膏或总黄酮和葛根素对高血压狗也有一定的降压作用。

葛根还具有减慢心率的作用。葛根黄酮和葛根素使正常和心肌缺血狗心率明显减慢。

葛根总黄酮和葛根素引起血压降低，心率减慢，总外围阻力减少，左心室压力和右心室压力上升最大速率降低，从而降低了心肌的氧耗量；同时又使冠脉血管扩张，冠脉血流量增加，阻力降低而增加氧的供给，氧的供求平衡得到改善。临床上用于心绞痛有一定疗效。

（2）扩张冠状血管，改善正常和缺血心肌的代谢　葛根总黄酮和葛根素明显扩张冠状血管，可使正常和痉挛的冠状血管扩张，且其作用随着剂量的增加而加强。葛根素的使用要强于总黄酮，利血平给药后，总黄酮和葛根素对冠脉循环的作用仍保持，表明其作用是通过直接松弛血管平滑肌而实现的。此外，总黄酮和葛根素能对抗垂体后叶素引起的大鼠急性心肌缺血。

静脉注射葛根黄酮可使缺血区氧含量增加，乳酸含量减少，表明葛根能改善正常和缺血心肌的代谢。此外，葛根素还能明显减少缺血引起的心肌乳酸的产生，降低缺血与再灌注时心肌的氧消耗量与心肌水含量。

（3）对脑循环、周围血管及微循环的影响　葛根素能明显改善正常金黄地鼠脑微循环，对局部滴加去甲肾上腺素引起的微循环障碍有明显的改善作用。葛根总黄酮对脑血管扩张作用比冠状血管明显，能温和地改善脑循环和外周循环。

静脉注射葛根总黄酮和葛根素对股动脉血流量和血管阻力无明显影响，但股动脉注射可使血流量增加，股动脉血管阻力降低，预先局部滴注0.5%葛根素能对抗肾上腺素所致的微动脉收缩、流速减慢和血流量减少，而局部先滴注肾上腺素造成微循环障碍后再局部滴注1%葛根素，亦获得同样结果，葛根素注射液肌内注射或静脉注射对视网膜动脉、静脉阻塞有明显疗效，能改善视网膜血管末梢单位的阻滞状态。

（4）抗心律失常　葛根黄酮、黄豆苷元和葛根醇提取物对乌头碱、氯化钡、氯化钙、氯仿以及肾上腺素所导致的心律失常有明显的对抗作用，说明葛根成分可能影响细胞膜对钾、钙、钠离子通道的通透性而降低心肌兴奋性，预防心律失常。

2. 降血糖、降血脂作用

口服葛根素能使四氧嘧啶性高血糖小鼠血糖明显下降，血清胆固醇含量减少，当选用最低有效剂量的葛根素与小剂量（无效量）阿司匹林组成复方后，降血糖作用加强，且可维持24小时以上，并能明显改善四氧嘧啶性高血糖小鼠的糖耐量，明显对抗肾上腺素的升血糖作用，且认为葛根素可能是葛根治疗糖尿病的主要成分。口服葛根煎液能对抗饮酒大鼠因乙醇所致的血中apoA-1降低及胆固醇、甘油三酯升高的现象。

3. 抗氧化作用

体内外实验表明，葛根异黄酮明显抑制小鼠肝、肾组织及大白兔血、脑组织的脂质过氧化产物丙二醛的升高，且对提高血、脑组织中超氧化物歧化酶活性有极显著作用。本品能通过清除氧自由基和抗脂质过氧化而使乙醇所致的血液黏度异常变化恢复正常状态。

4. 抑制血小板聚集作用

葛根素浓度为0.25、0.5及1.0毫克/毫升时，在试管内均能不同程度地抑制ADP诱导的鼠血小板聚集。静脉注射葛根素亦有抑制作用，葛根素浓度为0.25～3.0毫克/毫升在试管内对ADP和5-HT诱导的家兔、绵羊和正常人的血小板聚集也有抑制作用。葛根素0.5毫克/千克还能抑制5-HT从血小板中释放，这对于治疗心绞痛和心肌梗死具有重要意义。

5. 对记忆功能的影响

有研究用小鼠跳台法和大鼠操作式条件反射法观察了葛根醇提取物及总黄酮对动物学习记忆功能的影响。结果，两者均能对抗东莨菪碱所致的小鼠记忆获得障碍和40%乙醇所致的记忆再现障碍，葛根醇提取物尚能对抗东莨菪碱所致的大鼠操作式条件反射的抑制。研究发现，东莨菪碱能降低小鼠大脑皮层和海马乙酰胆碱含量，并降低海马乙酰胆碱转移酶活性。这可能是葛根能改善学习记忆作用的机制。

参考文献

[1] 郑皓，王晓静. 葛根的药理作用研究概况[J]. 光明中医，2006，21（3）：49-51.

[2] 卫莹芳. 中药材采收加工及贮运技术[M]. 北京：中国医药科技出版社，2007.

附录1

国家林业和草原局印发《林草中药材生态种植、野生抚育、仿野生栽培3个通则》（林改发〔2021〕59号）

林草中药材生态种植通则

第一章 总则

第一条 为指导和规范林草中药材生态种植，提高生态种植中药材质量，保障林草中药材产业健康发展，特制定本通则。

第二条 林草中药材生态种植是指在保持生态系统稳定的基础上，遵循生态学和生态经济学原理，采用清洁化生产、绿色防控等生态培育措施种植药用植物，保证中药材的质量和安全，实现生态经济良性循环的中药材生态培育模式。

第三条 本通则规定了林草中药材生态种植的基本原则、种植模式、种植区选择、品种选择、关键技术、产品采收、生产管理、质量管理以及基地建设等基本要求。除符合本通则基本要求外，林草中药材生态种植应当符合中药材生产质量管理（GAP）的相关要求。

第四条 本通则适用于人工干预形成的森林、草原、湿地等生态系统中药用植物的生态种植作业和管理。

第二章 基本原则

第五条 保护优先，尊重自然。在保护林草资源和生态环境的基础上，按照"产业生态化，生态产业化"理念，维护生态系统平衡稳定，适度规模开展林草中药材生态种植。

第六条 适地适药，绿色种植。利用森林、草原、湿地等生态系统特有的环境条件，选择优良适生品种，坚持绿色清洁化种植。

第七条 提升品质，保障安全。采用科学高效的现代种植技术和管理方法，提高中药材质量，实行化学肥料和有毒农药零投入管理，从源头上保障产品安全。

第三章 种植模式

第八条 据中药材品种的生长特性和种植区环境特点，采用不同的生态种植模式培育中药材。主要包括林下种植、草地混植、单一种植、间套作种植、轮替种植和生态景观种植等模式。鼓励集成创新其他生态种植模式。

第九条 林下种植。依托森林及其生态环境，遵循可持续经营原则，充分利用林分营养和空间层次的协调互补关系，对中药材品种进行科学合理配置，在林内开展的种植活动。

第十条　草地混植。在不对草原原生植被造成破坏和外来生物侵害的前提下，选择利用和采收地上部位的中药材品种，在人工草地适生区适度播种，形成中药材与原生植物共生的混植群体，收获时不造成地表裸露，达到药草兼容和生态保护双重目的。

第十一条　单一种植。按照因地制宜、适地适药原则，在适宜的林地、草地等种植区，选择适生的单品种中药材，进行规模化和标准化培育。

第十二条　套作种植。利用植物的生物互作共生特点，选择适宜的林草植物、菌类与中药材，或两种中药材，进行合理组合种植。

第十三条　轮替种植。选用适合的中药材品种，在季节间和年度间采用茬口选择、适时种植等方式进行合理有序轮作种植。

第十四条　生态景观种植。遵循生态学原理，引入景观设计理，选择景观效果好的中药材品种，通过合理配置，形成丰富多样、群落稳定、观赏性强的生态景观。

第四章　种植要求

第十五条　植活动应与种植地区的生态承载力相适应、相协调，应符合林地、草地等保护管理相关规定和要求。有条件的应进行集约化、标准化和规模化建设。

第十六条　植区选定。选择森林、草原、湿地等未被污染，自然环境适宜，远离污染源，且符合国家有关规定的区域。优先选择道地中药材产区，在非道地产区，应充分论证其种植适宜性和生态风险。

第十七条　种选择。遵循适地适药、良种优先原则，结合自然条件，选择品质优良、性状稳定、适应性强的林草中药材品种，优先选择道地品种、优良乡土品种以及种植试验成功并通过生态风险评估的引种品种。

第十八条　种子种苗及其他繁殖材料。选择性状优良、遗传稳定、性状表达一致、种质来源明确、符合国家标准的种子种苗及其他繁殖材料。禁止选用转基因的种质或繁殖材料。

第十九条　整地。生态种植可进行适度土地整理，改善土壤条件。整地过程中，应根据相关规定和标准，采取作业保护和水土保持措施，避免造成土壤污染和水土流失。

第二十条　合理密植。根据林草中药材品种特性，采用种子直播、扦插、嫁接、育苗移栽等适宜方式，开展种子种苗处理、育苗定植等作业措施，保证单位面积上适宜的基本苗（株）数量。

第二十一条　施肥。依据林草中药材营养需求特性、土壤肥力等因素，科学制定肥料施用技术规程。肥料施用不应产生面源污染，且应符合以下基本要求：优化施肥种类、时间、数量与施用方法，避免土壤因长期使用肥料而造成退化。

以施用植物源生物有机肥、碳基肥和生物液体肥为主，优先使用经国家批准的菌肥及中药材有机专用肥。

禁止施用化学肥料及有害物质超标的肥料。

第二十二条　灌溉和排水。在播种、育苗、移苗定植等生长过程中的需水关键期及时灌溉，保证林草中药材的水分供给。灌溉用水执行《农田灌溉水质标准》（GB 5084-2021）。低洼易涝区根据需要设置排水设施。

第二十三条　有害生物防控。对有害生物以预防为主，选用自然调控防治、物理防治、生物防治等绿色防控技术防治。充分利用生态系统的自我调控能力，因地制宜，采用引入天敌、特异性伴生植物等方法，辅以必要诱杀、隔离等人工措施，有效控制有害生物对林草中药材生产的不利影响。禁止使用化学农药。

第二十四条　采收与初加工。根据林草中药材品种、用途及其采收要求，制定采收技术规程，科学安排采收时间，适时、规范采收。鼓励采用不影响药材质量和产量的机械化采收方法。采收过程中，避免产生水土流失、土地沙化等生态环境问题。

林草中药材采收后，可就地进行拣选、清洗、去除非药用部位、干燥及特殊处理等初步加工，应按照产地初加工技术规程进行处理。初加工处理及临时存放过程中，严防淋雨、浸泡，严禁硫黄熏蒸、染色、增重、漂白、掺杂等，防止中药材品质下降。

第二十五条　贮藏。根据林草中药材对贮藏温度、湿度、光照、通风等环境条件要求，制定中药材采收后临时存放、加工过程中存放和成品存放的贮藏规范。鼓励采用现代贮藏保管新技术。有特殊要求的中药材贮藏，应符合国家相关规定。

第五章　关键环节管控

第二十六条　开展产地环境质量监测、生产过程监管、产品质量检测等关键环节管控，确保林草中药材质量安全、可追溯。

第二十七条　投入品管控。严格农药、肥料等投入品管控，禁止使用对生态环境有毒、有害的投入品。

第二十八条　种植过程监测。在生态种植全过程中，对生产安全、种植活动、产品质量、环境影响和生态状况等，进行监测和记录。根据监测结果，及时调整种植方案，采取应对措施。

第二十九条　机械装备使用管理。针对林草中药材种植区特点，可根据条件适度使用精量播种机、种苗移栽机、药材收获机等机械装备，提高生产效率，降低生产成本。开展机械化作业时，应避免造成水土流失，以及对周边生态环境造成不利影响。

第三十条　产地环境质量监测。建立林草中药材产地环境监测管理机制，定期对产地土壤、空气、水质等环境质量监测，及时掌握监测信息，并适时公布，保障生产环境的清洁和安全。

第三十一条　产品质量检测。依据《中国药典》相关规定，开展林草中药材理化指标、功效成分、组织特征等性状和重金属、农药残留成分检测，进行产品质量分级，保证林草中药材质量达标。

第三十二条　产品追溯管理。按照国家有关规范和管理规定，构建覆盖产地环境、种植过程、投入品使用、采收、产地初加工、包装储运、质量检测、销售等关键环节的全程质量安全追溯管理体系，相关信息应纳入管理数据库。

第六章　生产基地建设与管理

第三十三条　按照科学规划、合理布局、集中连片的原则，结合市场需求，建设林草中药材生态种植生产基地。基地建设应充分论证、科学选址、合理分区、完善配套设施，编制总体规划和生产经营方案。

第三十四条　加强档案管理与人员培训，并对种植活动相关的台账、文件、图册、音像等资料及时建档、管理，专人负责、长期保存。

第七章　附则

第三十五条　术语和定义。

乡土品种。本地区天然分布品种或者已引种多年且一直表现良好的外来品种。

引种品种。从本地以外其他同质区域引入，通过引种试验，并加以培育或繁殖的优良品种。

道地品种。经过中医临床长期应用优选出来的，产在特定地域，与其他地区所产同种中药材相比，品质和疗效更好，且质量稳定，具有较高知名度的中药材品种。

互作共生。不同植物品种依据自身生物学特性，相互促进或抑制生长的作用关系。

林草中药材野生抚育通则

第一章　总则

第一条　为指导和规范林草中药材野生抚育作业，提高野生抚育中药材质量，保障林草中药材产业健康发展，特制定本通则。

第二条　林草中药材野生抚育是指在保持生态系统稳定的基础上，对原生境内自然生长的中药材，根据其生物学特性及群落生态环境特点，主要依靠自然条件、辅以轻微干预措施，提高种群生产力的一种中药材生态培育模式。

第三条　本通则规定了林草中药材野生抚育的基本原则、抚育模式、抚育区选择、技术要点、关键环节管控以及基地管理等基本要求。除符合本通则基本要求外，林草中药材野生抚育应当符合中药材生产质量管理（GAP）的相关要求。

第四条　本通则适用于森林、草原、荒漠、湿地等生态系统原生境下药用植物的野生抚育作业和管理。

第二章　基本原则

第五条　保护优先，遵循自然。保护野生中药材种质资源与原生境，保持中药材植物生态系统自然性和完整性，遵循生态系统自然演替的规律，遵从野生中药材植物生态习性和生物学特性，保障其在原生境条件下的优良药性。

第六条　因材施策，轻微干预。根据野生中药材自身特性和原生境自然条件差异，施以针对性的轻微抚育措施，促进其自然生长与天然更新，维护自然群落动态平衡，避免过度干扰造成破坏。

第七条　合理开发，永续利用。在充分保护林草中药材资源的前提下，科学制定抚育方案和采收计划，维持原生境生态系统稳定性和种群更新可持续性，实现野生中药材越采越多、越采越好。

第三章　抚育模式

第八条　依据林草中药材原生性特点和生境状况，综合考虑气候、土壤、水分、养分等条件及其影响因素，充分结合目标中药材资源分布和蕴藏量，合理确定林草中药材资源保护、原生境保育与采收利用相协调的抚育模式，主要包括封育模式、轮采模式、密度优化模式、多维调控模式、定向抚育模式。鼓励集成创新其他野生抚育模式。

第九条　封育模式。根据野生中药材的生物学与生态学特性，采用分时、分区封闭管理的模式。封闭期内，抚育区禁止人为干扰，主要依靠天然更新能力，维持目标种群的生产能力。

第十条　轮采模式。根据目标中药材品种、年龄、生长情况、成熟周期等差异特点，选用分区、分批和分期的方式，依次轮流采收药用部位或药用部分，达到优质、高效、持续生产的目的。

第十一条　密度优化模式。对过于稀疏的目标林草中药材群体，采用保护母树幼树（成株幼株）、补播、补植、辅助繁育等人工促进天然更新措施，提升种群密度；对过于密集的目标林草中药材群体，采取疏伐、移栽等措施，降低种群密度，控制群体适宜规模和均匀度。

第十二条　多维调控模式。根据目标林草中药材生长的具体情况，采用轻微的卫生抚育、地表清理、局部松土、整形修剪、养分补充、水分调节等措施，必要时搭建生长辅助设施，优化生长环境，提高产量和质量。

第十三条　定向抚育模式。在自然条件允许且不造成环境压力的情况下，采用人工诱导、定向调控等方式，调节药用部位生长或促进药用部分形成，实现抚育目标。

第四章　抚育要求

第十四条　抚育区选定。在野生中药材集中分布的原生境内，选择无污染、有经营潜力的区域。远离污染源和强人类活动区（工矿、城镇等），环境空气质量应符合环境空气功能一类区质量要求。设立在生态保护红线、公益林和各类自然保护地内的野生抚育区，其位置、功能分区和抚育活动要符合相关规定。

第十五条　抚育对象选择。根据当地野生中药材资源分布及中药材利用传统，选择具有一定资源数量、抚育价值和生产潜力的林草中药材种类作为抚育对象。抚育对象的基原明确（包括种、亚种、变种或者变型）且应当经过鉴定。

第十六条　封育。根据林草中药材植物的分布、数量、生长发育状况及环境条件等因素，对抚育区采取全封、半封、轮封等封闭抚育方式。主要依靠林草中药材的天然下种、自然萌蘖、自然传播及自然侵染等方式增加种群个体数量或共生体数量。为保证封闭效果，可采取设置围栏、界桩、标示牌、哨卡及人工巡护等措施。实施围栏措施时，应建立野生动物迁徙通道。

——全封：在封育期内，禁止人为干扰。

——半封：在林草中药材主要生长季实施全封，其他季节按生产计划进行抚育、采收等生产活动。

——轮封：根据封育区具体情况将封育区划片、分时段，轮流实行全封或半封。

第十七条　就地补种。因林草中药材种群植株自然分布不均匀，或遭受环境胁迫、外来破坏等因素导致幼苗、幼树、幼株缺乏，在抚育区内，采用就地补播、就地移植、就地扦插等方式进行补种。

就地补播：利用原生环境中的野生中药材种子或孢子，在原生境适宜地域进行播种或接种。

就地移植：利用原生境密度过大的幼苗、幼株或种根，在原生境适宜地域进行移植。

就地扦插：利用原生境同种野生中药材植物的插条，在原生境适宜地域进行扦插育苗、栽植。

禁止对繁殖材料进行人工诱变（包括物理、化学、太空诱变等）、嫁接等改变遗传特性的处理。

第十八条　密度调节。

疏间抚育：为保持目标林草中药材的适当生长间距，适时适量去除部分密集个体，达到合理密度。

透光抚育：有计划地去除非目标植株，使目标林草中药材获得适宜光照和充分的生存空间。视立地条件、中药材特性合理确定抚育强度。

第十九条　植株管理及辅助繁育。

整形修剪：根据林草中药材生长发育特性与生产需要，对植株的某些器官（茎、枝、芽、叶、花、果、根等）或特定部位进行疏删和剪截。

卫生抚育：去除林草中药材种群中枯立、濒死、病腐、虫害以及风折、雪压、火烧等造成的不良植株，改善抚育区卫生状况。

辅助授粉：采集原生境同种植株的花粉，通过人工方式促进花粉传播，保证植物授粉充分，提高籽实率。

虫菌接种：为提升昆虫寄生菌和植物寄生菌子实体类林草中药材产量和品质，在原生境中适时、适量收集寄主昆虫和必需菌类的孢子，实施人工接种。

第二十条　土壤调节。

微整地：根据林草中药材植物生长特性和抚育产地具体情况，适时适度进行局部松培土、挖坑整穴等，达到通气、保墒、促进种子萌发和植株生长的目的。

养分补充：在土壤肥力降低导致野生中药材生长不良的情况下，选用原生区域内的腐殖质进行养分补充，改善土壤生物活性，增强自肥能力。禁止以任何形式使用外源肥料。

水分调节：充分利用原生境的地势地貌特征及降水特点自然集水，设置仿自然储水及灌排系统，在遭受严重旱涝灾害情形时应急使用。人为辅助的水分调节措施要范围小、强度轻，尽量减少对原生环境的干预。

第二十一条　有害生物防治。预防为主，按照"物理防治优先，生物防治为辅"的原则，优先采用隔离防护、人工捕杀、诱杀等有害生物物理防治技术，适当辅以天敌投放、种植趋避植物、诱生植物等生物防治技术。如遇严重病虫害以致影响林草中药材存活时，可使用高效、无毒的生物制剂进行防治。禁止使用人工合成的化学药剂。

第二十二条　生长辅助设施设置。在不影响自然环境的条件下，采用环境友好型材料，搭设台、架、生物廊道、生长隔离障等简易设施，以辅助林草中药材植株自然生长。

第二十三条　采收。根据林草中药材种类、生长特性和药用部位及药用成分采收特点，制定采收技术标准。

采收量控制：根据种群数量和分布，结合种群自然更新速度、补种材料的繁殖速度，科学设置野生中药材采收量。采收量一般不低于采收下限，不高于采收上限。

采收时间：根据野生中药材品种成熟特性，结合传统采收经验，确定适宜的采收周期和采收时限。

采收方式：借鉴传统采收经验，以人工采收为主，可借助简单工具和小型机械采收设备。

第二十四条　后初加工。林草中药材采收后，应按产地初加工技术规程进行就地拣选、清洗、去除非药用部位、干燥及特殊处理等初加工处理，并及时妥善贮藏。

第五章　关键环节管控

第二十五条　开展区域环境质量监测、抚育作业设计、产品质量检测等林草中药材抚育过程管控，确保野生中药材质量安全、可溯源。

第二十六条　野生动植物资源保护。依法保护原生境中的野生动植物资源、栖息地与生物廊道，科学合理开展抚育作业。对于抚育区内非抚育对象属于极小种群或国家野生濒危动植物保护名录的，应遵循相关法规进行严格保护。

第二十七条　原生境保护与监测。按照国家有关规定，根据抚育区水土流失特点及环境现状，采取科学措施，防止水土流失，保护生态环境。建立野生中药材抚育环境监测与管控机制，调查抚育地区生态环境本底，定期对土壤、空气、水质等环境质量监测，及时采集和更新产地环境质量信息。监测数据纳入管理数据库，并适时公布。

第二十八条　抚育作业设计。根据野生抚育需求，在对抚育作业区林草中药材种质资源、气候、生境等进行调查的基础上，科学编制抚育作业设计方案。乔灌林抚育作业设计应遵循《森林抚育规程》（GB/T 15781）要求，科学合理采取抚育方式，严格控制抚育强度。

设计内容一般包括经营目标、药材分级与分类、抚育模式、抚育技术、抚育强度、生产辅助设施、作业设计等。

第二十九条　抚育过程监测。对抚育措施、自然环境条件变化、有害生物防治、采收活动等抚育过程实行监测。制定数据采集规范和要求，采集林草中药材种质资源和分布、抚育频次、抚育强度、抚育方式、采收布局、采收比例、采收量等作业内容信息，纳入管理数据库。根据监测结果适时调整抚育方案和措施。鼓励利用遥感、人工智能等现代技术进行无人监测。

第三十条　产品质量监测。定期开展林草中药材理化指标、功效成分、组织特征等性状和重金属、农药残留等成分检测，保证林草中药材质量达标。

第三十一条　产品溯源管理。利用现代信息技术，构建覆盖产地环境、生境条件、抚育过程、采收、加工、质检、贮藏、运输、销售等关键环节的全程质量安全追溯管理体系，相关信息应纳入管理数据库。

第六章　抚育基地建设与管理

第三十二条　抚育基地建设与管理。按照科学规划、合理布局、集中连片的原则，根据野生中药材抚育与经营的需求，因地制宜建立抚育基地，其环境质量评价与管理应符合相关规定和要求，编制总体规划和生产经营方案。按照林草中药材野生抚育作业的需要，可修建简易的作业道、集采道、临时工棚、围栏、标识、采后整理装置等辅助设施。加工场地、管理用房、仓储、物流等基础配套设施应设置在抚育区外。

第三十三条　加强档案管理与人员培训，并对抚育活动相关的台账、文件、图册、音像等资料及时建档、管理，专人负责、长期保存。

第七章　附则

第三十四条　术语和定义。

人工促进天然更新。对天然更新不良或不均一的野生中药材种群，采取人工措施去除或调节妨碍更新的生物和非生物因素，或进行补植、补播，提升种群规模和质量的一种抚育方式。

野生中药材采收上限。在维持野生中药材种群稳定的基础上，目标种群所能承受的入药部位或入药部分的最大采收量。

野生中药材采收下限。目标野生中药材种群能满足生产经营需要的入药部位或入药部分的最小采收量。

第三十五条　本通则主要依据《GB/T 15781 森林抚育规程》《GB/T 15163 封山（沙）育林技术规程》《GB 3095 环境空气质量标准》《国家森林生态标志产品通用规则》等相关文件与标准的各项原则及要求。

林草中药材仿野生栽培通则

第一章　总则

第一条　为指导和规范林草中药材仿野生栽培，提高仿野生栽培中药材质量，保障林草中药材产业健康发展，特制定本通则。

第二条　林草中药材仿野生栽培是指在生态条件相对稳定的自然环境中，根据中药材生长发育习性及其对生态环境的要求，遵循自然法则和规律，模仿中药材野生环境和自然生长状态，再现植物与外界环境良好生态关系的中药材生态培育模式。

第三条　本通则规定了林草中药材仿野生栽培的基本原则、典型模式、栽培区选择、品种选择、关键技术、产品采收、生产管理、质量管理以及基地建设等基本要求。在符合本通则基本要求基础上，林草中药材仿野生栽培应当符合中药材生产质量管理（GAP）的相关要求。

第四条　本通则适用于森林、草原、荒漠、湿地等生态系统中药用植物的仿野生栽培和管理。

第二章　基本原则

第五条　保护优先，效仿自然。以保护林草中药材野生资源和原生环境生态系统健康稳定为前提，利用适生境自然状态，模仿植物与自然环境的生态关系。栽培模式应与栽培区（地）生态承载力相适应，为中药材生长提供野生状态无法满足的必要条件，兼顾生态和经济效益。

第六条　互作共生，优化模式。利用生物互作共生原理和生态系统自我调控功能，充分发挥适生境下的自然条件和生产潜力，科学选择配置林草中药材优良品种，优化资源利用技术和方法，创建循环高效的仿野生栽培模式。

第七条　提升品质，确保安全。突出仿野生栽培理念，采用科学有效、环境友好的投入品和生物植保技术及效仿自然的栽培方法，禁止使用化学合成农药、化肥等产品，维护适生境自然条件及要素，确保栽培环境和产品质量安全，保障林草中药材优良品质。

第三章　栽培模式

第八条　依据目标林草中药材在适生境的天然生长状态和野生条件要素，充分利用自然生态条件和特征，主要采用林荫栽培、寄生附生、野生撒播、景观仿野生等模式。鼓励因地制宜集成创新仿野生栽培模式。

第九条　荫栽培。合理利用林下空间，在林下开展喜阴、耐阴的中药材栽培。

第十条　寄生附生。在郁闭度、空气湿度适宜的林地中，选择寄生或附生类林草中药材进行仿野生培育。

第十一条　野生撒播。在自然环境当中，选择野生性和自播性强的林草中药材品种，以撒播方式进行播种，药材生长始终处于自然状态。

第十二条　景观仿野生。遵循生态学原理，引入景观设计理念，选择景观效果好的林草中药材品种，通过种子混播或种苗栽植，采用仿野生技术，合理配置中药材品种，形成丰富多样、群落稳定、观赏性强的景观。

第四章　栽培要求

第十三条　栽培活动应与栽培区的生态承载力相适应、相协调，符合林地、草地等保护管理相关规定和要求。合理划定功能分区，有条件的可进行适度规模化经营。

第十四条　栽培区选定。选择森林、草原、荒漠、湿地等未被污染、自然环境适宜、远离污染源，且符合国家有关规定的区域。优先选择中药材道地产区；在非道地产区，选定的栽培区应与目标中药材品种原生境土壤、气候等条件类似，并充分论证其种植适宜性。

第十五条　品种选择。遵循适地适药、良种优先原则，结合自然条件，选择品质优良、性状稳定、适应性强的林草中药材品种，优先选择本地区道地品种、优良乡土品种和种植试验成功的引种品种。

第十六条　种子种苗及其他繁殖材料。选择性状优良、遗传稳定、性状表达一致、种质来源明确、符合国家标准的种子种苗及其他繁殖材料。禁止选用转基因的种质或繁殖材料。

第十七条　整地。栽培前如需整地，整地深度一般不超过20厘米，防止水土流失和土壤污染。林草中药材生长期间不再对土壤进行耕作。

第十八条　适时播种。根据气候类型、林草中药材生长特性和杂草生长习性，适时播种（扦插、移栽），充分利用自然条件促进药材生长，并压制杂草的生长。播种前应做好种植前预处理和机械准备工作。

第十九条　合理密植。根据栽培区域自然环境条件、共生植物间的相互作用及栽培模式，在保障林草中药材原生品质的前提下适量栽植，确保单位面积上适宜的基本苗（株）数量。对于幼苗（株）密度过大的栽培地，可通过人工或机械的方式，去除或移除部分幼苗（株）；对于出苗不整齐或缺苗断垄的栽培地，可采用移密补稀、移栽补植、二次播种等方法，确保合理密度。

第二十条　施肥。在种植前和采收后进行土壤肥力监测，得出合理的肥料补充量，结合整地施用基底肥，种植期间不再进行土壤追施肥料。如遇到特殊自然灾害，可以喷施有机营养叶面肥以补充植物营养。禁止使用化肥。

第二十一条　灌溉和排水。播种、育苗、移苗定植阶段可以进行适量浇水，种植期间主要依靠自然降水。在严重干旱影响中药材存活的情况下，可适当节水灌溉。低洼易涝区根据需要设置简易排水设施。

第二十二条　植株整理。采用物理的方法对林草中药材植株进行适当的剪截和疏删，促进药用部位的生长。对严重影响药材生长的其他植物，进行去除、修剪等作业，改善林草中药材植物生长空间条件。

第二十三条　有害生物防控。仿野生栽培要遵循绿色植保理念和"预防为主，综合防控"的原则，以物理防治、生物防治为主。禁止使用化学合成制剂。

物理防治。对于昆虫可采用黑光灯诱杀、粘虫板（纸）、电击法、诱杀剂+水淹、电子驱虫、隔离网等物理方法；对于病害可采用温汤浸种、翻晒土壤、密度调控等简单方法，及时去除病株病叶，避免重复侵染。

生物防治。对于昆虫可采用天敌、生物农药、趋避剂、趋避植物、诱生植物等；对于病害可采用抗病品种、生物农药、特异性伴生植物等。

第二十四条　采收与初加工。根据林草中药材品种、用途及其采收要求，制定采收技术规程，科学安排采收时间，适时、规范采收。鼓励采用不影响药材质量和产量的机械化采收方法。采收过程中，避免对种植区及周边土壤、植被、水体等自然环境及中药材自身生长环境造成破坏，避免产生水土流失、土地沙化、生物多样性衰减等生态环境问题。

林草中药材采收后，可就地进行拣选、清洗、去除非药用部位、干燥及特殊处理等初步加工，应按照产地初加工技术规程进行处理，保证初加工过程、方法的一致性。

第二十五条　贮藏。根据林草中药材对贮藏温度、湿度、光照、通风等环境条件要求，制定林草中药材采收后临时存放、加工过程存放和成品存放的仓储设施条件和贮藏规范，鼓励采用现代贮藏保管新技术。

有特殊要求的中药材贮藏，应符合国家相关规定。

第五章　关键环节管控

第二十六条　开展产地环境质量监测、生产过程监管、产品质量检测等关键环节管控，确保林草中药材质量安全、可追溯。

第二十七条　投入品管控。严格农药、肥料等投入品管控，建立优质碳基生物质菌肥和生物农药准入标准和制度，鼓励使用生物物理综合防控设施和技术，达到绿色环保、提质增效的经济模式。禁止使用对生态环境有毒、有害的投入品。

第二十八条　栽培过程管控。仿野生栽培全过程应符合有关技术规范、标准和管理规定。对生产安全、种植活动、产品质量、环境影响和生态状况等进行监测和记录，制定数据采集规范和要求，并纳入到质量管控数据库。根据监测结果，及时调整种植方案，采取应对措施。

第二十九条　产地环境质量管控。建立林草中药材产地环境监测管理机制，定期对产地土壤、空气、水质等环境质量监测，及时掌握监测信息，并适时公布，保障生产环境的清洁和安全。

第三十条　产品质量监测。加强产品质量监测，开展林草中药材理化指标、功效成分、组织特征等性状和重金属、农药残留成分检测，保证林草中药材质量达标。

第三十一条　产品追溯管理。利用现代信息技术，实现产地环境、生产过程、投入品使用、产地初加工、包装储运、质量检测等质量安全关键环节可追溯。

第六章　栽培基地建设与管理

第三十二条　栽培基地建设与管理。按照科学规划、合理布局、集中连片的原则，结合市场需求，建设林草中药材栽培基地。基地建设应充分论证、科学选址、合理分区、完善配套设施，编制总体规划和生产经营方案。

第三十三条　加强档案管理与人员培训，并对栽培活动相关的台账、文件、图册、音像等资料及时建档、管理，专人负责、长期保存。

第七章　附则

第三十四条　术语和定义。

乡土品种。本地区天然分布品种或者已引种多年且一直表现良好的外来品种。

引种品种。从本地以外其他同质区域引入，通过引种试验，并加以培育或繁殖的优良品种。

道地品种。经过中医临床长期应用优选出来的，产在特定地域，与其他地区所产同种中药材相比，品质和疗效更好，且质量稳定，具有较高知名度的中药材品种。

互作共生。不同植物品种依据自身生物学特性，相互促进或抑制生长的作用关系。

第三十五条　本通则主要依据《GB/T 14848 地下水质量标准》《GB 5084 农田灌溉水质标准》《GB 15618 土壤环境质量 农用地土壤污染风险管控标准（试行）》《GB 3095 环境空气质量标准》《NY/T 393 绿色食品农药使用准则》《NY/T 798 复合微生物肥料农业行业标准》《国家森林生态标志产品通用规则》等相关文件与标准的各项原则及要求。

附录2

国家食品药品监督管理总局《中药材生产质量管理规范（修订稿）》（2017年10月25日）

第一章　总则

第一条　（目的依据）为规范中药材生产，保证中药材质量，促进中药材生产标准化、规范化，依据《中华人民共和国药品管理法》和《中华人民共和国中医药法》制定本规范。

第二条　（适用范围）本规范是中药材生产和质量管理的基本要求，适用于中药材生产企业（以下简称企业）种植、养殖或野生抚育中药材的全过程。

第三条　（发展理念）企业应当严格按照本规范要求组织中药材生产，保护野生中药材资源和生态环境，促进中药材资源的可持续利用与发展。

第四条　（诚信原则）企业应当坚持诚实守信，禁止任何虚假、欺骗行为。

第二章　质量管理

第一节　质量保证与质量控制

第五条　（风险管理）企业应当根据中药材生产属性开展质量风险评估，明确影响中药材质量的关键环节、质量风险因素，制定有效的生产与质量控制、预防措施。

第六条　（规范管理）企业应当对基地规划，种子种苗或种源、农药与兽药等农业投入品，田间或饲养管理措施，采收加工，包装储运和质量检验等各环节实行规范管理。

第七条　（基本条件）企业应当配备与生产规模相适应的人员、设施、设备等，确保生产和质量管理顺利实施。

第八条　（五统一）结合中药材生产特点，企业应当统一规划基地，统一供应种子种苗与种源、化肥、农药、兽药等农业投入品，统一种养场地管理措施，统一采收与产地初加工方法，统一包装与贮藏方法。

第九条　（变更控制）企业应当建立变更控制系统，对影响中药材质量的重大变更进行评估和管理。

第十条　（生产批）根据中药材质量一致性和可追溯原则，依据土地分布、种子种苗和种源（种群）、生产过程、采收、产地初加工等情况，确定中药材生产批。

第十一条　（文件记录）企业应当建立文件管理系统；生产全过程应有记录，保证关键环节记录完整；批生产、批检验、发运等记录应能够追溯到该批中药材的生产、质量、产地初加工、发运等情况。

第十二条 （追溯体系）企业应当建立中药材追溯体系，保证从生产地块、种子种苗或种源、种植养殖、采收和产地初加工、包装储运到发运的全过程实现可追溯；鼓励企业采用物联网、云计算等现代信息技术建设追溯体系。

第十三条 （质量控制体系）企业应当建立质量控制体系，包括相应的组织机构、文件系统以及取样、检验等，确保中药材在放行前完成必要的检验，确认其质量符合要求。

第十四条 （自检）对本规范的实施情况，企业应当定期组织进行自检，确认是否符合本规范要求；对影响中药材质量的关键数据定期进行趋势分析和风险评估，根据分析、评估结果，提出必要的改进与完善措施。

第二节 技术规程与标准

第十五条 （技术规程）企业应当按照本规范要求结合药材生产实际，根据文献、种植养殖历史及使用反馈，制定相应的中药材生产技术规程：

（一）生产基地选址要求；

（二）种子种苗与种源要求；

（三）种植、养殖技术规程；

（四）采收与产地初加工技术规程；

（五）包装、放行与贮运技术规程；

（六）质量保证与质量检验技术规程。

第十六条 （质量标准）企业应当按《中国药典》的规定，根据种植养殖实际情况，制定用于企业内部控制的质量标准和检测方法；《中国药典》未收录的中药材依据部颁标准，其次为地方中药材标准：

（一）种子种苗、动物种源的标准与检测方法；

（二）中药材的质量标准与检测方法，必要时应制定采收、收购等中间环节的中药材质量标准和检测方法；

（三）中药材光谱或色谱指纹图谱质量控制方法；

（四）中药材农药和兽药残留、抗生素残留、重金属及有害元素、真菌毒素等有毒有害物质的控制标准和检测方法。

第三章 机构与人员

第十七条 （组织方式）企业可采取多种方式组织生产基地建设，如农场、公司+基地+农户等方式。

第十八条 （管理机构）企业应当建立相应的生产和质量管理部门，质量管理部门独立于生产管理部门，行使质量保证和控制职能。

第十九条 （管理人员）企业应当配备足够数量并具有和岗位职责相对应资质的生产和质量管理人员，生产、质量的管理负责人应有药学、种植、养殖等相关专业大专以上学历并有中药材生产或质量管理三年以上实践经验，或有中药材生产或质量管理五年以上的实践经验，且经过本规范的培训；生产管理负责人和质量管理负责人不得相互兼任。

第二十条 （管理职责）生产管理负责人负责种子种苗与种源繁育、田间管理或动物饲养、农业投入品使用、采收与初加工、包装与贮藏等生产活动；质量管理负责人负责质量标准与技术规程制定、质量保证、检验、产品放行、自检等。

第二十一条 （人员培训）企业应当开展人员培训工作，制定培训计划、建立培训档案；对直接从事中药材生产活动的人员应当进行培训并基本掌握种植养殖中药材的生长特性、环境条件要求，以及田间管理/饲养管理、肥料和农药使用、兽用药品使用、采收、产地初加工、储运养护等关键环节的管理要求。

第二十二条 （健康管理）企业应当对管理和生产人员的健康进行管理；患有传染病、皮肤病或外伤性疾病等人员不得直接从事养殖、产地初加工、包装等工作；其他人员不得进入中药材养殖控制区域，如确需进入，应确认个人健康状况无污染风险。

第四章 设施、设备与工具

第二十三条 （设施类别与分布）设施包括种植或养殖场地、产地初加工工厂、中药材贮藏仓库、质量控制区、临时包装场所、暂存库及环保设施等，可以集中在一个区域建设或分散建设。

第二十四条 （投入品存放设施要求）存放农药、化肥或种子种苗、兽用药品、生物制品、饲料及添加剂的场所应当能保证其质量稳定和安全，对库存情况应当及时进行管理。

第二十五条 （加工设施）分散和集中的产地初加工设施均应当达到基本要求，可按技术规程实施加工，保证不污染和影响中药材质量。

第二十六条 （仓库）暂时性或集中贮藏仓库均应当符合贮藏条件要求，易清理，保证贮藏不会导致中药材品质下降或污染，有避光、遮光、通风、防潮和防虫、鼠禽畜等设施。

第二十七条 （质量检验室）质量检验室功能布局应当满足中药材的检验条件要求，应当设置检验、仪器、样品、标本、留样等工作室（柜），并能保证质量检验、留样观察等工作的正常开展。

第二十八条 （生产工具与设备管理）生产设备与工具选用与配置应当符合预定用途，便于操作、清洁、维护，并符合以下要求：

（一）化肥、农药施用设备、工具使用前应仔细检查、使用后及时清洗；

（二）采收和清洗、干燥等初加工设备不得对中药材质量产生影响；

（三）大型生产设备、检验检测设备和仪器，应当有明显的状态标识，要有使用日志。

第五章　生产基地

第一节　选址要求

第二十九条　（产地选择）中药材生产基地一般应选址于道地产区，在非道地产区选址，应当提供充分文献或科学数据证明其可行性。

第三十条　（地块选择）根据种植中药材的生长特性和对生态环境要求，如土壤、海拔、坡向、前茬作物等，确定适宜种植地块；药用动物养殖应当根据其特性，明确养殖场所的环境条件要求。

第三十一条　（环境要求）生产基地周围应当无污染源，远离市区。生产基地环境应当符合国家现行标准，空气符合国家《环境空气质量标准》二类区要求，土壤符合国家《土壤环境质量标准》的二级标准，灌溉水符合国家《农田灌溉水质标准》，产地初加工用水和药用动物饮用水符合国家《生活饮用水卫生标准》；确保种植养殖过程的环境持续符合标准要求。

第三十二条　（环保要求）生产基地选址和建设应当符合国家和地方环境保护要求。

第三十三条　（种植历史）基地选址范围内，企业至少有按本规范管理的二个收获期中药材质量检测数据，并符合企业内控质量标准的相关规定。

第二节　生产基地管理

第三十四条　（选址）企业应当按照生产基地选址要求确定产地和地块，明确种植养殖规模、具体地址和地块布局，地址明确至乡级行政区划。

第三十五条　（基础设施）基础设施建设应当与中药材种植、养殖规模和条件相适应。

第三十六条　（地块更换）种植地块或养殖场所可在基地选址范围内更换。

第三十七条　（土地位置）种植土地或养殖场所可成片集中建立，也可以分散设置；分散生产的场所应有明确地块边界和记载，变动时及时更新记录；对已确定的生产基地扩大规模，应符合本规范要求。

第六章　种子种苗与种源

第一节　种子种苗或种源要求

第三十八条　（种质要求）企业应当明确使用种子种苗或种源的种质，包括种、亚种、变种或变型、农家品种或选育品种；使用的种植、养殖物种应符合法定标准，优选多基原物种中品质优良、临床与工业制药使用广的物种。

第三十九条 （品种选育与嫁接）人工选育的多倍体或单倍体品种、人工诱变品种（包括物理、化学、太空诱变等）、种间杂交品种、转基因品种不允许使用；非传统习惯使用的种间嫁接材料不允许使用；如确需使用上述种质，应当提供充分的科学风险评估和实验数据证明其安全、有效、稳定；不包括仅用于单体成分提取的中药材。

第四十条 （种子种苗标准与检测方法）中药材种子种苗或种源应当符合国家或行业标准；没有标准的，企业应当制定标准，收集当年、成熟饱满的多份种子制定出包括纯度、净度、重量、发芽率（生活力）、健康度等指标的等级标准，明确基地使用种子种苗或种源的等级，并建立相应检测方法。

第四十一条 （繁育加工规程）种子种苗或种源的繁育和加工应当建立技术规程，保证种子种苗或种源符合质量标准。

第四十二条 （种子运输与保存）应确定种子种苗或种源运输、长期或短期保存的合适条件，保证种子种苗或种源的质量基本不受影响。

第二节 种子种苗与种源管理

第四十三条 （种质使用）一个中药材基地应当只使用一种经鉴定符合要求的种质，防止其他种质的混杂和混入；鼓励企业提纯复壮种质，优先采用经国家有关部门鉴定，性状整齐、稳定、优良的选育新品种。

第四十四条 （种质鉴定）企业应当鉴定每批次种子种苗或种源的基原和种质，确保与种子种苗或种源的要求一致。

第四十五条 （种子产地）企业应当使用产地明确、固定的种子种苗或种源；鼓励企业自建繁育基地，或使用具有中药材种子种苗生产经营资质单位繁育的种子种苗或种源。

第四十六条 （基地规模与种子质量）种子种苗或种源基地规模应当与中药材生产基地规模相匹配；种子种苗或种源应当由供应商或中药材企业检测达到质量标准后，方可使用。

第四十七条 （检疫）种子种苗或种源异地调运应按国家要求实施检疫制度，种源动物必须严格检疫，引种后进行一定时间的隔离、观察。

第四十八条 （存放）种子种苗或种源的运输、贮藏应在适宜条件下转运与存放；运输、贮藏造成质量不合格的种子种苗或种源不允许使用。

第四十九条 （动物种源）应按动物习性进行药用动物种源引进；捕捉和运输时应减免动物机体损伤和应激反应。

第七章 种植与养殖

第一节 种植技术规程

第五十条 （范围）企业应当根据药用植物生长特性和对环境条件要求制定种植技术规程，主要包括以下环节：

（一）耕作制度：前茬、间套种、轮作要求等；

（二）农田基础设施建设与维护要去：维护结构、灌排水设施、遮阴设施等；

（三）土地整理要求：土地平整、耕地、做畦等；

（四）繁殖方法：种子种苗处理、育苗定植要求等；

（五）田间管理：间苗、中耕除草、灌排水等；

（六）病虫害草害防治要求：针对主要病虫草害种类、危害规律等采取的防治方法；

（七）肥料、农药使用技术规程。

第五十一条 （肥料使用技术规程）企业应当根据种植中药材营养需求特性和土壤肥力科学制定肥料使用技术规程：

（一）施肥的种类、时间、数量与施用方法，有效降低长期使用化肥造成土壤退化的措施；

（二）肥料种类以有机肥为主，化学肥料有限度使用，避免过量施用磷肥造成重金属超标，鼓励使用经国家批准的菌肥及中药材专用肥；

（三）农家肥须经充分腐熟达到无害化卫生标准，避免引入杂草、有害元素等；

（四）禁止施用城市生活垃圾、工业垃圾、医院垃圾和人粪便，禁止使用含有抗生素超标的农家肥。

第五十二条 （病虫草害防治要求）病虫草害防治应遵循"预防为主、综合防治"原则，优先采用生物、物理、农业等绿色防控技术；制定突发性病虫草害防治预案。

第五十三条 （农药使用技术规程）企业应当根据种植、养殖的中药材实际情况，结合基地的管理模式，制定农药使用技术规程：

（一）农药使用应符合有关规定，尽量避免使用除草剂、杀虫剂和杀菌剂等化学农药，如须使用时，企业应当有文献或科学数据证明对中药材生长、质量和环境无明显影响，优先选用高效、低毒生物农药；

（二）详细规定使用的品种，使用的剂量、次数、时间等，使用安全间隔期或休药期，使用防护措施，尽可能使用最低剂量、降低使用次数。

（三）规定农药施用的设备及保养要求；

（四）禁止使用：国家农业部门禁止使用的剧毒、高毒、高残留农药，限制在中药材上使用的农药；

（五）禁止使用壮根灵、膨大素等生长调节剂；

第五十四条 （野生抚育规程）按野生抚育方式生产中药材，应当制定相应抚育技术规程，包括种群补种和更新措施、田间管理措施、病虫草害管理措施等。

第二节　种植管理

第五十五条 （按规程管理）企业应当按照制定的技术规程有序开展中药材生产，根据气候变化、植物生长、病虫草害发生等情况，及时实施种植措施；对中药材质量有重大影响的管理措施变更须有充足依据和记录。

第五十六条 （基础设施）灌溉、排水、遮阴等田间基础设施应当配套完善，及时维护更新。

第五十七条 （田地整理和清理）及时整地、耕地，播种、移栽定植；多年生药材及时做好冬季越冬田地清理。

第五十八条 （投入品使用）农药、肥料等农业投入品应当严格管理，采购应当核对供应商资质和产品质量，接收、贮藏、发放、运输应当保证其质量稳定和安全；使用应当符合技术规程要求。

第五十九条 （灌溉水污染）灌溉水应当避免受粪便、化学农药或其他有害物质污染。

第六十条 （施肥、灌排）科学施肥，鼓励测土配方施肥；及时灌溉和排涝，减轻不利天气影响。

第六十一条 （病虫草害防治）根据田间病虫草害发生情况，依技术规程及时防治。

第六十二条 （农药施用）严格按照技术规程施用农药；施用农药要做好培训、指导和巡检。

第六十三条 （邻地农药影响）注意采取措施避免邻近地块等使用农药对种植中药材的不良影响。

第六十四条 （突发性灾害处理）突发病虫草害或异常气象灾害时，根据预案及时采取措施，最大限度降低对中药材生产的不利影响；生长或质量受严重影响地块要做好标记，单独管理。

第六十五条 （野生抚育管理）野生抚育中药材应按技术规程管理，坚持"最大持续产量"原则，有计划补种、封育、轮采轮种。

第三节　养殖技术规程

第六十六条　（范围）企业应当根据药用动物特性、动物福利与环境要求制定养殖技术规程，主要包括以下环节：

（一）种群管理制度：种群结构、周转等的要求；

（二）养殖场地设施要求：养殖功能区划分，饲料、饮用水设施，防疫设施，其他安全防护设施等；

（三）繁育方法：选种、配种等的要求；

（四）饲养管理要求：饲料、饲喂、饮水、卫生管理等；

（五）疾病防控要求：主要疾病预防、诊断、治疗等；

（六）药物使用技术规程。

第六十七条　（饲料要求）严格按国家有关规定使用饲料及添加剂；禁止使用已停用、禁用或淘汰、未经审定公布的饲料添加剂和未经登记的进口饲料与饲料添加剂。

第六十八条　（消毒剂要求）按国家相关标准选择养殖场所使用的消毒剂。

第六十九条　（疾病防治）动物疾病防治应当以预防为主、治疗为辅，科学使用兽用药品及生物制品；应当制定各种突发性疫病发生的防治预案。

第七十条　（药物使用要求）按国家相关标准和规范确定预防和治疗的药物使用技术规程：

（一）遵守国务院兽医行政管理部门制定的兽药安全使用规定；

（二）禁止使用国务院兽医行政管理部门规定禁止使用的药品和其他化合物；

（三）禁止在饲料和动物饮用水中添加激素类药品和国务院兽医行政管理部门规定的其他禁用药品；经批准可以在饲料中添加的兽药，应当由兽药企业制成药物饲料添加剂后方可添加；禁止将原料药直接添加到饲料及动物饮用水中或者直接饲喂动物；

（四）禁止将人用药品用于动物；

（五）禁止滥用抗生素。

第七十一条　（患病动物处理要求）制定患病动物处理技术规程，按有关规定处理患病动物、动物尸体及废弃物；禁止将中毒、感染疾病的药用动物加工成中药材。

第四节　养殖管理

第七十二条　（按规程管理）企业应当按照制定的技术规程，根据动物生长、病害发生等情况，及时实施养殖措施；对中药材质量有重大影响的管理措施变更须有充足依据和记录。

第七十三条　（养殖场所）企业应当及时建设、更新和维护药用动物生活、生长、繁殖的养殖场所，及时调整养殖分区，并确保符合生物安全要求。

第七十四条 （卫生管理）养殖场地及设施应当保持清洁卫生，定期清理和消毒，防止人员等带入外源污染。

第七十五条 （安全措施）强化安全措施管理，避免药用动物逃逸，以及其他牲畜等的干扰。

第七十六条 （引种要求）根据药用动物习性进行药用动物种源引种；捕捉、运输过程中保证动物安全；引种后进行一定时间的隔离、观察。

第七十七条 （饲喂）定时定点定量饲喂动物饲料，未食用饲料应当及时清理。

第七十八条 （疾病防治）定期接种疫苗；根据动物疾病发生情况，依规程及时确定具体防治方案；突发疫病时，根据预案及时、迅速采取措施并做好记录。

第七十九条 （患病动物处理）发现患病动物，应当及时隔离；患传染病动物应当及时处死，并按国家动物尸体处理相关要求进行无害化处理。

第八十条 （种群控制）根据养殖计划和育种进行繁育，及时调整养殖种群的结构和数量，适时周转。

第八十一条 （废弃物处理）养殖及加工过程中的废弃物处理应当符合国家相关规定。

第八章 采收与产地初加工

第一节 技术规程

第八十二条 （范围）企业应当制定种植、养殖和野生抚育中药材的采收与产地初加工技术规程，主要包括以下环节：

（一）采收期：采收年限、采收季节和采收时限等；

（二）采收方法：采收器具、具体采收方法等要求；

（三）采收后中药材临时保存方法；

（四）产地初加工流程和方法：包括拣选、清洗等净制方法，剪切、干燥或保鲜的方法，以及其他特殊加工方法；

（五）清洗和干燥技术规程。

第八十三条 （采收期）坚持质量优先兼顾产量原则，参照传统采收经验和现代研究，明确合适的采收年限，确定基于物候期的适宜采收季节和采收时限。

第八十四条 （采收方法）采收流程和方法应当科学合理；鼓励采用不影响药材质量和产量的机械化采收方法；避免采收对生态环境造成不良影响。

第八十五条 （干燥方法）保证中药材质量前提下，借鉴优良的传统方法，确定适宜的中药材干燥方法；鼓励采用有科学依据并经有效验证的高效干燥技术，以及集约化干燥技术。

第八十六条 （鲜中药材保鲜方法）鲜用药材可采用冷藏、砂藏、罐贮、生物保鲜等适宜的方法保存，尽量不使用保鲜剂和防腐剂，如必须使用应当符合国家对食品添加剂有关规定；明确保存条件和保存时限。

第八十七条 （毒麻中药材要求）毒性、按麻醉药品管理的中药材的采收、产地加工应当符合国家有关规定。

第八十八条 （特殊加工要求）涉及特殊加工要求的中药材，应当根据传统加工方法，充分考虑中药饮片炮制与深加工利用的相应要求进行初加工。

第八十九条 （禁止性要求）禁止使用硫黄熏蒸中药材；禁止染色增重、漂白、掺杂使假等。

第二节 采收管理

第九十条 （按技术规程采收）根据中药材生长情况、采收时气候情况等，严格按照技术规程要求，在规定期限内，适时、及时完成采收。

第九十一条 （采收天气）选择合适的天气采收，避免露水、雨天和高湿天气等对中药材质量的影响。

第九十二条 （不正常处理）受病虫草害或气象灾害等影响严重、生长发育不正常的中药材应当单独采收、处理。

第九十三条 （净选）采收过程尽可能排除非药用部分、异物和外源污染，及时剔除破损、腐烂变质部分。

第九十四条 （直接干燥中药材的采收）不清洗直接干燥使用的中药材，应当保证采收过程中的清洁，药用部位不受土壤或其他物质的污染和破坏。

第九十五条 （运输和临时存放措施）中药材采收后应及时运输到加工场地，装载容器和运输工具应当整洁；运输和临时存放措施不应导致中药材品质下降，不产生新污染及杂物混入，严禁淋雨、泡水等。

第三节 产地初加工管理

第九十六条 （原则）产地初加工应当严格按照技术规程操作，避免品质下降或外源污染；避免造成生态环境污染。

第九十七条 （加工时限与临时保存）在规定时间内加工完毕，加工过程中的临时存放不影响中药材品质。

第九十八条 （拣选）拣选时应当采取恰当措施保证合格品和不合格品及异物有效区分。

第九十九条 （清洗）清洗用水应符合要求，及时、迅速清洗，防止长时间浸泡。

第一百条 （晾晒）采用晾晒干燥的中药材应当及时晾晒，严禁晾晒过程雨淋、雨水浸泡，严禁公路等社会公共场所晾晒药材，严防环境尘土等污染；应当阴干药材严禁暴晒。

第一百零一条 （设施设备干燥）采用设施设备干燥的中药材应严格控制干燥温度、湿度和干燥时间。

第一百零二条 （设施设备使用要求）初加工场地、容器、设备应当及时清洁，清洗、晾晒和干燥环境、场地、设施和工具不对药材产生污染；注意防冻、防雨、防潮、防鼠、防虫及防禽畜。

第一百零三条 （鲜药材保存）格按照鲜用药材的保存方法进行保存，防止生霉变质。

第一百零四条 （异常品处置）干燥等初加工异常、品质受到不良影响的中药材应当单独处置。

第九章　包装、放行与储运

第一节　技术规程

第一百零五条 （范围）企业应当制定包装、放行和储运技术规程，主要包括以下环节：

（一）包装材料及包装方法：包括采收、加工、贮藏各阶段的包装材料要求与包装方法；

（二）标签要求：标签的样式，标识的内容等；

（三）中药材批准放行制度：放行检查内容，放行程序，放行人等。

（四）贮藏场所及要求：包括采收后临时存放、加工过程中存放、成品存放等对环境条件等；

（五）运输及装卸方法：车辆、工具、覆盖等的设备要求和操作要求。

第一百零六条 （包装材料）包装材料应当符合国家相关标准和药材特点，可保持中药材质量；禁止使用包装化肥、农药等二次利用的包装袋；毒性、按麻醉药品管理的中药材等需特殊管理的中药材应当使用有专门标记的特殊包装。

第一百零七条 （包装方法）包装方法应当不影响中药材质量，鼓励采用现代包装方法、工具。

第一百零八条 （贮藏条件和方法）根据中药材对贮藏温度、湿度、光照、通风等的要求，确定仓储设施条件；鼓励采用现代贮藏保管新技术、新设备。

第一百零九条 （养护要求）明确贮藏的避光、遮光、通风、防潮、防虫、防鼠等养护管理措施；使用的熏蒸剂不能带来质量和安全风险，禁用磷化铝等高毒性熏蒸剂；禁止贮藏过程使用硫黄熏蒸。

第二节　包装管理

第一百一十条 （按规程包装）企业应当按照制定的包装技术规程，选用包装材料，进行规范包装。

第一百一十一条 （包装准备）包装前确保工作场所和包装材料已处于清洁或待用状态，无其他异物。

第一百一十二条 （标识）包装袋应当有清晰标识，不易脱落或损坏；标示内容包括品名、批号、规格、产地、数量或重量、采收时间、生产单位等信息。

第一百一十三条 （防包装差错）确保包装操作不影响中药材质量，防止混淆和差错。

第三节　放行与储运管理

第一百一十四条 （放行要求）应当执行中药材放行制度，对每批药材进行质量评价，审核批生产、检验、产地初加工等相关记录；由质量管理负责人签名批准放行，确保每批中药材生产、检验符合标准和技术规程要求。

第一百一十五条 （贮藏条件）按技术规程严格分区存放中药材，保证贮藏所需要的洁净、温度、湿度、光照和通风条件。

第一百一十六条 （定期检查）建立中药材贮藏定期检查制度，防止虫蛀、霉变、腐烂、泛油等发生。

第一百一十七条 （养护）养护工作应当严格按技术规程要求并由专业人员实施。

第一百一十八条 （特殊贮藏）有特殊贮藏要求的中药材应当符合国家相关规定。

第一百一十九条 （运输）运输时严格按照技术规程装卸、运输；防止发生混淆、污染、异物混入、包装破损、雨雪淋湿等影响质量的不利条件。

第一百二十条 （发运）产品发运应当有记录，可追查每批产品销售情况；防止发运过程中的破损、混淆和差错等。

第十章　文件

第一百二十一条 （范围）文件包括标准、技术规程（要求）、记录、报告、操作规程等。

第一百二十二条 （文件过程管理）应当严格规范文件的起草、修订、变更、审核、批准、替换或撤销、保存和存档、发放和使用。

第一百二十三条 （变更规定）标准和技术规程的制定、重大修订应当有充分的文献和数据支持，并经过充分的评估。

第一百二十四条 （记录原则与要求）记录应当简单易行、清晰明了；不得撕毁和任意涂改；记录更改应签注姓名和日期，并保证原信息清晰可辨；记录重新誊写，原记录不得销毁，作为重新誊写记录的附件保存；记录保存至该批中药材出库后至少三年以上。

第一百二十五条 （生产记录）企业根据影响中药材的关键环节，结合管理实际，明确需要的主要记录，附必要照片或图像，保证可追溯；生产记录按基本管理单元进行记录，主要包括地块或场区、种子种苗或种源来源、生产日期、过程、加工方法、包装储运方法、鉴定人、技术负责人等。

（一）生产过程记录主要有：

1．药用植物种植：种子种苗来源及鉴定，种子处理，播种或移栽、定植时间及面积；肥料种类、施用时间、施用量、施用方法；重大病、虫、草害发生时间、危害程度；施用农药名称、施用量、施用时间、方法和施用人等；灌溉时间、方法及用量；重大天气灾害时间及危害情况；主要物候期。

2．药用动物养殖：种源及鉴定；饲养起始时间；疾病发生时间、程度及治疗方法；饲料种类及饲喂量。

（二）采收加工主要记录：采收时间，临时存放措施及时间；拣选、清洗、剪切、干燥方法等，如清洗时间、干燥方法和温度等。

（三）包装及储运记录：包装时间，入库时间，库温度、湿度；除虫除霉时间及方法；出库时间及去向；运输条件等。

第一百二十六条 （培训记录）培训记录包括培训时间、对象、规模、主要培训内容、培训效果评价等。

第一百二十七条 （检验记录）检验记录主要包括检品信息、检验人、复核人、主要检验仪器、检验时间、检验方法和检验结果等。

第一百二十八条 （标准操作规程）企业根据实际情况，在技术规程基础上，应当制定标准操作规程如设备操作、维护与清洁、环境控制、取样和检验、贮藏养护等，用于指导具体生产操作活动。

第十一章 质量检验

第一百二十九条 （检验报告）企业应当按内控质量标准，对种子种苗实行按批检测并出具质量检验报告书，或备存供应商提供的质量检验报告书；对农药、商品肥料、兽用药品、生物制品、饲料及添加剂应当索取符合规定的合格证或质量检验报告。

第一百三十条 （按批检测）企业应当按内控质量标准和检测方法，对中药材按批检测并出具质量检验报告书。

第一百三十一条 （检验单位）检验可以在企业或其集团公司的质量检测实验室进行，或委托其他具有检验资质的单位进行检验。

第一百三十二条 （实验室要求）质量检测实验室人员、设施、设备应当与产品性质和生产规模相适应；用于中药材生产的主要设备、检验仪器，应当按规定要求进行性能确认和校验。

第一百三十三条 （取样和留样）中药材应当按批次进行检验和留样；取样和留样要有充分代表性并做好标识；中药材留样包装和存放环境与中药材贮藏一致，应当保存至药材售卖后一年；中药材种子留样应当保存至中药材收获，种苗或动物种源依实际情况留样。

第一百三十四条 （委托检验）委托检验时，委托方可对受托方进行检查或现场质量审计，可调阅或检查记录和样品。

第十二章 自检

第一百三十五条 （自检计划）企业应当制定自检计划，对质量管理、机构与人员、设施设备与工具、生产基地、种子种苗与种源、种植与养殖、采收与产地初加工、包装放行与储、文件、质量检验等项目进行检查。

第一百三十六条 （审计）企业应当指定人员定期进行独立、系统、全面的自检，或由外部人员依据本规范进行独立审计。

第一百三十七条 （自检报告）自检应有记录和自检报告；针对影响中药材质量的重大偏差，提出必要的纠正、预防建议及措施。

第十三章 投诉与召回

第一百三十八条 （投诉制度）企业应当建立操作规程，规定投诉登记、评价、调查和处理的程序，并规定因可能的中药材缺陷发生投诉时所采取的措施，包括考虑是否有必要从市场召回中药材。

第一百三十九条 （投诉记录）投诉调查和处理应当有记录，并注明所调查相关批次中药材的信息。

第一百四十条 （召回制度）企业应当建立召回制度，指定专人负责组织协调召回工作，确保召回工作有效实施。

第一百四十一条 （召回标识与上报）因质量原因退货和召回的中药材，应当清晰标识，按照规定监督销毁，有证据证明退货中药材质量未受影响的除外；因中药材存在安全隐患决定从市场召回的，应当立即向当地药品监督管理部门报告。

第一百四十二条 （召回报告）召回的进展过程应当有记录，并有最终报告；产品发运数量、已召回数量以及数量平衡情况应当在报告中予以说明。

第十四章　附则

第一百四十三条 （定义）本规范所用下列术语的含义是：

（一）中药材

指药用植物、动物的药用部分采收后经产地初加工形成的原料。

（二）企业

具有一定生产规模、按一定程序进行药用植物种植或动物养殖、产地初加工、包装和贮藏等生产过程，在工商管理部门登记，具备独立法人资质的单位。

（三）技术规程

指为实现中药材生产顺利、有序开展，保证中药材质量，对中药材生产过程的主要行为、使用的设施和设备工具等进行的规定和要求。

（四）道地产区

该产区所产的中药材经过中医临床长期应用优选，与其他地区所产同种中药材相比，品质和疗效更好，且质量稳定，具有全国性知名度。

（五）种子种苗

药用植物的种植材料或者繁殖材料，包括籽粒、果实、根、茎、苗、芽、叶、花等，以及菌物的菌丝、子实体等。

（六）种源

药用动物可供繁殖用的种物、仔、卵等。

（七）农业投入品

生产过程中所使用的农业生产物资，包括种子种苗或种源、肥料、农药、农膜、兽药、饲料及饲料添加剂等。

（八）病虫害综合防治

从生物与环境整体观出发，预防为主，因地制宜合理运用生物、农业、化学等的方法和手段，控制病虫害的发生、发展和危害。

（九）产地初加工

中药材收获后在中药材产地，就地进行拣选、清洗、剪切、干燥及特殊加工等的处理过程。

（十）野生抚育

根据中药材生长特性及对生态环境条件的要求，在其原生或相类似的环境中，通过人工更新或自然更新的方式增加种群数量，使其资源量达到能为人们持续采集利用，并能继续保持群落稳定的中药材生产方式；包括半野生栽培、仿野生栽培、围栏养护等。

（十一）批

种植地或养殖地生态环境条件基本一致、同一生产周期、生产管理措施一致、采收和产地初加工也基本一致、中药材质量基本均一的一批中药材。

（十二）放行

经初加工完成的中药材经过检查、检验可以进行包装的一系列操作。

（十三）发运

指企业将产品发送到经销商或用户的一系列操作，包括配货、运输等。

（十四）标准操作规程

也称标准作业程序，按照技术规程实施中药材生产的作业标准和操作规范，用来指导和规范日常的生产工作。

第一百四十四条　本规范由国家食品药品监督管理总局负责解释。

第一百四十五条　本规范自发布之日起施行，国家药品监督管理局2002年6月1日施行的《中药材生产质量管理规范（试行）》（国家药品监督管理局局令第32号）同时废止。

附录3

禁限用农药名录

（农业农村部农药管理司，2019年11月29日发布）

《农药管理条例》规定，农药生产应取得农药登记证和生产许可证，农药经营应取得经营许可证，农药使用应按照标签规定的使用范围、安全间隔期用药，不得超范围用药。剧毒、高毒农药不得用于防治卫生害虫，不得用于蔬菜、瓜果、茶叶、菌类、中草药材的生产，不得用于水生植物的病虫害防治。

一、禁止（停止）使用的农药（46种）

六六六、滴滴涕、毒杀芬、二溴氯丙烷、杀虫脒、二溴乙烷、除草醚、艾氏剂、狄氏剂、汞制剂、砷类、铅类、敌枯双、氟乙酰胺、甘氟、毒鼠强、氟乙酸钠、毒鼠硅、甲胺磷、对硫磷、甲基对硫磷、久效磷、磷胺、苯线磷、地虫硫磷、甲基硫环磷、磷化钙、磷化镁、磷化锌、硫线磷、蝇毒磷、治螟磷、特丁硫磷、氯磺隆、胺苯磺隆、甲磺隆、福美胂、福美甲胂、三氯杀螨醇、林丹、硫丹、溴甲烷、氟虫胺、杀扑磷、百草枯、2,4-滴丁酯。

注：氟虫胺自2020年1月1日起禁止使用。百草枯可溶胶剂自2020年9月26日起禁止使用。2,4-滴丁酯自2023年1月29日起禁止使用。溴甲烷可用于"检疫熏蒸处理"。杀扑磷已无制剂登记。

二、在部分范围禁止使用的农药（20种）

通用名	禁止使用范围
甲拌磷、甲基异柳磷、克百威、水胺硫磷、氧乐果、灭多威、涕灭威、灭线磷	禁止在蔬菜、瓜果、茶叶、菌类、中草药材上使用，禁止用于防治卫生害虫，禁止用于水生植物的病虫害防治
甲拌磷、甲基异柳磷、克百威	禁止在甘蔗作物上使用
内吸磷、硫环磷、氯唑磷	禁止在蔬菜、瓜果、茶叶、中草药材上使用
乙酰甲胺磷、丁硫克百威、乐果	禁止在蔬菜、瓜果、茶叶、菌类和中草药材上使用
毒死蜱、三唑磷	禁止在蔬菜上使用
丁酰肼（比久）	禁止在花生上使用
氰戊菊酯	禁止在茶叶上使用
氟虫腈	禁止在所有农作物上使用（玉米等部分旱田种子包衣除外）
氟苯虫酰胺	禁止在水稻上使用

附录4
秦巴山区各地中药材种植推荐名录

省（市）	县（市、区）	推荐种植中药材
河南省	嵩县	山茱萸、丹参、皂角刺、柴胡
	汝阳县	丹参、黄芩
	洛宁县	丹参、连翘
	栾川县	山茱萸、丹参、连翘
	鲁山县	山茱萸、辛夷、黄芩、黄精
	卢氏县	天麻、丹参、连翘、辛夷、猪苓
	南召县	辛夷、南五味子
	内乡县	山茱萸、丹参
	镇平县	丹参、杜仲、辛夷
	淅川县	山茱萸、连翘
湖北省	郧县	天麻、黄连
	郧西县	天麻、黄连
	竹山县	天麻、独活、黄连
	竹溪县	大麻、独活、绞股蓝、黄连
	房县	白及、虎杖、独活、柴胡、黄精
	丹江口市	辛夷、独活、木瓜
	保康县	木耳、独活、葛根
重庆市	城口县	大黄、黄连、黄精
	云阳县	天麻、黄精
	奉节县	党参、黄精
	巫山县	独活、党参、黄精
	巫溪县	川牛膝、独活、党参、木瓜
四川省	北川羌族自治县	辛夷、附子、黄精
	平武县	天麻、厚朴、黄精
	元坝区	川牛膝、虎杖、葛根
	朝天区	川牛膝、天麻
	旺苍县	杜仲、黄精

省（市）	县（市、区）	推荐种植中药材
四川省	青川县	天麻、附子
	剑阁县	柴胡、黄精
	苍溪县	白及、黄精
	仪陇县	杜仲、厚朴、木瓜、黄柏
	宣汉县	杜仲、厚朴、黄柏、黄连
	万源市	天麻、党参
	巴州区	虎杖、木瓜
	通江县	天麻、大黄
	南江县	杜仲、黄精、黄柏
	平昌县	皂角刺、厚朴
陕西省	周至县	山茱萸、天麻、皂角刺
	太白县	山茱萸、天麻
	南郑县	天麻、附子、厚朴、猪苓
	城固县	天麻、附子、猪苓
	洋县	天麻、厚朴、猪苓
	西乡县	天麻、杜仲、猪苓
	勉县	天麻、猪苓
	宁强县	天麻、丹参、杜仲、猪苓
	略阳县	天麻、杜仲、柴胡、黄精、猪苓
	镇巴县	天麻、大黄、黄精、猪苓
	留坝县	山茱萸、天麻、附子、猪苓
	佛坪县	山茱萸、天麻、猪苓
	汉滨区	天麻、杜仲、绞股蓝、猪苓
	汉阴县	天麻、白及、杜仲、猪苓、葛根
	石泉县	天麻、白及、猪苓、葛根
	宁陕县	山茱萸、天麻、猪苓、葛根
	紫阳县	天麻、杜仲、绞股蓝、葛根
	岚皋县	天麻、杜仲、绞股蓝、黄连
	平利县	天麻、绞股蓝、猪苓、葛根
	镇坪县	天麻、独活、黄连
	旬阳县	天麻、丹参
	白河县	天麻、木瓜

省（市）	县（市、区）	推荐种植中药材
陕西省	商州区	丹参、黄芩
	洛南县	丹参、连翘
	丹凤县	丹参、连翘、柴胡
	商南县	丹参、杜仲、连翘
	山阳县	丹参、连翘
	镇安县	天麻、白及、南五味子
	柞水县	天麻、丹参、南五味子
甘肃省	武都区	党参、黄精
	成县	杜仲、辛夷、柴胡
	文县	天麻、党参
	宕昌县	大黄、党参、黄芩
	康县	天麻、木耳、猪苓
	西和县	柴胡、党参
	礼县	大黄、柴胡
	徽县	皂角刺、柴胡、党参、木瓜
	两当县	柴胡、党参、木瓜

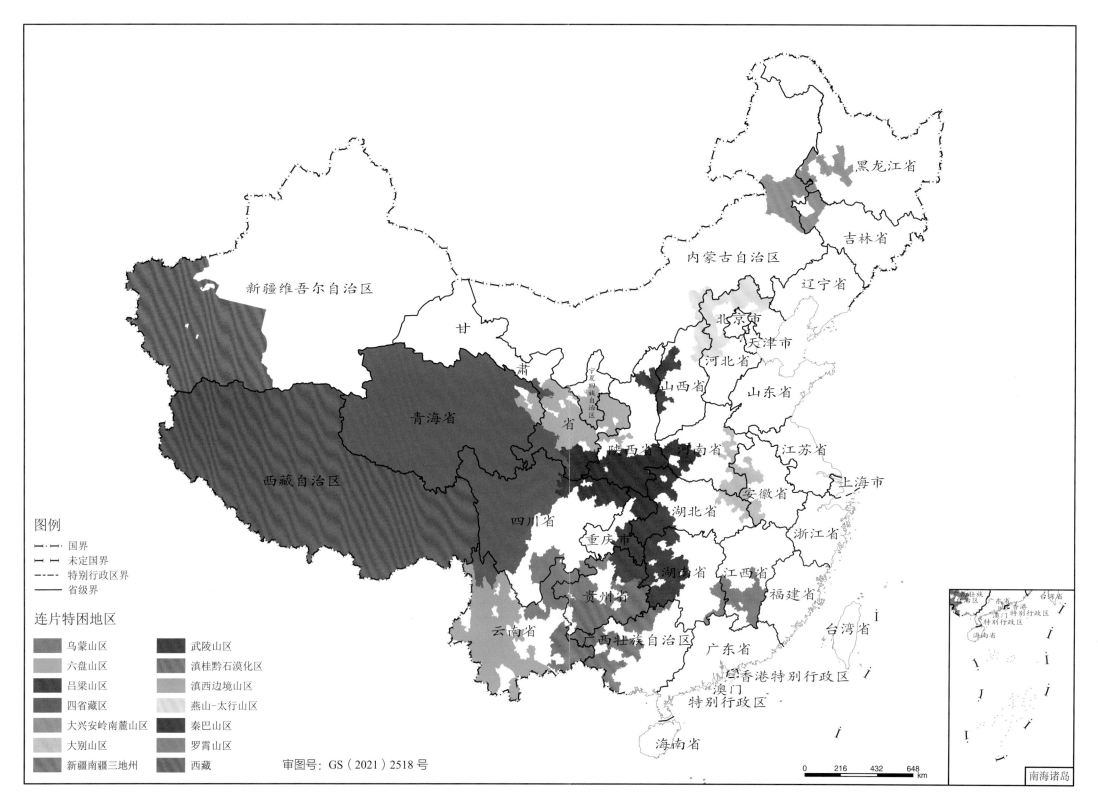

图例

- 国界
- 未定国界
- 特别行政区界
- 省级界

连片特困地区

- 乌蒙山区
- 六盘山区
- 吕梁山区
- 四省藏区
- 大兴安岭南麓山区
- 大别山区
- 新疆南疆三地州
- 武陵山区
- 滇桂黔石漠化区
- 滇西边境山区
- 燕山-太行山区
- 秦巴山区
- 罗霄山区
- 西藏

审图号：GS（2021）2518号

0 216 432 648
km

南海诸岛

全国14个集中连片特困地区分布图

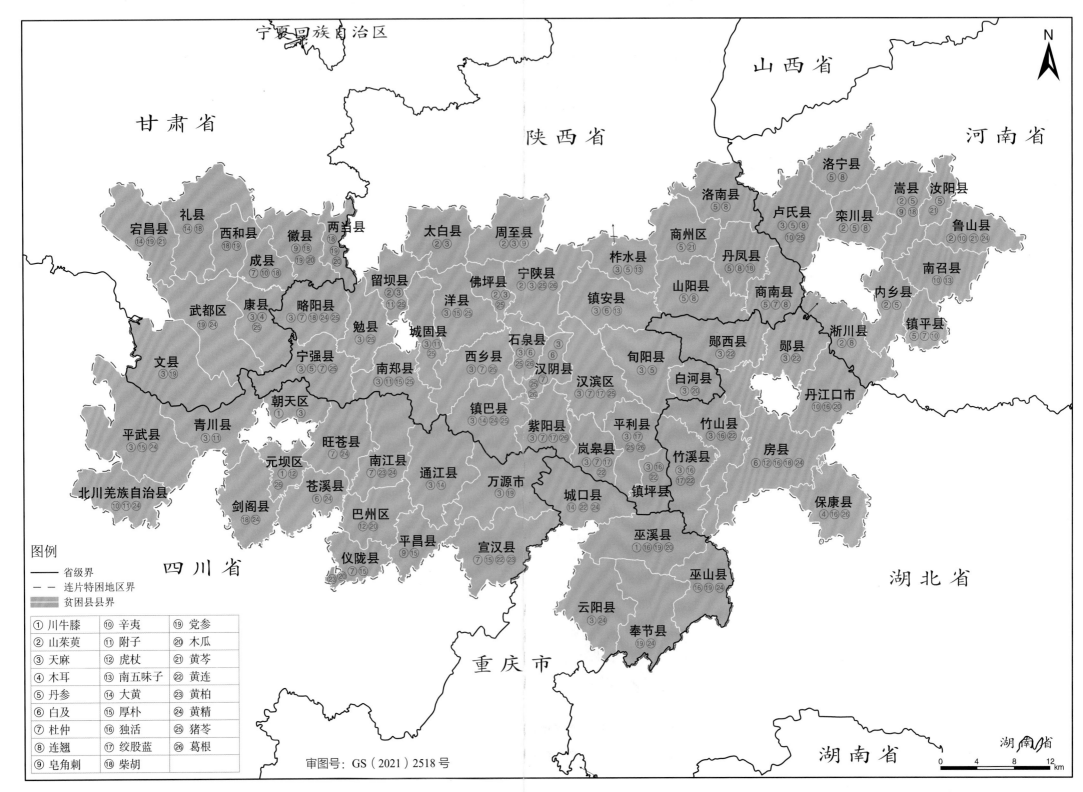

秦巴山区中药材种植品种分布图